纺织服装高等教育“十二五”部委级规划教材

服装CAD技术

吕立斌 李慧 宋晓蕾 编著

東華大學出版社
·上海·

内 容 提 要

服装CAD技术是现代服装企业生产过程中必备的一门专业技术，它包含服装打版、推版和排料三个部分。本书以格伯服装CAD V8版本为基础，全面系统地介绍利用计算机辅助设计软件进行服装结构设计、服装推版和排料的方法。书中内容充实，通俗易懂，实操性强。本书在编写时结合了大量实例，并附加图片说明，将服装CAD的各种功能融于具体实例之中，便于读者更清晰地了解用计算机实现样版设计的每一个步骤，从而能更快地熟练掌握应用服装CAD软件进行衣片结构设计、服装推版和排料的操作技能。

本书既可作为高等和职业院校服装专业的教材，也可作为服装CAD短期培训教材或自学读本，还可作为服装企业从业人员和欲从事服装样版设计人员的学习用书。

图书在版编目(CIP)数据

服装CAD技术/吕立斌，李慧，宋晓蕾编著. —上海：
东华大学出版社，2015.2
ISBN 978-7-5669-0690-8

Ⅰ.①服… Ⅱ.①吕…②李…③宋… Ⅲ.①服装设计
—计算机辅助设计—AutoCAD软件 Ⅳ.①TS941.26

中国版本图书馆CIP数据核字(2014)第291464号

责任编辑 张 静
封面设计 魏依东

出 版：东华大学出版社(地址：上海市延安西路1882号 邮政编码：200051)
本 社 网 址：http://www.dhupress.net
天猫旗舰店：http://dhdx.tmall.com
营 销 中 心：021-62193056 62373056 62379558
印 刷：江苏南通印刷总厂有限公司
开 本：787 mm×1 092 mm 1/16
印 张：12.75
字 数：319千字
版 次：2015年2月第1版
印 次：2015年2月第1次印刷
书 号：ISBN 978-7-5669-0690-8/TS·572
定 价：35.00元

前　言

随着服装CAD技术的广泛普及，其所具备的优良的服装设计质量、快速的服装设计周期、弱化的劳动强度、便捷的生产管理等优点，得到了企业的广泛认可，成为服装企业增强竞争力必不可少的技术手段，同时也极大地推动了服装行业的发展。

服装CAD技术对服装行业的重要影响，使其成为服装培训、教育机构不可或缺的一门专业课程。本书内容尊从“学以致用”原则，在介绍服装CAD理论知识的基础上，结合大量实例和图片讲解软件的具体使用方法，力求做到深入浅出、生动简洁地阐述服装CAD的基本理论和技能，使读者能够快速、系统地掌握软件的操作方法和技巧，具有很强的实践性，切实做到锻炼学生的设计创新能力和综合实践能力。本书可作为高等院校服装专业教材，也可供服装企业技术人员或服装爱好者使用。

本书分六章，由盐城工学院的吕立斌、李慧、宋晓蕾三位教师共同编著。其中，第一、二、六章由吕立斌、宋晓蕾共同编写；第三、四、五章由李慧编写。另外，对陈嘉毅、刘国亮老师，以及沈丽、鲍秋赟同学在编写过程中给予的帮助表示衷心感谢！

由于水平有限，编写时间较紧，本书在编写中难免存在不足，恳请读者提出宝贵意见。

编　者

目　录

第一章　服装CAD概述

第一节　概　　述

服装CAD是计算机辅助服装设计(Computer Aided Design)的简称,它结合计算机图形学、数据库、网络通信等计算机知识与其他领域的知识于一体,是服装设计师通过人机交互手段,在屏幕上进行服装设计的一项高新技术。

一、服装CAD作用

服装产业属于劳动密集型产业,因为在服装企业运作的各个环节都需要消耗大量的人力资源,因此高新技术的运用将对服装企业产生重大影响。目前服装CAD技术已经在服装行业广泛应用,它不仅节约了大量的人力资源,而且提高了产品质量,增强了企业的市场竞争能力。服装CAD的作用主要体现在以下四个方面:

(一) 提高工作效率和设计质量

服装CAD技术在服装生产的各个环节中均体现出高工作效率的优点。在样版设计过程中,要绘制相同的线条和轮廓,手工作业就要重新绘制,而且要反复修改保证图形相同,既费时又费力,而利用计算机软件的复制功能很快就可以完成。同时手工作业的作图精度也会受到铅笔的粗细、各种尺度的精度、设计人员的个人原因等因素的影响,而在服装CAD上作业则不会受到这些因素的影响,既可保证长度、角度的精确度,也能方便地检查服装各部位的尺寸。在放码过程中,要根据放码量确定点,然后手工绘制各尺码样片,而利用CAD软件只要为放码点输入放码量,便可直接获得各尺码样片,省时省力。

(二) 节约资源,降低成本

服装业属于加工型行业,产品的生产成本直接决定企业的经济效益。在生产成本中,原料的消耗和人工费用占很大比例。运用CAD系统进行产品设计、制版、放码、排料,可以节约人力,并且速度快、精度高、劳动强度低。放码与排料功能,可以最大限度地利用面料,从而降低成本。

(三) 改善工作环境

手工打版过程中,设计人员要长时间处于站立、弯腰的工作状态,这会对身体产生很多的影响。而设计人员利用计算机制版可以保持坐姿完成大量工作,既有利于操作者身体健康,也确保了工作效率和质量。

(四) 提高信息化水平,推动服装产业发展

传统服装企业一般通过设立专门的样版室来保存样版,这样常年积累,使样版数量增

多，不但占用空间，管理和查询也非常麻烦。另外，纸制样版不易保管，需要防潮防霉，保管成本高。而使用服装 CAD 后，所有的样版都能以数字的形式保存在计算机或者移动存储器（移动硬盘、光盘）中。利用计算机存储空间大的特点，可将大量的样版形成一个信息库，进行统一管理，可方便查询、调取和网络传输。

二、服装 CAD 发展趋势

（一）三维化

目前服装 CAD 系统多是以平面图形原理为基础，虽然二维服装 CAD 系统发展已经成熟，但是在实际应用中仍存在一些缺陷，如直观性差、缺乏立体感、不易表达出实际的穿着效果等，而三维服装 CAD 系统就可以弥补其不足。尽管目前的三维服装 CAD 还处于不成熟阶段，但是三维化已经成为 CAD 系统发展趋势之一。

（二）智能化

随着人工智能技术的发展，很多相关的技术已经逐步渗透到服装 CAD 系统中，尤其是当前专家系统的应用。其在 CAD 系统中的应用主要是吸收优秀服装专业人士的经验及处理问题的推理机制，使系统具有灵活的判断推理和决策能力，更有助于操作者进行作业。同时，其一定程度上降低了 CAD 系统操作者的专业要求，扩大了服装 CAD 操作的适用人群。

（三）网络化

网络服装定制作为一种新型的服装定制方式，目前已成为国内外服装行业的一个研究重点，其本质和核心是为客户提供专业化、多样化、实用性、开放性的服务平台，使企业更好地满足消费者的个性化需求。而服装 CAD 技术正是实现网络服装定制的一项关键技术。服装 CAD 系统的网上推广、网上虚拟设计、网上信息自由传输、网上安装和使用等将是服装 CAD 的发展方向。

（四）集成化

服装企业要想跟上时代发展的趋势，增加竞争力，集成化是必然趋势。而服装 CAD 系统于服装企业的发展需要，引进管理信息系统（MIS 系统），以产品数据信息为核心，与服装 CAM 系统结合，组成服装的 CIMS 系统，可对服装设计、生产、销售全过程进行管理和控制。服装 CAD 系统的集成化成为必然的发展趋势。

（五）标准化

制定开放的标准对服装 CAD 系统标准化是非常重要的。尤其是随着服装 CAD 系统集成技术和网络化的发展，数据能顺畅、快速地交换是必要条件。制定完善的服装 CAD 技术标准体系并贯彻执行，是 CAD 发展的必然要求和趋势。

第二节　服装 CAD 系统

服装 CAD 系统包括软件和硬件两大系统。其中：服装 CAD 的硬件系统主要由输入设备、计算机和输出设备组成；服装 CAD 软件系统由设计系统、样版系统、放码系统、排料系统等组成。

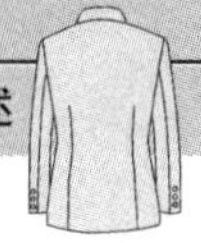

一、服装CAD硬件系统

(一) 输入设备

输入设备的作用是将外部资料(如样片、款式等数据)输入计算机内进行储存和处理,主要包括数字化仪、扫描仪、数码相机和摄像仪等设备。

1. 数字化仪

数字化仪又称为读图仪(板)。数字化仪是将图像(胶片或像片)和图形(包括各种地图)的连续模拟量转换为离散的数字量的装置,是在专业应用领域中一种用途非常广泛的图形输入设备,一般由电磁感应板(图形板)、游标、电子笔和支架组成。高精度的数字化仪适用于地质、测绘、国土等行业,而普通数字化仪则适用于工程、机械、服装设计等行业。用数字化仪(见图1-1)输入服装用数据时,一般先将样片平铺在读图板上,把游标的十字交叉点对准样版上的各个读图点,使用游标上的各功能键直接将样片的折点、弧点、放码点、标记点等读入计算机内,并连接成样片图形,从而完成服装样片的数字化。数字化仪大多应用于由服装立体裁剪生成的样片,且在服装CAD系统中被输入后可进行放码和排料操作。

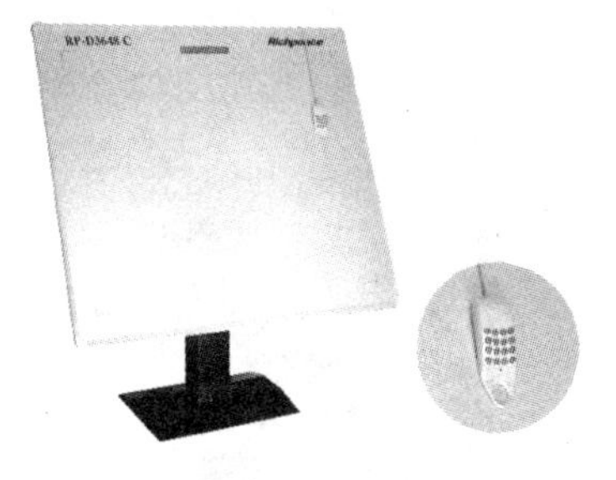

图1-1　数字化仪

2. 扫描仪

扫描仪是一种计算机外部仪器设备,通过捕获图像并将之转换成计算机可以显示、编辑、存储和输出的数字化输入设备(见图1-2)。服装CAD系统一般采用平板式彩色扫描仪,这样可以将彩色图像(如照片、图片)逼真地输入计算机,并应用于服装CAD的款式设计系统中,以建立款式图片数据库。

图1-2　扫描仪

3. 数码相机

数码相机是一种利用电子传感器把光学影像转换成电子数据的照相机。它可以方便快捷、随时随地的获取各种数字化彩色图像。主要应用在服装CAD系统的款式设计系统中,以建立款式图片数据库。

4. 数码摄像机

数码摄像机是一种通过感光元件将光信号转变成电流,再将模拟电信号转变成数字信号,由专门的芯片进行处理和过滤后得到动态画面信息的数字输入设备(图1-3),主要用于服装CAD的试衣系统,以观察各种款式服装在人体上穿着的效果。

图1-3　数码摄像机

(二) 计算机

计算机是服装CAD硬件系统组成的核心部分,主要作用是处理款式、样片等各种资料数据,其主要组成部分为CPU、硬盘、显示器、键盘和鼠标。

(三) 输出设备

输出设备的作用是将计算机内的图形输出到外部,常用的输出设备有打印机、绘图仪、切割机和裁床。其中输出的图形结果承载在纸张上的设备有打印机、绘图仪和切割机，图形承载在面料上的设备有裁床。

1. 打印机

打印机是最普通的输出设备，由于其受到纸张大小的限制，可以输出服装 CAD 系统中的效果图、款式图、缩小的排料图、缩小的样片或网状样片、生产工艺单等资料(图 1-4)。

2. 绘图仪

绘图仪俗称唛架机，是一种较大型的图形输出设备，常用的有滚筒式绘图仪(图 1-5)和平台式绘图仪(图 1-6)，按照绘图方式又有喷墨和笔式之分。其中滚筒式绘图仪需要使用两侧有链孔的专用绘图纸，而平台式绘图仪绘图精度高，对绘图纸无特殊要求，应用比较广泛。绘图仪一般宽度为 90～180 cm，主要用于绘制 1∶1 的样版、网状图和排料图。

图 1-4　打印机

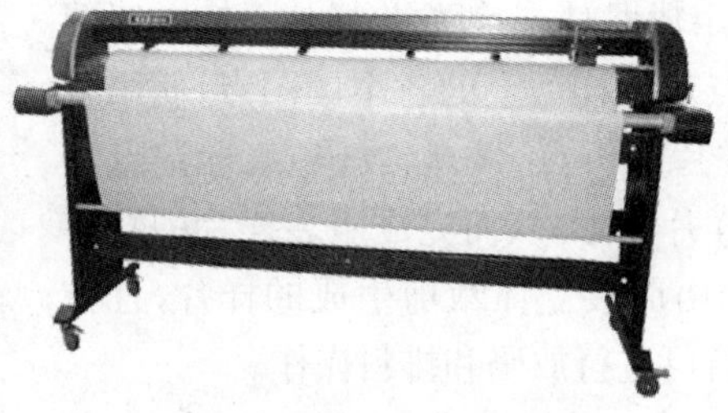

图 1-5　滚筒式绘图仪

图 1-6　平台式绘图仪

3. 切割机

服装切割机是通过自身电脑来控制裁刀，按照服装 CAD 样片设计系统中设计的样片图形，切割纸板而生成纸样的输出设备(图 1-7)。

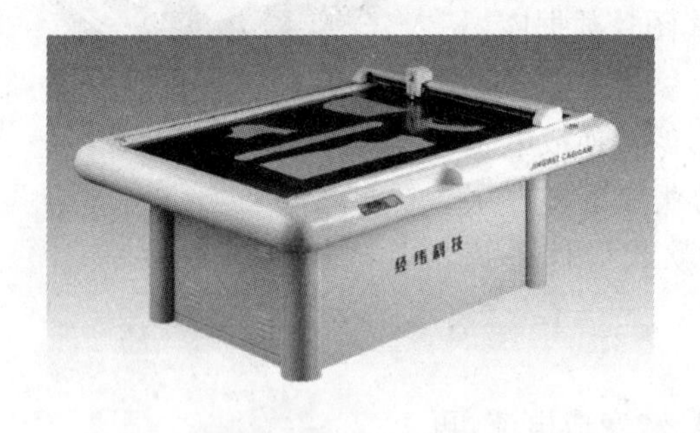

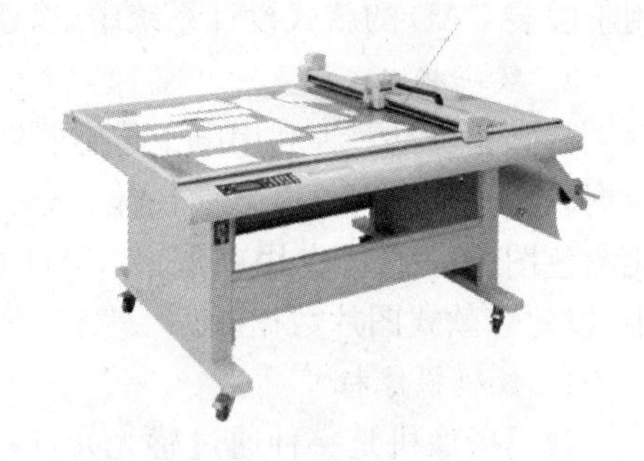

图 1-7　切割机

4. 裁床

裁床是按照排料图来裁剪面料的输出设备。裁床分为普通裁床和自动裁床(图1-8)。普通裁床依靠操作人员推动裁剪机沿着排料图来裁剪样片。自动裁床依靠自身电脑控制裁刀沿着排料图来裁剪样片。

图 1-8　自动裁床

二、服装 CAD 软件系统

（一）设计系统

设计系统包括服装款式设计、服装面料设计、服装色彩搭配、服饰配件设计等。服装款式设计系统是辅助服装款式设计的应用系统，是应用计算机图形学和图像处理技术，为设计师提供创意、扩大视野的一个高科技环境。其为服装设计师提供一系列在计算机上完成时装设计和绘图的工具，使设计师不用笔和颜料，就能实现自己的艺术构想。服饰配件设计系统包括鞋靴设计系统、箱包设计系统、珠宝设计系统等。

（二）样版系统

样版系统是辅助服装结构设计和打版制作的应用系统。打版设计主要包括衣片的输入，各种点、线的设计，衣片生成，衣片的绘制输入等功能。在衣片的输入中可通过输入若干关键点来确定衣片的形状和大小，或用数字化仪和衣片扫描输入仪输入。运用结构设计原理在电脑上出纸样。

（三）放码系统

放码系统是运用放码原理在电脑上辅助打版设计完成工业打版推档，是服装 CAD 系统中最早研制成功，也是目前最成熟和应用最为广泛的系统。与手工放码相比，计算机放码不仅能大幅度缩短放码时间，而且还能提高放码的精确度，使设计更为可靠。另外，由于计算机放码技术的应用，即使是技术水平不同的人员所做的设计，也能得到统一标准的放码结果。

（四）排料系统

排料系统是在计算机的显示屏幕上给排料师建立起模拟裁床的工作环境。操作人员将已完成放码、放缝工作的各种型号的服装样版，在给定布幅宽度等限制条件下，用数学计算的方法，合理、优化地确定衣片在布料上的位置。排料的方法有全自动排料、样片式排料、交互式排料三种排料方法。

1. 全自动排料

全自动排料可以让计算机按照事先确定的方式（如先排大片）自动地配置样片。每按照一次排料方式，可得出一次排料结果，速度快。从理论上讲，可以将排料师的排料过程加以整理，变成计算机能接受的公式或规则，然后编成程序自动地进行；但是当款式、套数、衣片的排料条件变化时，往往达不到预期的效果。实际上，最后仍需要人工干预，才能达到较高的布料利用率。

2. 样片式排料

样片式排料是预先把排料样版的有关数据存储在计算机中。如果有与其相同条件的排料要求，计算机就根据样片的排料数据自动地进行样片配置。这种方法需要使用图形数字化仪，将使用的排料数据以手工方式输入计算机，速度较慢，且容易产生偏差。

3. 交互式排料

交互式排料是操作者利用图形显示器和交互装置，同计算机边对话边在排料图上放置各种样片，使布料的空白部分尽量少。这种方法要求操作者应具备高度的排料技巧，否则排料需花费一定时间，且当样片数目增加时，排料的时间也要增加；但比人在排料台上排料可以节省很多时间，并减轻劳动量。

（五）试衣设计系统

试衣设计系统是通过摄像机或扫描仪输入大量的服装模特着装效果图，并对得到的服装款式图片进行勾边和测量，且分门别类地存储在不同的服装款式库中，供试衣之用。试衣时用摄像机或数码相机，直接拍摄顾客的形象，将其图片调入计算机中，然后用与建库时相同的标准进行测量，之后就可以逐一选择服装款式进行试衣。在试衣结果图中还可以进行填色和更换面料等操作。试衣结果图可连续地显示在彩色屏幕上，供顾客浏览和挑选。还可以用色彩打印机输出近似于彩色照片的客户试衣图。

三、服装 CAD 设计过程

使用服装 CAD 进行服装设计的过程如图 1-9 所示。

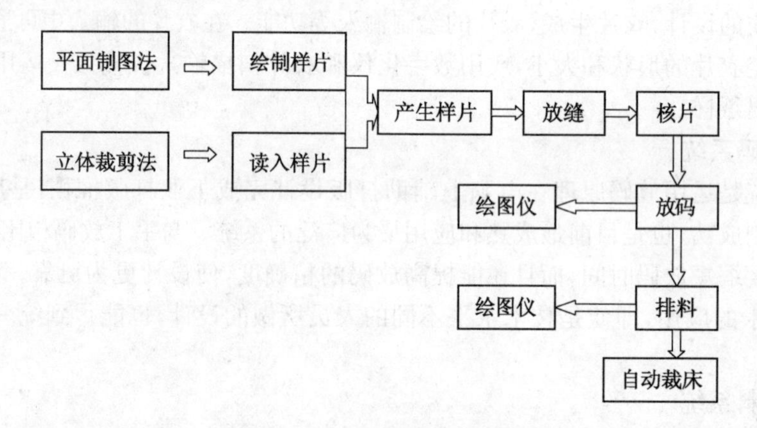

图 1-9　服装 CAD 设计过程

美国格伯(GERBER)公司是最早将 CAD 技术应用于服装加工领域的公司之一，并于 20 世纪 80 年代初进入中国市场。GERBER 服装 CAD 系统具有可靠性、稳定性较高及硬件的先进性、配套性较好等特点，对中国服装 CAD 技术的应用与开发起到了带动和示范作用，为我国普及 CAD 技术奠定了基础。本书将依托服装纸样设计、服装推版等专业知识，对 GERBER 服装 CAD 系统的样板设计、放码和排料这三大功能进行详细介绍。

第二章　AccuMark 资源管理器

AccuMark 资源管理器是格伯(GERBER)服装 CAD 系统提供的资源管理工具,可以查看、管理本台电脑中所有的由服装 CAD 系统产生的款式、样片、排料图等各种文件。

第一节　AccuMark 资源管理器界面

一、资源管理器启动

资源管理器的启动方法为:按下 LaunchPad 左边的第四个按钮,双击资源管理器图标,打开 AccuMark 资源管理器(图 2-1),启动完成。

图 2-1　LaunchPad 界面

二、资源管理器界面

AccuMark 资源管理器的系统界面窗口包括标题栏、菜单栏、工具栏、左窗口、右窗口和状态栏等部分(图 2-2)。其中,左窗口以树形目录的形式显示各驱动器和储存区,右窗口显示内容为左窗口中打开的驱动器和储存区中的内容。各组成部分的具体显示内容如下:

1. 左窗口

(1) 左窗口显示各驱动器及内部各储存区列表等。

(2) 选中(单击储存区)的文件夹称为当前储存区,此时其图标呈打开状态。

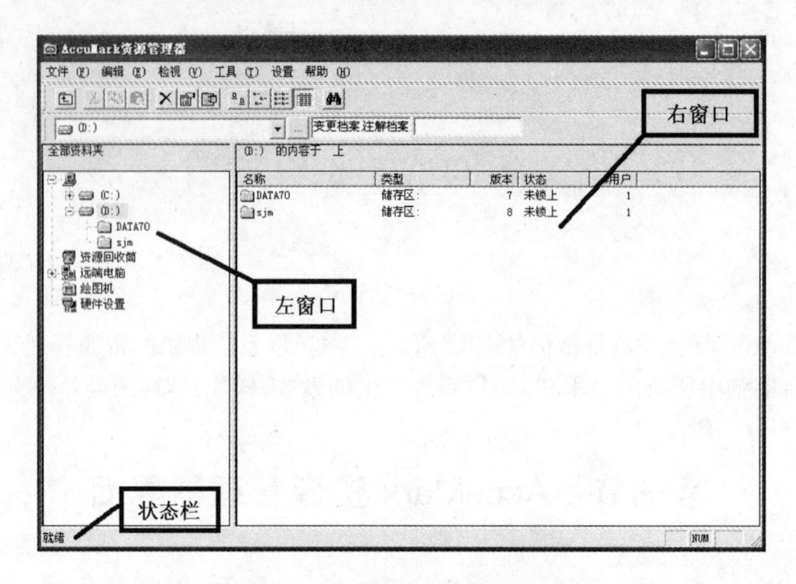

图 2-2 AccuMark 资源管理器界面

2. 右窗口

(1) 右窗口显示当前储存区所包含的文件。

(2) 右窗口的显示方式可以改变:右击或选择菜单查看→大图标、小图标、列表、详细资料或缩略图。

(3) 右窗口的排列方式可以改变:右击或选择菜单排列图标→按名称、按类型、按大小、按日期或自动排列。

3. 菜单栏

菜单栏包括文件、编辑、检视、工具、设置、帮助等菜单。

4. 工具栏

工具栏显示常规工具,也可根据设置菜单进行重新设定。

5. 状态栏

状态栏显示当前操作的工作状态。

第二节 AccuMark 资源管理器功能

一、创建储存区

AccuMark 资源管理器中的各种文件资料都被保存在不同的储存区,这个储存区与 windows 系统下资源管理器的文件夹的功能相似,但又有差异。AccuMark 储存区只能保存格伯服装 CAD 系统下产生的文件资料,即在该储存区内不能处理其他类型的文件。

在 AccuMark 资源管理器中建立储存区的方法如下:

1. 在资源管理器左窗口没有显示的盘符中建立新的储存区

(1) 在所要存储的盘符(如 D 盘)中建立路径为“D:userroot\storage”的两个文件夹。

(2) 在“C:userroot\storage”路径下复制“data70”文件夹，并将其复制到“D:userroot\storage”路径下。

(3) 点击windows界面下【开始】→【程序】→【启动】→【AccuMark Datascan】，进行AccuMark资源管理器的手动数据扫描。此时打开AccuMark资源管理器，便会在左窗口显示出刚建立的储存盘符。

(4) 启动资源管理器，在左窗口选中要储存的盘符，则在右窗口显示出此盘符内已存在储存区。

(5) 在右窗口空白处单击鼠标右键，在下拉菜单中选择【新建】→【储存区】，见图2-3。

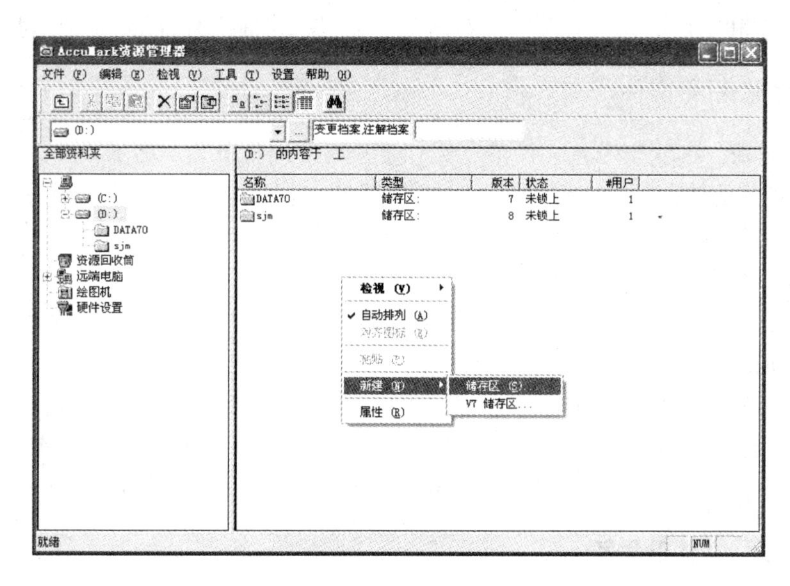

图2-3 新建储存区

(6) 输入储存区的名称，完成新储存区的建立。

2. 在资源管理器左窗口已存在盘符中建立新的储存区

在已有盘符中建立新的储存区的方法为上述步骤(4)~(6)。

二、选定储存区/文件

1. 选定单个储存区或文件

选定单个储存区或文件只需单击左/右窗口的储存区图标或单击右窗口文件图标即可。

2. 选定多个储存区或文件、全部选定和取消选定

(1) 连续选择：先单击第一个储存区或文件，再按住“Shift”键不放，单击最后一个或拖动鼠标框选。

(2) 间隔选择：按住“Ctrl”键不放，逐一单击。

(3) 选定全部：选择菜单【编辑】→【全部选定】，也可按“Ctrl+A”快捷键。

(4) 取消选定：在空白区单击则取消所有选定；若取消某个选定，可按住“Ctrl”键不放，单击要取消的储存区或文件。

三、移动与复制储存区/文件

1. 用剪贴板移动与复制

(1) 移动:选定→剪切→定位→粘贴。

(2) 复制:选定→复制→定位→粘贴。

2. 用鼠标移动与复制

(1) 移动:按住"Shift"键,将文件储存区拖动到目标储存区/目标驱动器。

(2) 复制:按住鼠标左键,将文件/储存区拖动到目标储存区/目标驱动器。

3. 剪切、复制和粘贴的三种方式

剪切、复制和粘贴的方式有菜单或右击菜单、工具、快捷组合键等。

四、删除储存区/文件

1. 删除方法

选定要删除的储存区或文件,然后点击"Del"键;也可用鼠标点击要删除的储存区或文件,单击鼠标右键在下拉菜单中选择【删除】。

2. 回收站内文件的删除方法

(1) 定义:回收站是硬盘上的特定存储区,用来暂存被删除的文件/储存区,它是保护信息安全的一项措施。

(2) 恢复删除:打开回收站,选定要恢复的文件,鼠标右键在下拉菜单中选择【还原】。

(3) 永久删除:①删除所有文件——鼠标右击回收站,在下拉菜单中选择【清空回收站】,或打开回收站后选择清空回收站;②删除选定文件——选定后按"Shift+ Delete"。

五、储存区/文件重命名

方法一:选定文件/储存区→【文件】菜单→选择【重命名】,输入新文件名后回车。

方法二:鼠标右击文件/储存区→下拉菜单中选择【重命名】,输入新文件名。

方法三:选定文件/储存区→再单击选定对象,片刻即出现重命名状态,输入新文件名。

方法四:选定文件/储存区→按"F2"键,出现重命名状态,输入新文件名。

六、文件查找及属性浏览

(1) 调整对象显示方式:右击右窗口空白处→查看或菜单、工具查看。

(2) 调整图标排列方式:右击右窗口空白处→排列图标或菜单查看→排列图标。

(3) 查找文件(夹)和应用程序:工具栏→搜索或开始按钮/搜索。

(4) 浏览系统的属性:右击我的电脑→属性或选定我的电脑→菜单文件→属性。

(5) 浏览磁盘驱动器属性:设置方法同上,只是选定项为驱动器。

(6) 浏览文件(夹)属性:设置方法同上,只是选定项为文件(夹)。属性可单击相应的复选框改变。

七、资料文件的压缩

(1) 资料汇出:首先选择需要压缩的文件,可利用键盘上的"Shift"键或"Ctrl"键进行多

选，然后直接右键在下拉菜单中将压缩文件发送给邮件接收人；也可以通过【文件】→【导出】将文件压缩到指定位置。

(2) 资料汇入：如果需要接受这样的压缩文件，先选择文件汇入的储存区（双击打开），通过【文件】→【导入】，就可以将文件汇入到 AccuMark 系统。

八、储存区的检查

当储存区的使用出现不正常的现象时，需要检查储存区，在左面选择相应的储存区，按鼠标的右键，选择【检查】，系统自动修复储存区丢失或损坏的文件。

九、报表

如果需要排料图或者样片等文件的报表，可以选择相应的文件，按鼠标的右键，选择【报表】，系统就会列出此文件的相关报表。

第三章　PDS 样版设计系统

格伯(GERBER)服装 CAD 样片设计系统为 Pattern Design 2000 样版设计系统(简称 PDS 样版设计系统),主要功能是利用计算机专业软件提供的工具来完成结构设计的图形绘制、样版制作、放码等一系列工作。此系统主要包括样版结构设计(打版)和工业样版制作(放码)两大功能。

PDS 样版设计系统能够完成通过外部设备读入样片、运用工具绘制样片和输出样片等工作。本系统主要用来实现六大功能,包括:①系统的基础支持功能;②基本的制作绘图功能;③样片处理功能;④样片检测功能;⑤分割、拼接和放缝工艺处理功能;⑥文字和标注功能。

在服装 CAD 中进行样版设计的整个流程如图 3-1 所示。

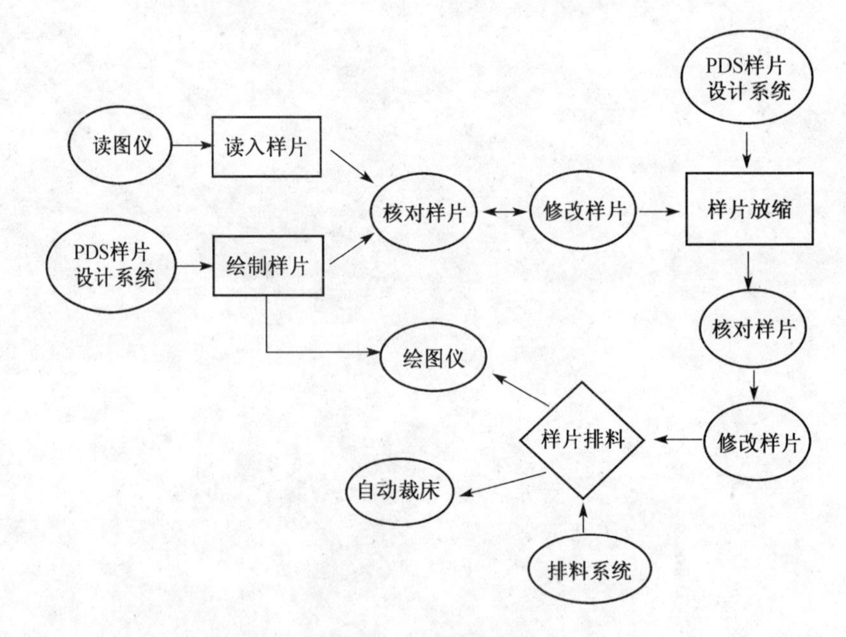

图 3-1　样片设计流程

第一节　系 统 概 述

一、系统界面

在桌面上双击图标,打开 Gerber LaunchPad 主界面。此界面如同进入系统各个子系统

的门。在主界面左侧第一个按钮下，鼠标单击进入PDS样版设计系统。系统界面(图3-2)由菜单栏、工具栏、图像单、工作区、用户输入栏和资料栏组成。

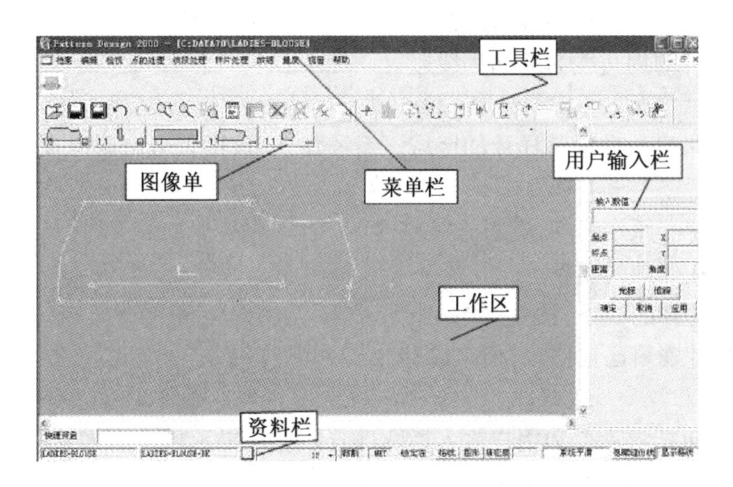

图3-2　PDS样版设计系统界面

1. 菜单栏

菜单栏区域放置了系统不同功能的工具，包括【文件】、【编辑】、【检视】、【点】、【剪口】、【线段】、【样片】、【放缩】、【量度】等主菜单。每个主菜单内都有下拉菜单，在下拉菜单中可以选择需要的工具。菜单内各工具将在本章第二、三节中详细说明。

2. 工具栏

系统默认的工具栏显示工具如图3-3所示。其显示内容可以根据用户需要，通过【检视】→【屏幕用户设置】自行设置。设置方法见第二节中的【检视】菜单。

图3-3　工具栏

3. 图像单

图像单可用来显示打开样版的图形、名称等资料(图3-4)。其显示内容可以通过鼠标右键点击图像单弹出的下拉菜单进行设置。

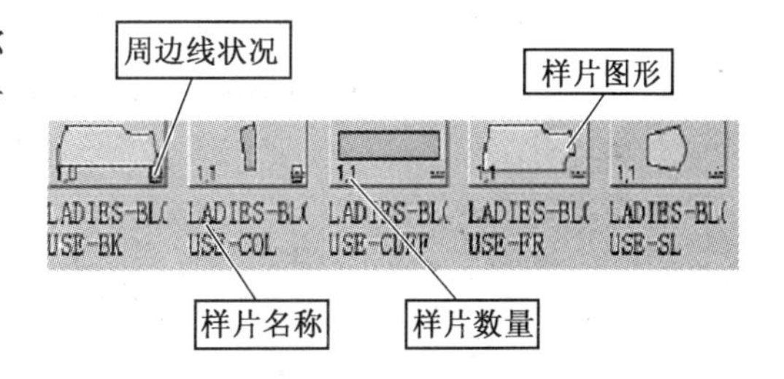

图3-4　图像单

图像单内显示的资料包括：

① 样版图形。

② 样版名称。

③ 样版周边状况：图像单右下角显示的样片周边线状况。其中实线表示周边线为裁割线，虚线表示周边线为缝份线，□表示该样片为对称片。

④ 样片数量：图像单左下角显示样片在款式中的数量。例如："1，1"表示读图方向1片，X轴翻转方向1片。关于样片数量可查阅款式档案部分。

⑤ 样片属性：在图像单内的样片上按右键，选择【样片属性】，即可显示样片的资料

(图 3-5)。

相关知识链接：周边线指样片图形最外围的封闭轮廓线。

裁割线指样片的周边线为裁剪用线迹。

缝份线指样片的周边线为缝纫用线迹。

4. 工作区

工作区是用来显示和绘制样片的区域。系统默认(该设置可由用户自由设定)的样片颜色含义为：

① 黑色：样片的原本线条，资料未被修改。

② 白色：正在处理的线条。

③ 红色：被选择的线条。

④ 蓝色：样片资料已被修改，但未储存。

5. 用户输入栏

用户输入栏包括提示栏和用户输入栏两部分内容。提示栏是用来显示工具的操作步骤提示。用户输入栏供用户在操作时录入数据(图 3-6)。

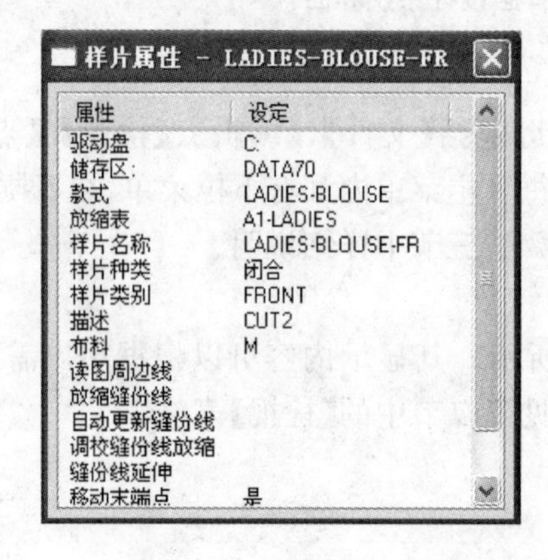

图 3-5　样片属性

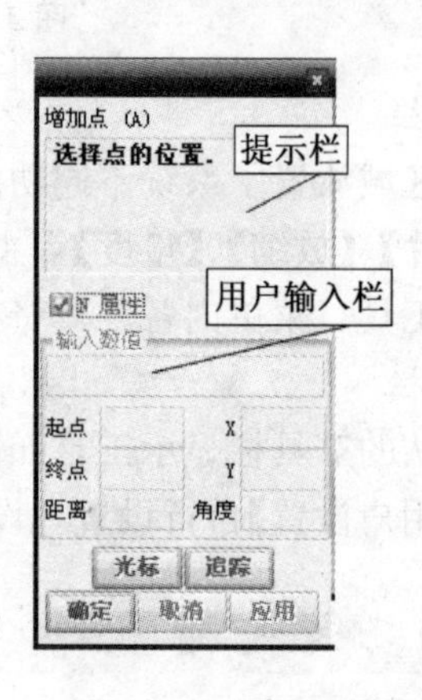

图 3-6　用户输入栏

6. 资料栏

资料栏用于描述工作区中正在处理的样片或款式档案文件的资料(图 3-7)，具体内容包括：款式名称、样片名称、基准码、周边线的种类、量度的制度、锁定格线、系统顺滑、隐藏缝份线、快速开启等。

图 3-7　资料栏

二、样片符号

样片由不同类型的点和线组成。不同的点、线有不同的属性，所以这些点、线以不同的符号表示。PDS 样片设计系统样片内的各种符号表示见表 3-1。

表 3-1　样片符号表

点	符号	名称	备　　注
	▲	端点	三角形，表示线段的端点
	▼	放缩点	倒三角形，表示具有放码量的点
	◆	端点放缩点	棱形，表示具有放码量的线段末端的点
	□	待定中间点	空心方形，表示线段上待定中间点的位置
	■	中间点	实心方形，表示线段上已经存在的中间点
	○	顺滑点	实心圆形，表示系统为顺滑曲线而产生的点
	十	钻孔点	十字形，表示袋孔或独立一点
	|	剪口	一字形，表示样片剪口
	⊕	放缩钻孔点	倒三角内加十字形，表示具有放码量的钻孔点
线	------	内部线	虚线，表示样片内部线段
	——	周边线	实线，表示样片最外围封闭轮廓线

样片内各种类型的点和线所表示的含义如图 3-8 所示。

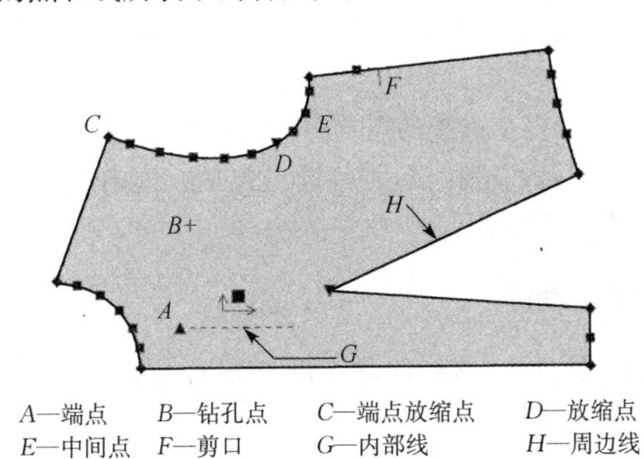

图 3-8　样片内各符号

三、光标形状

在 PDS 样版设计系统中，当进行不同的操作时，光标在系统中的形状会发生改变。操作者可通过不同的光标形状来了解工作状态。光标不同形状表示状态见表 3-2。

表 3-2　光标形状表

光标形状	状　　态
	正常模式
	被选中的点、线段、样片、或图钉可以移动
	离光标最近的对象已经被选中
	命令处于激活中
	命令激活且此命令有右键功能菜单
	放大命令已经被选中

四、鼠标操作方法

1. 鼠标的左右键分工

在 PDS 样片设计系统中，左键用于操作对象的"选择"；右键用于使用工具的"确定"或者"取消"操作。

2. 输入模式和光标模式的转换

用户输入栏中的输入模式和光标模式的转换方式为鼠标左右键同时按下。

3. 点和线段的选择

(1) 单条线段的选择：按下鼠标左键，用光标靠近待选线段，直至线段颜色变为黑色（黑色为系统默认被选中的线段颜色），则松开鼠标左键。

(2) 多条线段的选择：按下鼠标左键，用光标靠近待选线段，直至线段颜色变为黑色，用相同方法依次选择各线段，最后松开鼠标左键。若多条线段为相邻线段，则可按下"shift"键配合使用。

(3) 线上选择单个点：按下鼠标左键，用光标靠近待选线段，直至线段颜色变为黑色；沿被选线段移动光标，当选中待选点时，松开鼠标左键，此时被选点为红色（红色为系统默认被选中的点颜色）。

(4) 线上选择多个点：①多个连续的点：使用"Shift"键，选择起始点，按下"Shift"键，选择末尾点；框选方法，按下鼠标右键拉框，将待选点包括在框内即可；②多个不连续的点：依次用线上选择单个点的方法选中各点。

五、PDS 样片设计系统设置

在 Gerber 服装 CAD 软件中，打版前需要对 PDS 样片设计系统进行相应的系统设置，为后面的样片设计提供基础条件。

1. 剪口参数表的建立

详见第四章第一节中剪口参数表部分。根据需要设定各常用剪口参数。

2. 用户环境的设置

各选项含义详见本章第二节中【检视】菜单的用户环境部分。根据需要设定用户环境中的各选项，推荐设置内容见表 3-3。

表 3-3 用户环境推荐设置内容

单位	公制：国内订单；英制：国外订单
精度	2
缝份量	1
排料图	提示
排列方式	没有排列方式

3. 参数选项的设置

各选项含义详见本章第二节中【检视】菜单的参数选项部分。根据需要设定各主要参

数，推荐参数设置内容见表 3-4。

表 3-4　参数选项推荐设置内容

"一般"选项	快速打开	文件类型
	资料储存至	根据实际情况选择
	用户环境	AccuMark
	输入值模式	恢复至光标
	兼容模式	选中"V8"，本系统为 V8 版本 选中"显示提示"
"路径"选项	AccuMark 储存区	设置为用户需要的储存区，因系统默认优先储存区为系统自建的储存区，为方便样片的查找，应自行设置新的优先储存区
"显示"选项	样片	不要选中"填充样片"，以方便查看样片内部资料
	内部资料	选择"虚线"，以清晰区分样片周边线和内部线
"颜色"选项	网状颜色	选中"使用彩虹色"，以清晰显示各尺码样片

第二节　系统基本功能

一、文件菜单

【文件】菜单主要包括文件打开、保存、删除、输入、输出和关闭等工具(图 3-9)。

打开	关闭款式档案	保存	另存为图片文件	复制款式	编辑款式
增加样片	删除样片	排版图成本核算	剪口	导入	导出

图 3-9　文件菜单

1. 文件——打开

① 功能：开启 AccuMark 的读图资料，可以选择样片或款式等文件。在默认情况下，打开文件类型为款式类型的文件，用户可根据需要选择其他文件类型。另外，在"文件名"中输入某个文件的名称，并选中"档案名称过滤搜寻"，可进行单个或多个文件的筛选(图 3-10)。

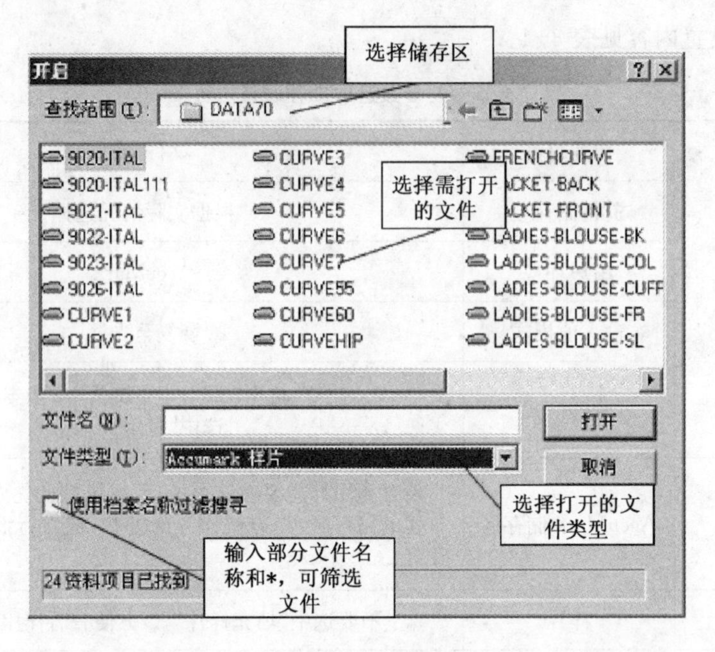

图 3-10　打开文件

② 注意:款式类型的文件为款式档案文件。此类文件中包含构成某款式服装的所有样片。详细内容见第五章中排料部分。

2. 文件——关闭款式档案

① 功能:关闭当前工作区域中的款式。当关闭一个款式时,相关的样片会从图像单中删除。

② 操作方法:a. 在【文件】菜单中,选择【关闭款式档案】,在活动工作区域将会打开一个对话框(图 3-11),其中包含所有处于开启状态的款式的名称;b. 从对话框列表中选择要关闭的款式名称;c. 点击确定。如果文件被更改,系统会提醒是否保存,相关样片会从工作区域中被删除。

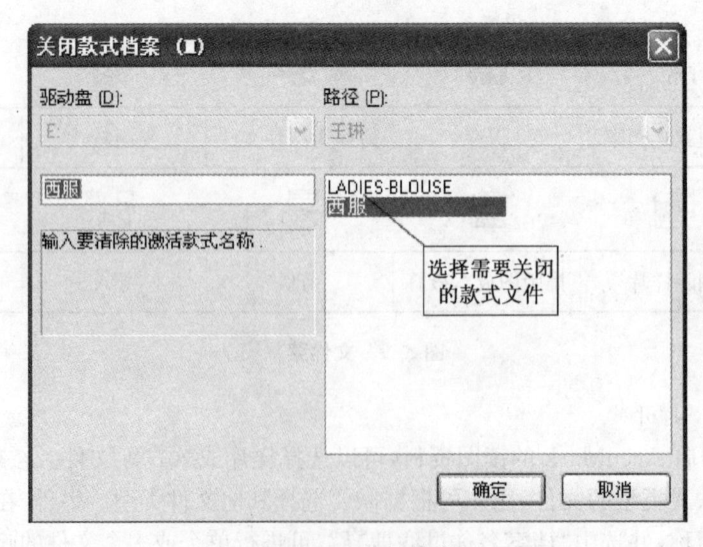

图 3-11　关闭款式

3. 文件——另存为图片文件

① 功能:将样片输出到DOS路径,生成JPEG、BMP、EMF格式的图形文件。使用前,DOS路径要通过AccuMark Explore【检视】→【参数选项】→【绘图选项】进行设定。

② 操作方法:a. 在【文件】菜单中选择【另存为图片文件】;b. 选择要保存为图片的样片,右键【确定】,完成操作。

4. 文件——保存

① 功能:将样片保存在储存区中。

② 操作方法:a. 在【文件】菜单中选择【保存】工具;b. 在工作区中选择要保存的样片;c. 右键【确定】,完成操作。

③ 注意:选中【保存】工具后,必须选择要保存的样片。

图3-12 保存样片类型

图3-13 复制款式

5. 文件——复制款式

① 功能:复制已存在的款式类型文件。

② 操作方法:a. 在【文件】菜单中,选择【复制款式】,系统会打开“查找款式”对话框(图3-13);b. 选择要复制的款式名称,弹出“复制款式”窗口,进行新款式中样片名称的命名,应用并确定后,提示为新款式档案命名,保存复制的新款式档案;c. 右键【确定】,完成操作。

6. 文件——创造/修改档案

【创造/修改档案】包括增加样片、移除样片和前缀款式名称等功能。

(1) 增加样片:使用此工具,可在选择的款式档案中增加新的样片。

(2) 移除样片:与【增加样片】功能相反,使用此工具可从款式文件中删除样片。

(3) 前缀款式名称:当在款式档案中增加新的样片时,使用此工具可将款式名称加在样片名称的前面,复选则不将款式名称加在样片名称的前面。

7. 文件——排版图成本核算

① 功能:可以自动生成成本计算或样片排料图。

② 操作方法:a. 在【文件】菜单中选择【排版图成本核算】;b. 在弹出的对话框(图3-14)

中输入所需的尺码、数量和布料幅宽，以及是否自动排料的选项，选择“确定”后，系统会创建排料图和成本预算；c. 右键【确定】，完成操作。

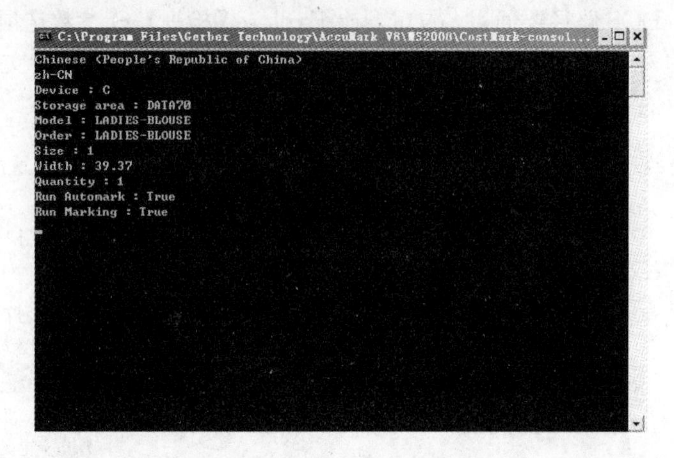

图 3-14　排版图成本核算

8. 文件——导入

① 功能：可将输入浏览器中的图形放置在工作区中(图 3-15)。

② 操作方法：a. 在【文件】菜单中选择【导入】；b. 选择输入浏览器中的图形放置在工作区中；c. 利用【复制线段】将想要的线条复制到样片上；d. 右键【确定】，完成操作。

9. 文件——导出

① 功能：类似于【另存为】。

② 操作方法：a. 在【文件】菜单中选择【导出】；b. 选择要导出的样片或者款式文件，选择保存路径；c. 右键【确定】，完成操作。

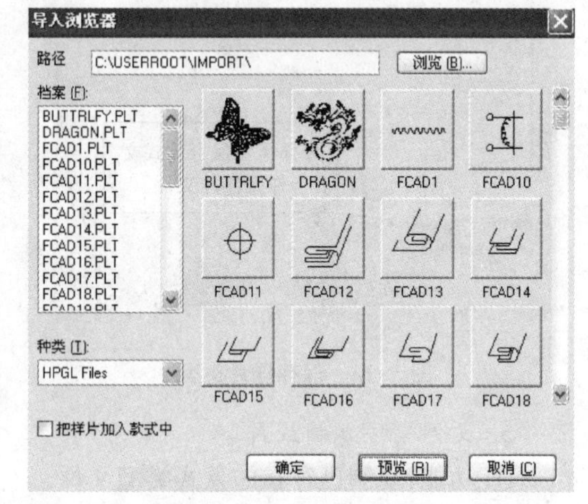

图 3-15　导入

二、编辑菜单

【编辑】菜单具有更改点、线等资料属性、选择和删除样片等工具(图 3-16)。

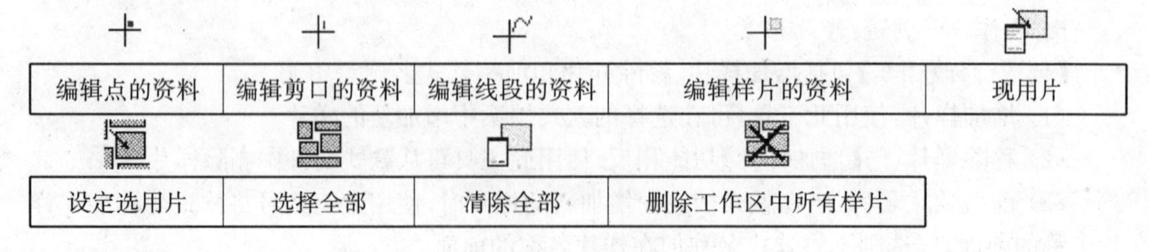

图 3-16　编辑菜单

1. 编辑——编辑点的资料

① 功能：编辑包括放缩规则和点编号在内的点的资料。

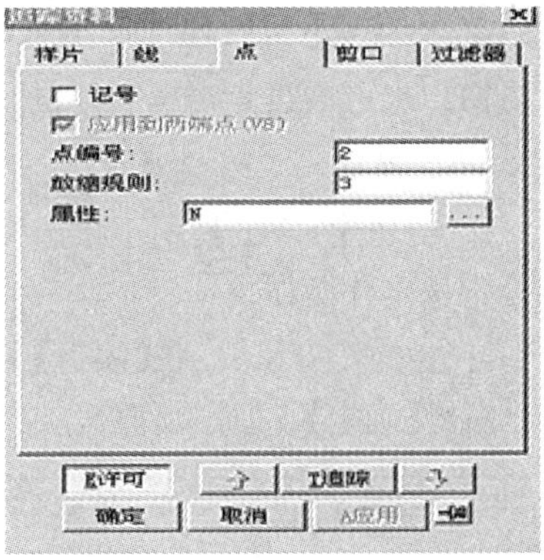

② 操作方法：a. 在【编辑】菜单中，选择【编辑点的资料】，系统显示图 3-17 所示对话框；b. 在工作区中的样片上选择点进行查看和更改；c. 右键【确定】，完成操作。

③ 注意：当按下“许可”按钮时，激活追踪功能，系统会从样片上选择的点开始，按照顺时针方向依次显示样片周边线上各点的资料；再次按“许可”，则取消追踪功能。

图 3-17　编辑点的资料

2. 编辑——编辑剪口资料

① 功能：编辑剪口资料，包括剪口的种类和角度等资料（图 3-18）。

② 操作方法：参见【编辑点资料】。

3. 编辑——编辑线段资料

① 功能：编辑包括线段类别、线段标记、缝份量等在内的新的线段资料（图 3-19）。

② 操作方法：参见【编辑点资料】。

4. 编辑——编辑样片资料

① 功能：编辑样片的资料，包括样片名称、类别、描述和放缩规则表（图 3-20）。

② 操作方法：参见【编辑点资料】。

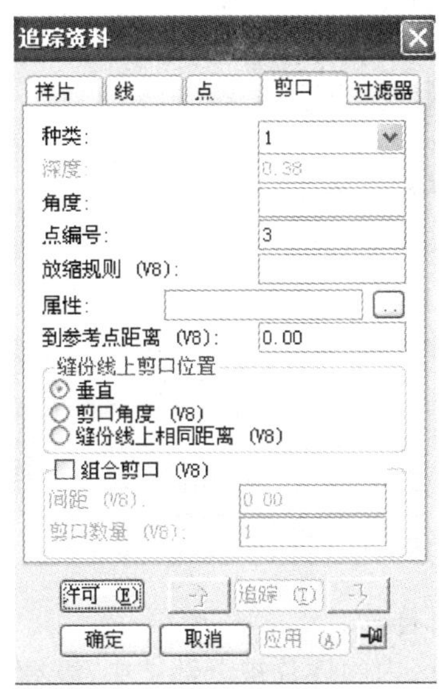

图 3-18　编辑剪口资料

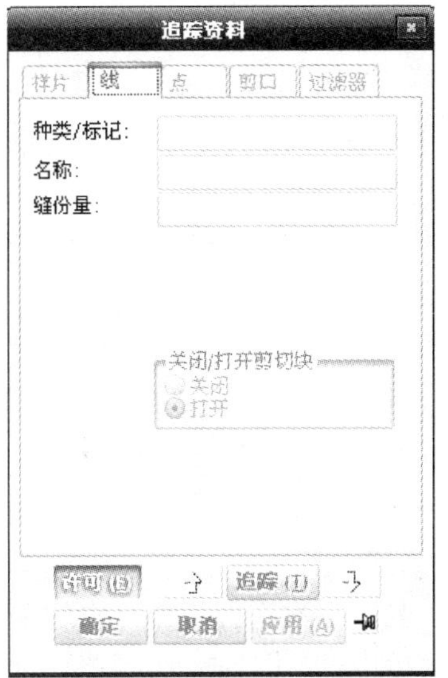

图 3-19　编辑线段资料

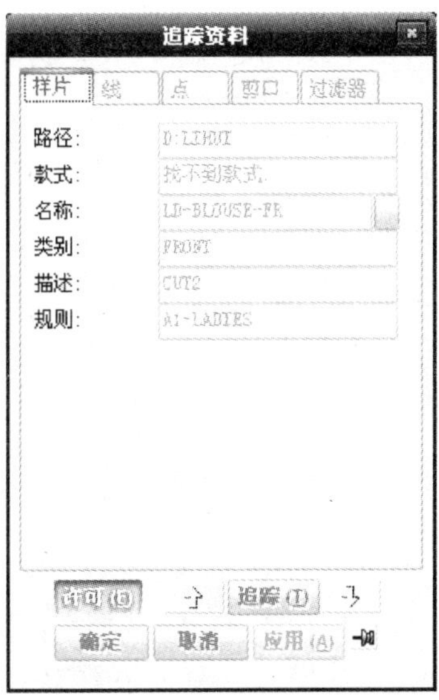

图 3-20　编辑样片资料

5. 编辑——现用片

① 功能：当工作区中有若干样片时，为了简化操作，可以利用现用片来选定某个样片。

② 操作方法：a. 在【编辑】菜单中选择【现用片】；b. 在对话框（图 3-21）中选择要选定的样片名称，则该样片一直处于选定状态；c. 右键【确定】，完成操作。

图 3-21　现用片

③ 注意：a. 将样片设定为现用片后，所有选定工具只对此样片进行操作；b. 现用片选择窗口也可通过点击资料栏的[...]按钮弹出。

6. 编辑——设定选定片

① 功能：该工具用于将选择的样片设定为当前样片，而在使用某些功能时可省略选择设定选定片操作。

② 操作方法：a. 在【编辑】菜单中选择【设定选定片】；b. 在工作区选择要选定的样片；c. 右键【确定】，完成操作。

例题 1： 将图 3-22 中的样片设定为选定片并保存。

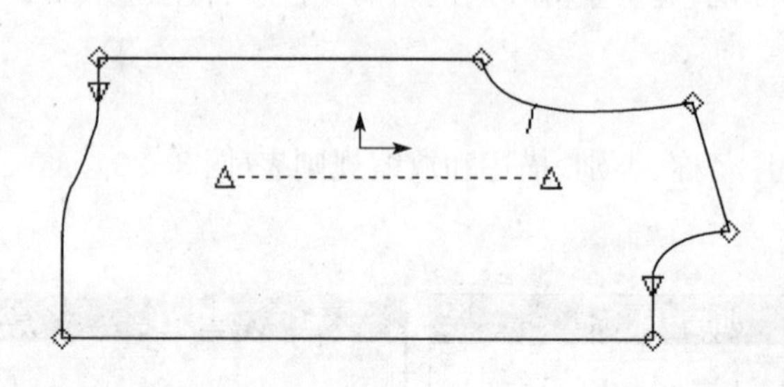

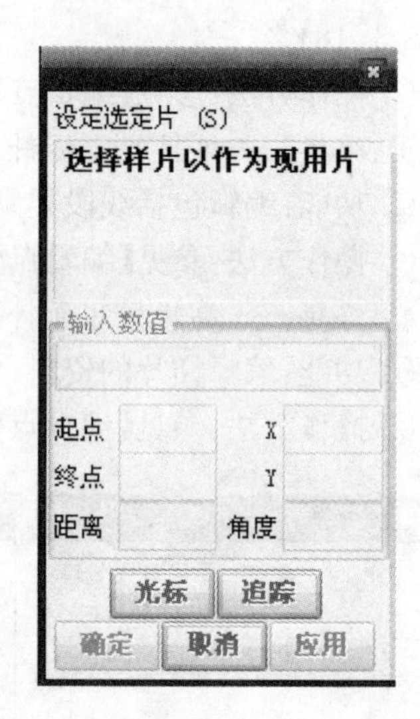

图 3-22　设定选定片

① 选择【设定选定片】工具。

② 鼠标左键点击样片，使其变为红色，右键确定。

③ 选择【保存】工具，此时样片 P1 自动变为红色。

④ 鼠标右键确定，完成保存。

7. 编辑——选择全部

① 功能：使用【选择全部】工具可一次选择工作区内的全部样片。

② 操作方法：a. 在【编辑】菜单中选择【选择全部】；b. 工作区内的样片被全部选中，继续后续操作。

8. 编辑——清除全部

① 功能：与【选择全部】相反，可以一次取消多个样片的选中状态，使样片恢复未选中状态。

② 操作方法：a. 在【编辑】菜单中选择【清除全部】；b. 工作区中被选择的样片恢复到未选中状态，继续后续操作。

9. 编辑——删除工作区中的样片

① 功能：删除工作区内的所有样片。

② 操作方法：a. 在【编辑】菜单中选择【删除工作区中的样片】；b. 系统清除工作区中显示的所有样片；c. 右键【确定】，完成操作。

③ 注意：此工具为一次删除工作区中所有的样片，无论样片是否被选择。

三、检视菜单

【检视】菜单具有查看点、线等资料内容、设置界面显示内容的功能（图 3-23）。与【编辑】菜单的区别是：【编辑】菜单是更改内容，【检视】菜单为显示内容。

显示比例	点	剪口	线	样片	放缩
刷新显示	用户自设工具栏	屏幕分布	参数选项	用户环境	放缩选项

图 3-23　检视菜单

1. 检视——显示比例

【显示比例】包括放大、缩小、整体显示、单片显示、1∶1 显示、分开样片等工具（图 3-24）。

放大	缩小	整体显示	单片显示	1∶1 显示	分开样片

图 3-24　显示比例

(1) 整体显示：【整体显示】是调整显示比例，从而使工作区中的所有样片都在屏幕的可视范围内显示。

(2) 单片显示：【单片显示】是放大显示工作区中被选中的某个样片。

(3) 1∶1 显示：【1∶1 显示】是按实际尺寸显示工作区中的样片，即在屏幕上显示的一英寸等同于实际的一英寸的长度。

(4) 分开样片：【分开样片】是分窗口整体显示每一个样片（图 3-25）。

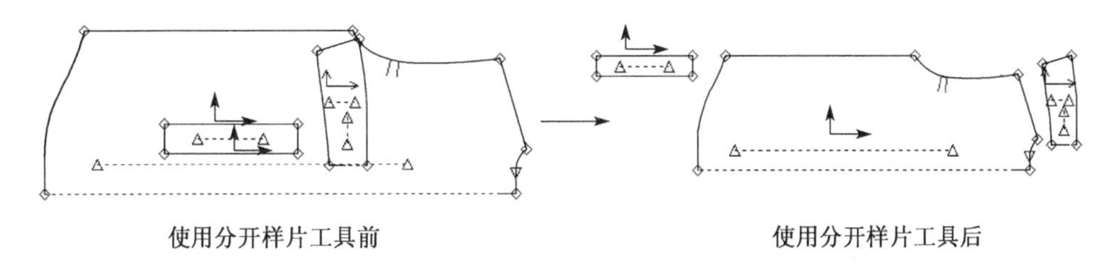

使用分开样片工具前　　使用分开样片工具后

图 3-25　分开样片

2. 检视——点

【检视】菜单中【点】包括显示全部点、中间点、点编号、放缩规则、剪口点和点类型/属性等工具（图 3-26）。

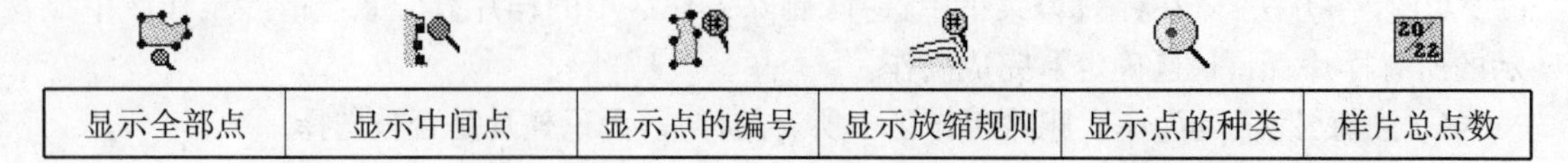

显示全部点	显示中间点	显示点的编号	显示放缩规则	显示点的种类	样片总点数

图 3-26 检视点

(1) 显示全部点:

① 功能:显示样片上所有的点,包括中间点、放缩点、顺滑点和端点。

② 操作方法:a. 选择【显示全部点】工具;b. 鼠标左键选择要核对点的样片,点击鼠标右键再点击确定;c. 样片上的所有点被显示(图 3-27);d. 如果需要清除屏幕上的点信息,并且继续前面的命令操作,则再一次选择【显示全部点】的命令,或者点击鼠标右键,再点击【确定】。

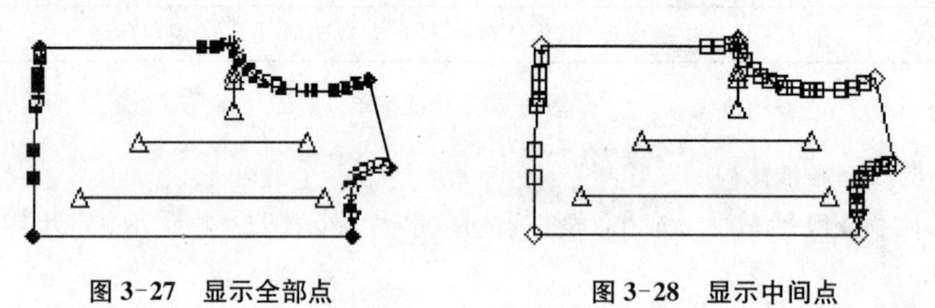

图 3-27 显示全部点　　**图 3-28 显示中间点**

(2) 显示中间点:

① 功能:可以检视选择样片上的全部中间点,如图 3-28 所示。

② 操作方法:与【显示全部点】相同。

③ 注意:确定在【检视】→【参数/选项】中"符号"已经被选中。否则,激活此工具也无法显示点符号。

(3) 显示点的编号:

① 功能:检视选中样片的点的编号(图 3-29)。

② 操作方法:与【显示全部点】相同。

(4) 显示放缩规则:

① 功能:检视工作区中所有样片的放缩点的对应放缩规则编号,见图 3-30。

② 操作方法与【显示全部点】相同。放缩规则相关知识详见第四节。

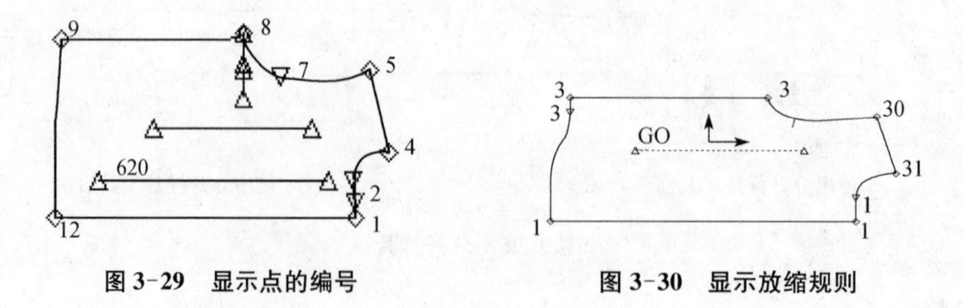

图 3-29 显示点的编号　　**图 3-30 显示放缩规则**

(5) 显示点的种类/属性:

① 功能:显示样片中某一个点或所有点所对应的点的种类和点的属性(图 3-31)。

② 操作方法:与【显示全部点】相同。

（6）样片总点数：

① 功能：显示样片中包括的所有点的个数。

② 操作方法：与【显示全部点】相同。

3. 检视——剪口

此工具可以查看剪口的类型、形状及保持距离的设定等。操作方法为选择相应工具，然后在工作区中选择样片或剪口进行查看。

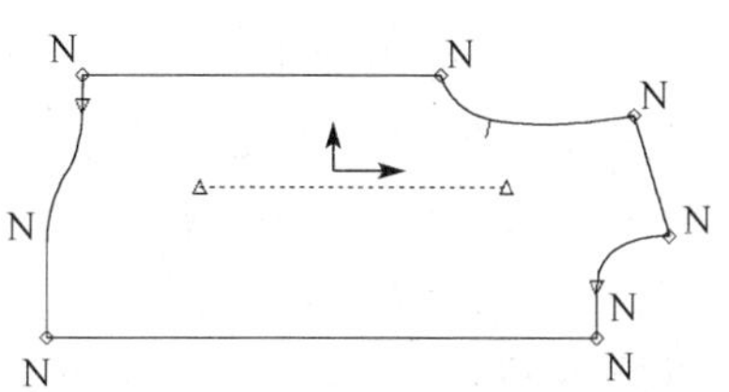

图 3-31　显示点的种类/属性

（1）类型：

① 功能：显示每一个点所对应的剪口类型，如图 3-32 所示。AccuMark 的剪口类型分为 1、2、3、4、5。此剪口类型编号与剪口参数表中的剪口编号是相对应的。剪口参数表知识见第四章第二节。

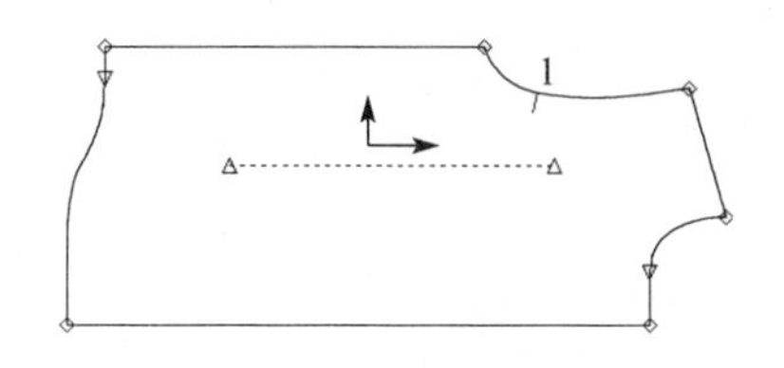

图 3-32　类型

② 操作方法：与【显示全部点】相同。

（2）形状：

① 功能：显示样片上剪口的实际形状，剪口尺寸使用当前剪口参数表中的尺寸。

② 操作方法：与【显示全部点】相同。

（3）保持距离：

① 功能：核对样片上的剪口尺寸和缩水长度。

② 操作方法：与【显示全部点】相同。

4. 检视——线段

【检视】中【线段】各工具图标见图 3-33。

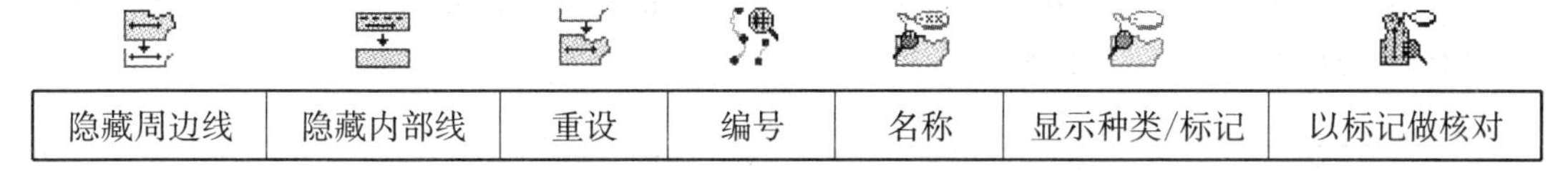

隐藏周边线	隐藏内部线	重设	编号	名称	显示种类/标记	以标记做核对

图 3-33　检视线段

（1）隐藏周边线：

① 功能：暂时隐藏或者显示某个样片中被选中的周边线/裁缝线（图 3-34）。

② 操作方法：a. 选择【隐藏周边线】工具；b. 选择需要隐藏的线段；c. 右键【确定】，完成操作。

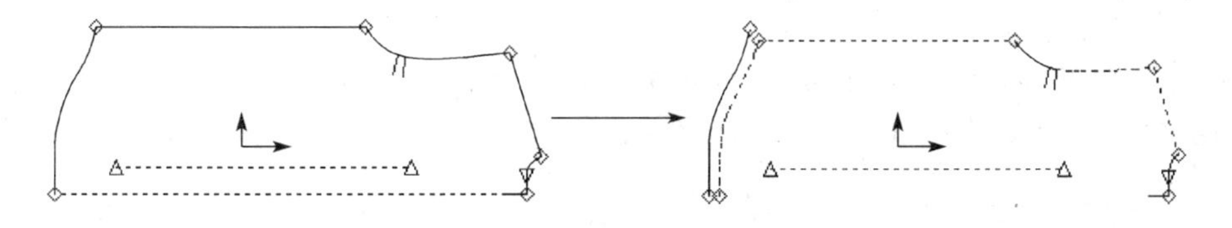

图 3-34　隐藏周边线

③ 注意：此工具不可以隐藏某个样片的所有的周边线/裁缝线，系统会将屏幕上每一个样片的所有周边线/裁缝线去除，直到只剩下一条。

（2）隐藏内部线：

① 功能：暂时隐藏或者显示选中的内部线。

② 操作方法：a. 选择【隐藏内部线】工具；b. 鼠标左键选择要核对点的样片，点击鼠标右键，再点击确定；c. 样片上的所有点都会显示（图 3-35）；d. 如果需要清除屏幕上的点信息，并且继续前面的命令操作，则再一次选择【显示全部点】命令，或者点击鼠标右键，再点击【确定】。

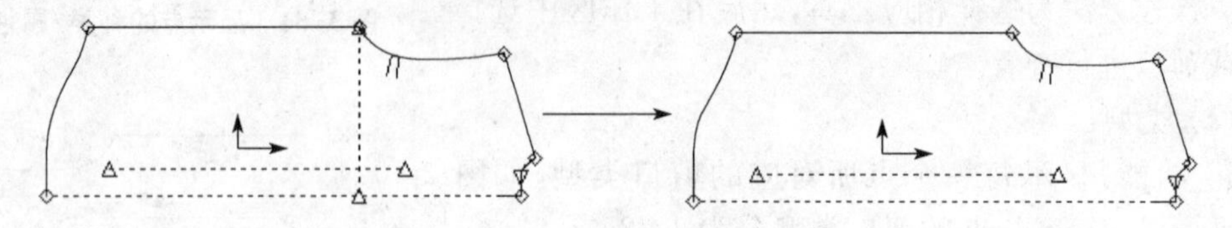

图 3-35　隐藏内部线

（3）重设：

① 功能：重新显示被隐藏的周边线或者内部线。

② 操作方法：a. 选择【重设】工具；b. 选择要显示的样片，此时样片上被隐藏的内容会显示；c. 右键【确定】，完成操作。

（4）编号：

① 功能：显示线段的编号。

② 操作方法：a. 选择【编号】工具；b. 选择需要核对的线段或样片，右键【确定】后继续下一步；c. 右键【确定】，完成操作。

（5）名称：

① 功能：显示线段的名称（图 3-36）。

② 操作方法：a. 选择【显示全部点】工具；b. 选择需要核对的线段或样片，右键【确定】后继续下一步；c. 右键【确定】，完成操作。

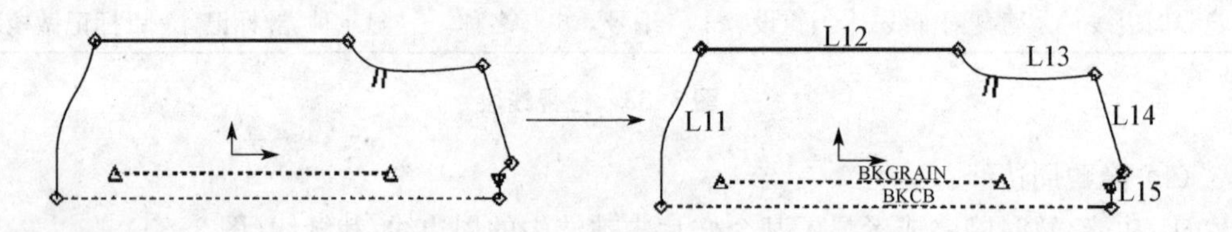

图 3-36　名称

（6）显示种类/标记：

① 功能：显示工作区中线段的种类或者标记（图 3-37）。

② 操作方法：a. 选择【显示种类/标记】工具；b. 选择需要核对的线段或样片，右键【确定】后继续下一步；c. 右键【确定】，完成操作。

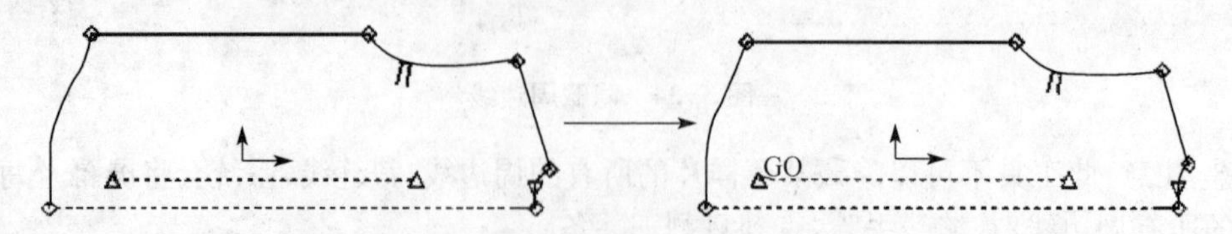

图 3-37　显示种类/标记

(7) 以标记做核对：

① 功能：显示工作区中指定标记的线段(图 3-38)。

② 操作方法：a. 在【检视】菜单，选择【线段】，然后选择【以标记做核对】；b. 输入需要显示的线段的标记名称，按回车或者点击确定；c. 标记为该字母的线段显示为红色；d. 右键【确定】，完成操作。

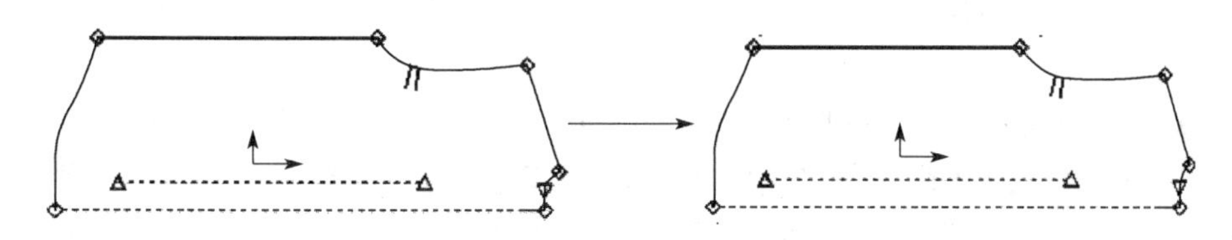

图 3-38 以标记做核对

5. 检视——样片

【检视】中【样片】各工具图标见图 3-39。

缝份量	隐藏样片注解	显示缝份角的种类	圆角

图 3-39 检视样片

(1) 缝份量：

① 功能：显示每一根线段的缝份量。

② 操作方法：a. 在【检视】菜单中选择【样片】，再选择【缝份量】；b. 选择线段或者样片以显示相应的缝份量(图 3-40)；c. 右键【确定】，完成操作。

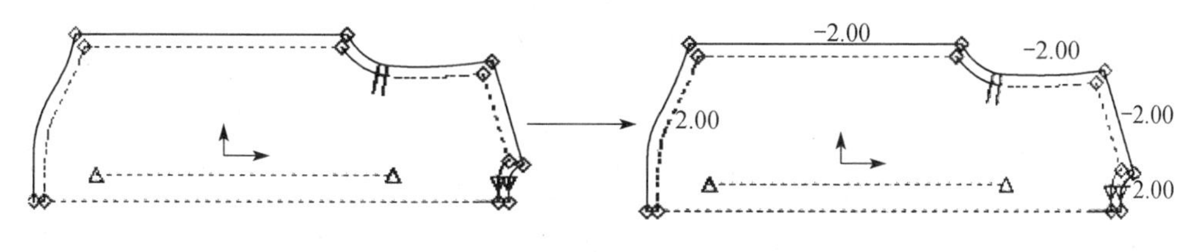

图 3-40 缝份量

(2) 隐藏样片注解：

① 功能：样片注解的显示开关，可以显示或者隐藏样片的注解。

② 操作方法：a. 在【检视】菜单中选择【样片】，再选择【隐藏样片注解】；b. 选择需要核对的样片，右键【确定】后继续下一步，此时隐藏样片内注解(图 3-41)；c. 右键【确定】，完成操作。

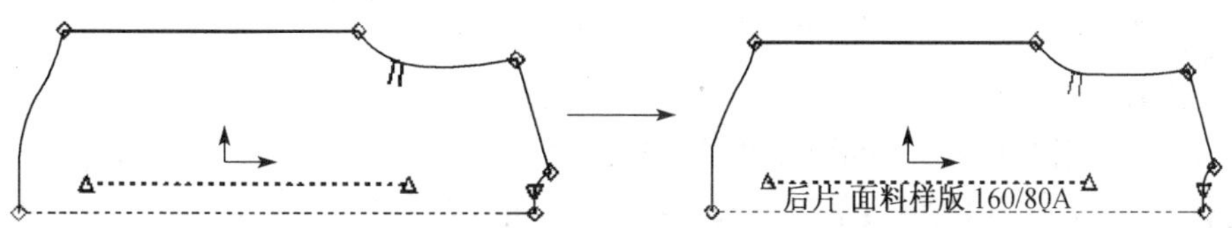

图 3-41 隐藏样片注解

(3) 显示缝份角的种类：

① 功能：若样片缝份做过缝份角处理，通过该功能来检视所做缝份角的种类(图 3-42)。

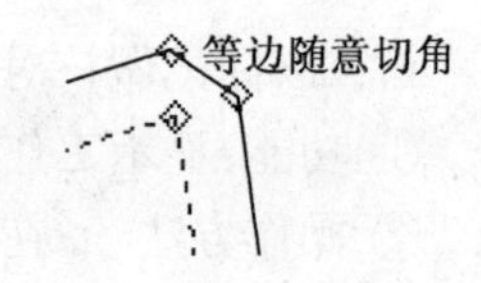

图 3-42　显示缝份角

② 操作方法：a. 在【检视】菜单中选择【样片】，再选择【显示缝份角的种类】；b. 选择需要核对的样片，右键【确定】后继续下一步；c. 右键【确定】，完成操作。

(4) 圆角：

① 功能：查看样片是否做过增加圆角的处理。

② 操作方法：a. 在【检视】菜单中选择【样片】，再选择【圆角】；b. 选择需要核对的样片，右键【确定】后继续下一步；c. 右键【确定】，完成操作。

6. 检视——放缩

【检视】中【放缩】各工具图标见图 3-43。

显示全部尺码	显示指定尺码	显示尺码组别	叠合点开关	F 线旋转	清除网状显示

图 3-43　检视放缩

(1) 显示全部尺码：

① 功能：使用网状方式显示选中样片的全部尺码(图 3-44)。

② 操作方法：a. 在【检视】菜单中选择【放缩】，再选择【显示全部尺码】；b. 选择需要显示网状的样片，右键【确定】后继续下一步；c. 右键【确定】，完成操作。

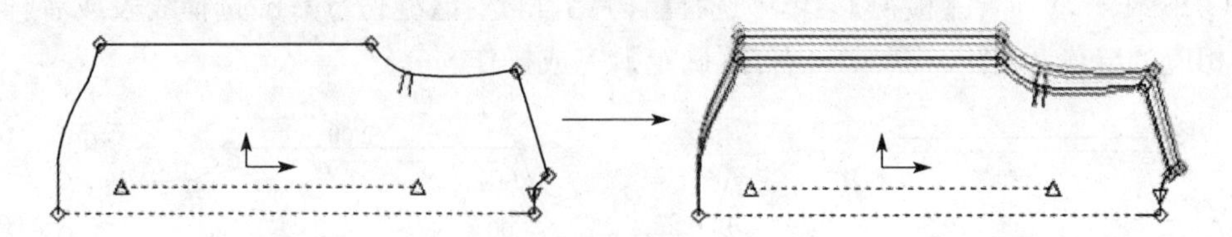

图 3-44　显示全部尺码

③ 注意：在修改样片时，屏幕仍旧保持网状的显示方式，所有的编辑都将只在基准码上进行。操作方法同【显示基准码】工具。

(2) 显示指定尺码：

① 功能：使用网状方式显示在放缩样片中选定的尺码(图 3-45)。

② 操作方法：a. 在【检视】菜单中选择【放缩】，然后选择【显示指定尺码】；b. 选择样片，右键【确定】后继续下一步；c. 在“显示指定尺码”对话框内，通过“Shift”或“Ctrl”键的配合使用，进行连续或间隔的尺码选择，点击【确定】后系统会显示所选择尺码的样片；d. 右键【确定】，完成操作。

(3) 显示尺码组别：

① 功能：使用网状方式显示放缩样片的尺码组。

② 操作方法：a. 在【检视】菜单中选择【放缩】，再选择【显示尺码组别】；b. 选择样片，右键【确定】后继续下一步；c. 右键【确定】，完成操作。

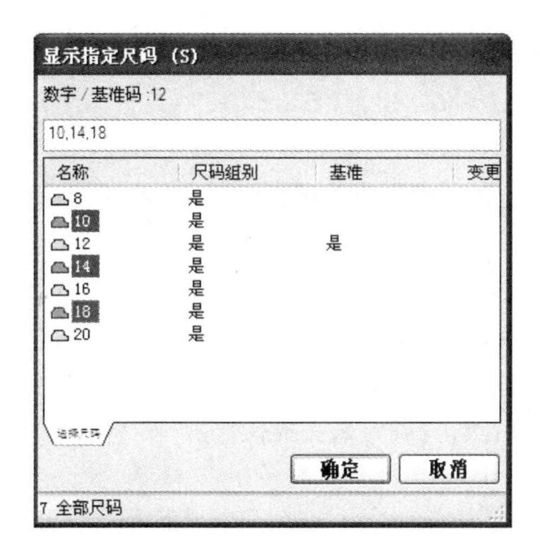

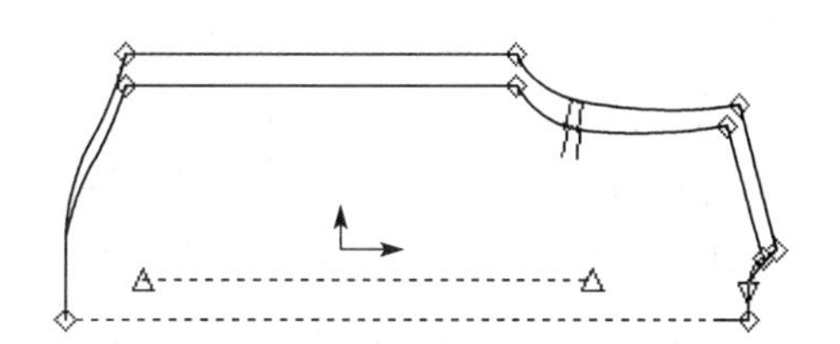

图 3-45　显示指定尺码

(4) 叠合点开/关：

① 功能：按照选定的点将样片进行叠合并显示(图 3-46)。

② 操作方法：a. 使用【检视】→【放缩】命令中的任意一个，以网状显示放缩的样片；b. 在【检视】菜单中选择【放缩】，再选择【叠合点开/关】；c. 选中【两点叠合】复选项，使放缩样片根据两个点进行叠合(可以选择现有的点为新的叠合点。如果需要选择一个新的叠合点，可在光标或数值两种模式下进行操作)；d. 右键【确定】，系统会根据新的叠合点进行叠合，重新在屏幕上显示绘制的网状样片。

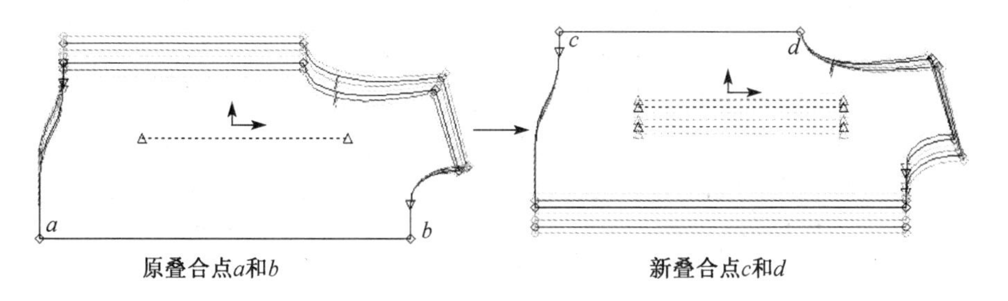

图 3-46　叠合点开/关

相关知识链接：此处叠合点的定义相当于服装工业制版放码前确定的基准点或基准线，叠合点的改变等同于基准点或基准线的变换。

(5) F-线旋转：

① 功能：显示一个样片，以及针对水平的 F-旋转线进行叠合后的所有尺寸的网状显示。F-旋转线是通过两个带有 F 属性的点建立起来的(图 3-47)。

② 操作方法：a. 在【检视】菜单中选择【放缩】，再选择【F-线旋转】工具；b. 选择需要旋转的样片，右键确定后，系统会根据样片周边线上的 F 旋转点的连线来旋转样片，最后在屏幕上显示的样片的方位就

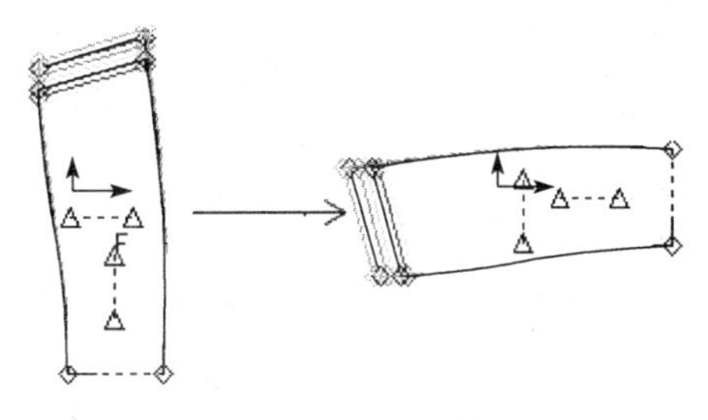

图 3-47　F-线旋转

是它在排版图中的实际方位；c. 右键【确定】，完成操作。

③ 注意：可以通过【编辑】→【编辑线段资料】工具在样片内设置一条属性为 F 的线段。

(6) 清除网状显示：

① 功能：从显示中去除网状的尺码。

② 操作方法：在【检视】菜单中选择【放缩】，再选择【清除网状显示】工具，此时工作区中的网状样片被清除，只显示基准码。

7. 检视——用户自定义工具列

① 功能：用户可以根据个人需要来设定工具列内容(图 3-48)。

② 操作方法：a. 在【检视】菜单中选择【用户自定义工具列】工具；b. 在显示的用户自定义工具列对话框中选择要显示的工具，选择结束后点击【确定】，完成操作。

8. 检视——刷新显示

① 功能：用当前的数据更新显示信息。

② 操作方法：在【检视】菜单中选择【刷新显示】工具即可。

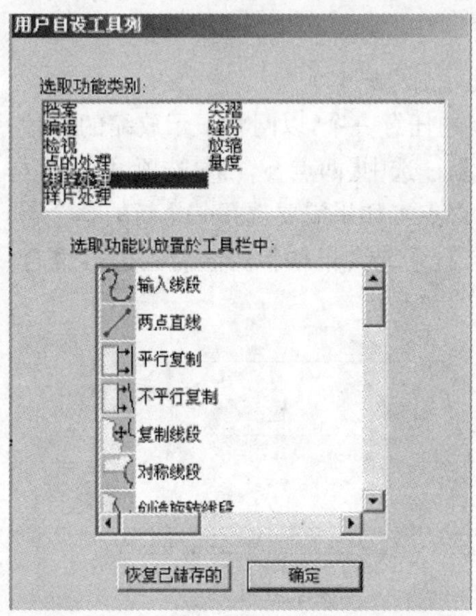

图 3-48 用户自定义工具列

图 3-49 屏幕分布

9. 检视——屏幕分布

① 功能：根据操作者要求可在 PDS 2000 主屏幕上显示不同的菜单、工具列和状态栏(图 3-49)。

② 操作方法：a. 在【检视】菜单中选择【屏幕分布】工具；b. 在屏幕分布对话框中点击选项旁边的检视标志，进而选中或移除可在工作区域内显示的选项。在选择各个选项的同时，结果会在屏幕上显示出来。c. 为标尺和快速移动设置选项。d. 点击【确定】，可保存设置和关闭屏幕分布框。

10. 检视——参数/选项

① 功能：可以改变样片的显示，调整显示颜色，定义绘图机信息，编辑款式转换信息，为存储区域、款式、输入数据等建立路径。

② 操作方法：a. 在【检视】菜单中选择【参数/选项】；b. 进行相关内容设置，设置结束后点击【保存】、【确定】，完成操作。

注意：参数选项设置内容见表 3-5 和表 3-6。

表 3-5　参数选项"一般"选项表

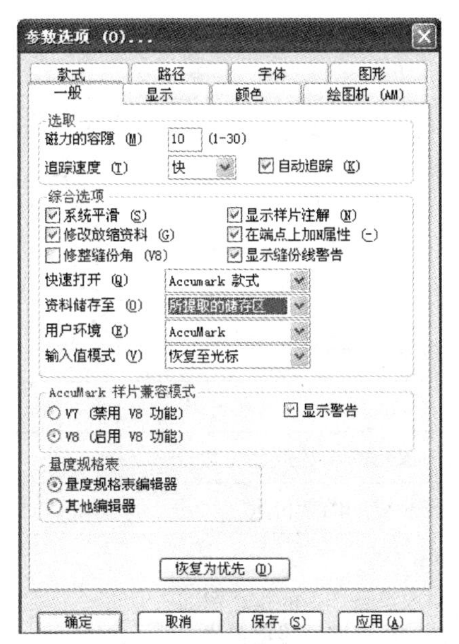

重要设置内容：	
快速打开	设置资料栏中快速打开功能打开文件的类型，可以选择款式档案或样片两种文件类型
资料储存至	设置使用保存功能时样片存储的位置： ① 所提取的储存区：表示样片保存到原储存区中 ② 优先储存区：表示样片保存到优先储存区中
用户环境	因为本服装 CAD 软件为 AccuMark 系统，故选择 AccuMark 选项
输入值模式	设置用户输入栏中的输入值模式： ① 优先：表示用户输入栏的模式默认为数值模式，即在光标模式下操作完成后自动转化为数值模式 ② 恢复至光标：表示用户输入栏的模式默认为光标模式，即在数值模式下操作完成后自动转化为光标模式
AccuMark 样片兼容模式	设置 AccuMark 系统的兼容模式： ① V7：表示使用 V7 版本的模式 ② V8：表示使用 V8 版本的模式 ③ 显示警告：表示当系统不兼容时，弹出警告窗口，提示用户

表 3-6　参数选项"路径"选项表

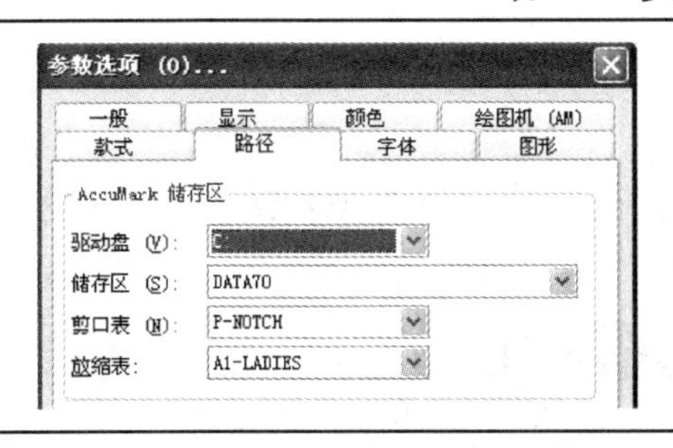

AccuMark 储存区中设置的内容是优先储存区，与"一般"选项内"资料储存至"的优先储存区一致

例题 2：在 PDS 样片设计系统中新绘制一样片，现要用保存功能将其保存在 CCH 储存区中。参数选项设置方法为：

① "路径"选择设置方法：AccuMark 储存区中的优先储存区设置为"CCH 储存区"。

② "一般"选择设置方法：资料储存至选项设置为"优先储存区"。

11. 检视——用户环境

① 功能：设置单位制度及十进制精确度等信息（图 3-50）。

② 操作方法：a. 在【检视】菜单中选择【用户环境】；b. 进行各项内容设置，完成设置后在工具栏内点击【保存】，结束操作。

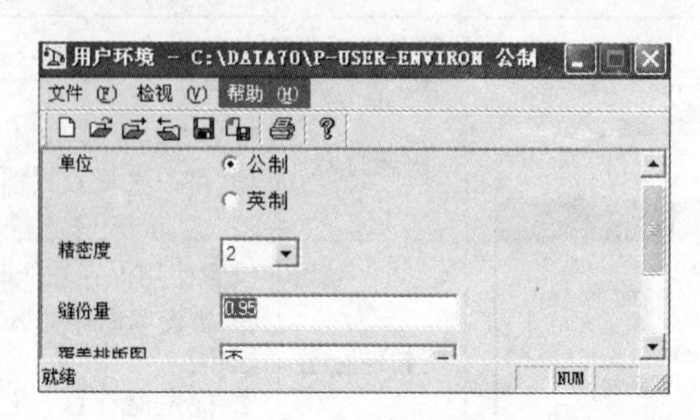

图 3-50 用户环境

注意：用户环境设置内容见表 3-7。

表 3-7 用户环境设置内容表

单位	公制：以厘米为单位；英制：以英寸为单位
精密度	在样片设计系统中，绘制样版时各部位数值保留的小数点后位数
缝份量	设置排料系统中，排料图内分割样片后在分割线处的缝份量
覆盖排料图	设置当排料图名称相同时系统处理的方式 ① 否：表示当排料图名称相同时，系统直接取消新产生的排料图 ② 是：表示当排料图名称相同时，系统用新的排料图直接覆盖原有的排料图 ③ 提示：表示当排料图名称相同时，系统会弹出窗口提示用户是否覆盖原有排料图，优先选择此选项
排列方式	① 没有排列方式：排料图没有排列方式 ② 使用排料图名称：排料图按照排料图的名称进行排序 ③ 排料方式搜寻表：按照建立的排料方式搜寻表内容进行排序

12. 检视——放缩选项

① 功能：选择放缩的方式（图 3-51）。

② 操作方法：a. 在【检视】菜单中选择【放缩选项】；b. 在放缩选项对话框内的下拉菜单中选择某放缩方式，点击【确定】，完成操作。

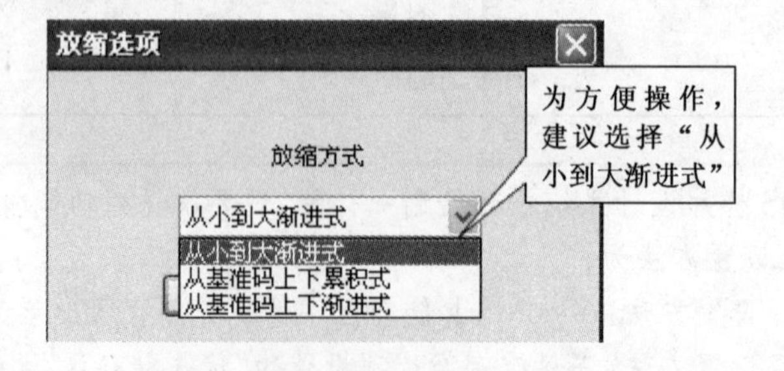

图 3-51 放缩选项

③ 注意:放缩方式内容见表 3-8。

表 3-8　放缩方式表

放缩方式	方法	图示
从小到大渐进式	由小至大,而数值是每个尺码之间的差距。如平均放缩,只计算最小码	最小码 最大码 基准码
从基准码上下累积式	以基准码为中心,向小及大两个方向放缩,而数值是尺码与基本码之间的差距	最小码 最大码 基准码
从基准码上下渐进式	以基准码为中心,向小及大两个方向放缩,而数值是每个尺码间的差距	最小码 最大码 基准码

第三节　系统样片设计功能

一、点菜单

技巧:样片设计功能主要包括点、线段和样片菜单,每个菜单都包含大量的工具,记住每个工具在菜单中的位置,可以提高设计效率。实际上,这些菜单的工具分布都有很强的规律性,从上到下分别为创造类工具、删除类工具和修改类工具。知道分布规律,可以提高查找工具的速度(图 3-52)。

增加点	增加 X 记号点	增加多个点	交接点	删除点	删减点	复制点的编号	修改点

图 3-52　点菜单

1. 点——增加点

① 功能:在线段上增加中间点,或者在样片内部增加一个钻孔点。

② 操作方法:a. 在【点】菜单中选择【增加点】工具;b. 通过以下操作确定增加点的位置:

· 光标模式下,点击样片内部、内部线或边界/周边线上的确切位置来增加点。

· 数值模式下,在起点或终点域输入该点到线段开始或者结束端点的距离。如果是在样片中增加一个钻孔点,则在 X 和 Y 域中输入移位的 X 和 Y 值(参照某个参照位置);点击确定或者按回车键,该点就被增加到样片上。

如图 3-53 所示,当光标激活起始输入栏时,在线段的对应起始点处会出现箭头;当光标激活终点输入栏时,在线段的终点处会出现相反方向的箭头。

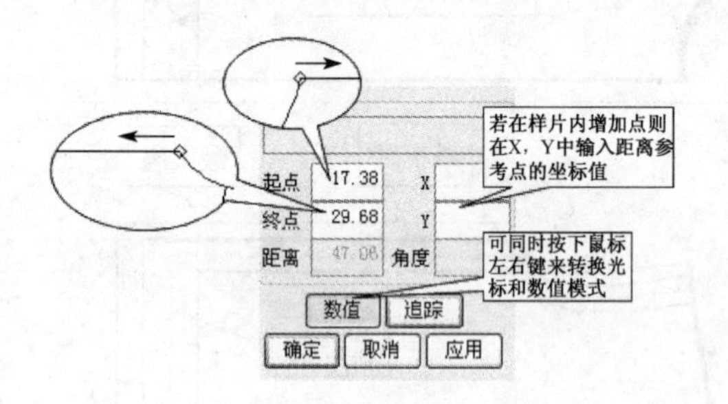

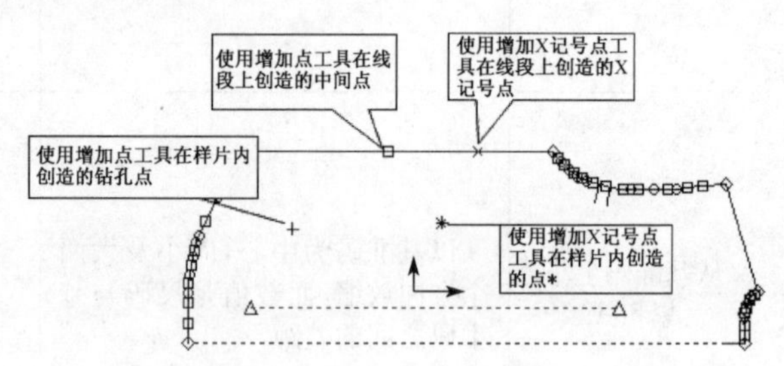

图 3-53　增加点

③ 相关知识链接:在 PDS 样片设计系统中,判断样片周边线的方法是按照顺时针的方向(图 3-54),判断样片周边线的起点和终点。例如图 3-54 中,周边线段 *AB* 的起点和终点分别为 *A* 点、*B* 点。

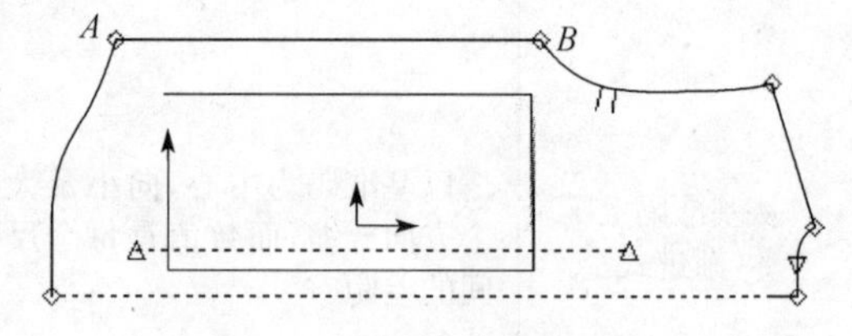

图 3-54　样片周边线方向判定

④ 注意:【增加点】工具创造的点为中间点,此类点的最大特征为不可视性,若需要查看,可使用【检视】→【点】→【显示中间点】工具显示。

2. 点——增加 X 记号点

① 功能:为线段增加一个可视的 X 记号点,或者在某个区域增加一个 * 参考点。

② 操作方法:与【增加点】工具相同,两者区别是【增加 X 记号点】工具创造的点是可视的,而【增加点】工具创造的点是不可视的。

3. 点——增加多个点

【点】菜单中【增加多个点】各工具图标见图 3-55。

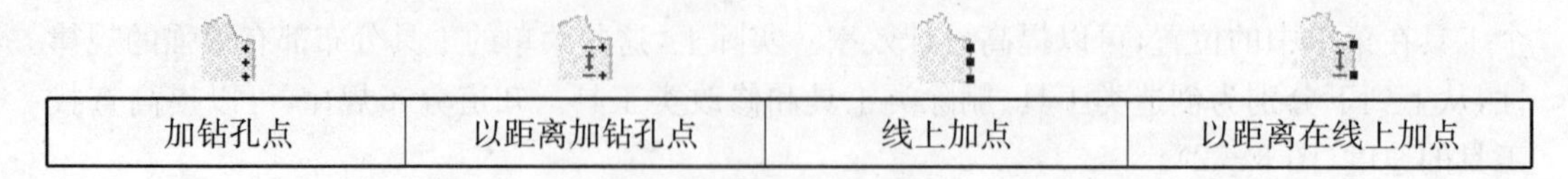

加钻孔点	以距离加钻孔点	线上加点	以距离在线上加点

图 3-55　增加多个点

技巧:此组工具按照确定点位置的方式分为定比例和定距离两种。定比例方式有【加钻孔点】和【线上加点】工具;定距离方式有【以距离加钻孔点】和【以距离在线上加点】工具。此

组工具按照创造点的类型则分为钻孔点和非钻孔点两种。钻孔点有【加钻孔点】和【以距离加钻孔点】；非钻孔点有【线上加点】和【以距离在线上加点】。

(1) 加钻孔点：

① 功能：为样片内部成比例地增加钻孔点。可以使用该工具来定位纽扣孔。

② 操作方法：a. 在【点】菜单中选择【增加多个点】，选择【加钻孔点】工具；b. 在光标或数值模式下选择起始点；c. 采用以上相同方法来选择结束点；d. 选择起点和终点是否为钻孔点；e. 输入起始点和结束点之间的钻孔数量，右键【确定】(在起点和终点之间，钻孔点将平均分布)；f. 右键【确定】，完成操作。

③ 注意：【加钻孔点】工具的复选项内容见表 3-9。

表 3-9 【加钻孔点】的复选项

接受点的端点	说明
⊙ 没有	没有：起始和结束点都不是钻孔点
○ 两端	全部：起始和结束点都是钻孔点
○ 第一点	第一：起始点是钻孔点
○ 最后一点	最后：结束点是钻孔点

例题 3：图 3-56 中，在前片门襟 AB 处确定纽扣位置，其中 A 点为已知点，B 点为不存在点。B 点与前中心线距离 6.18 cm。纽扣数为 6 粒，包括 A 点。

方法：① 选择【加钻孔点】；

② 按照提示选择起始点，A 点为已知点，所以可按照线上找点的方式用鼠标选中 A 点；

③ 选择终点，数值模式下，在起点输入栏输入“6.18”，点击“确定”；

④ 因 A 点为钻孔点，故在“接受点的端点”选项选中“第一点”；

⑤ 在输入数值栏输入纽扣数“6”，点击“确定”，完成操作(图 3-57)。

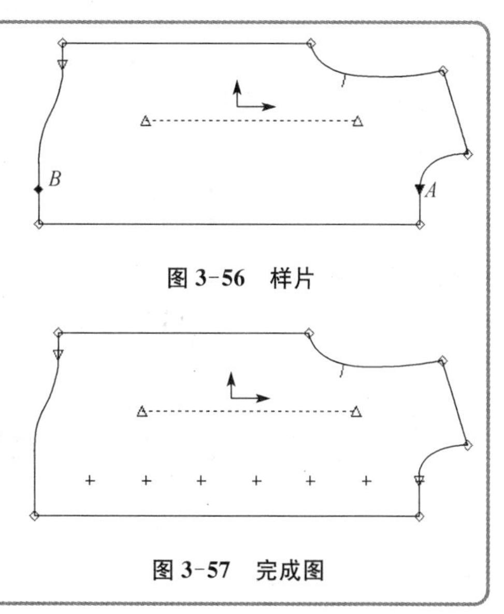

图 3-56　样片

图 3-57　完成图

(2) 以距离加钻孔点：

① 功能：根据设定的距离为样片内部点与点之间的间隔来增加钻孔点。

② 操作方法：与【加钻孔点】相同，只是在输入数值栏中输入的是点与点之间的距离。

(3) 线上加点：

① 功能：按比例在线段上增加点。点的种类可以是剪口、记号或者钻孔点。如果该线段本身是放缩的，系统会自动为这些点生成放缩的规则。

② 操作方法：a. 在【点】菜单中选择【增加多个点】，再选择【线上加点】工具。b. 选择增加点的线段。该线段可以是内部线（不包括布纹线）或者周边线，在线段的端点位置会显示图钉。c. 用定位图钉来选择选择点的开始和结束位置，在工作区内点击鼠标左键继续。

d. 选择希望增加的点的种类，可以增加剪口点、记号点、钻孔点。e. 如果选择增加剪口点，则需要选择剪口的种类，剪口种类分为 1、2、3、4、5。f. 选择哪个端点的点会变成剪口点、记号点或钻孔点。g. 输入分布的点的数目，点击“确定”或按回车。在起点和终点之间，钻孔点将平均分布。h. 右键【确定】，完成操作。

③ 注意：移动定位图钉的方法——a. 移动光标至待移动图钉上；b. 当光标形状由 + 变为 ✲ 时，鼠标左键点击图钉，光标形状变为 ✥；c. 移动光标，图钉会随着光标变化，可以在光标或数值模式下确定图钉的新位置。

（4）以距离在线上加点：

① 功能：为一条线段按照指定的间隔增加点。点的种类可以是剪口、记号或钻孔。

② 操作方法：与【加钻孔点】相同，只是在输入数值栏中输入的是点与点之间的距离。

4. 点——交接点

① 功能：创造两根不平行的线段的交接点，或者其延长线相交后的交接点。如果该相交点不在线段上，则系统会将该交接点标记为一个钻孔点“＋”。

② 操作方法：a. 在【点】菜单中选择【交接点】工具；b. 依次用鼠标选择两条线段，系统会自动在两条线段的交点处增加一个点；c. 右键【确定】，完成操作。

③ 注意：a. 两条线段可以都为内部线或一条内部线、一条周边线；b. 产生的交点若在线段上为记号点“X”，在样片内为钻孔点“＋”；c. 若产生的点在两条相交线段的交点上，则该点增加在选择的第二条线段上。

5. 点——删除点

① 功能：删除中间点、记号点、剪口点或者放缩点。

② 操作方法：a. 在【点】菜单中选择【删除点】工具；b. 选择要删除的点，右键【确定】，系统自动删除选中的点；c. 右键【确定】，完成操作。

③ 注意：【删除点】工具不能删除顺滑点和线段的端点。

6. 点——删减点

① 功能：从一条线段或者曲线上删除多余的中间点。

② 操作方法：a. 在【点】菜单中选择【删减点】工具；b. 选择要删减点的线段或样片，系统自动删减点。

③ 注意：删减的点的数量是由曲线的弯曲程度和删减因素决定的。该因素值越大，则删减的点的数量越多。

7. 点——复制点的编号

该工具的功能是从一个样片向其他样片复制点的编号。可以复制样片上某个点的编号或者全部点的编号。

该工具的复选项内容见表 3-10。

表 3-10 【复制点的编号】的复选项

选项	说明
◉单独一点 ○全部样片的点 ○放缩规则编号	单独一点：复制周边线上个别点的编号
	全部周边线点：复制所有周边线上点的编号
	放缩规则编号：选中以后，样片的放缩规则编号会被复制到点的编号

（1）复制某个点的编号：

① 操作方法：a. 选择【复制点的编号】工具，系统显示工作区内所有样片的点的编号，然后在复选项中选择【单独一点】；b. 选择复制点编号的来源点；c. 选择接受点编号的目标点。

② 注意：来源点与目标点不能为同一样片。

如图 3-58 所示：①激活工具，选择 *A* 点作为复制点编号的来源点；②选择 *B* 点作为接受点编号的目标点；③右键【确定】，完成操作。图 3-59 中 *B* 点获得与 *A* 点相同的编号。

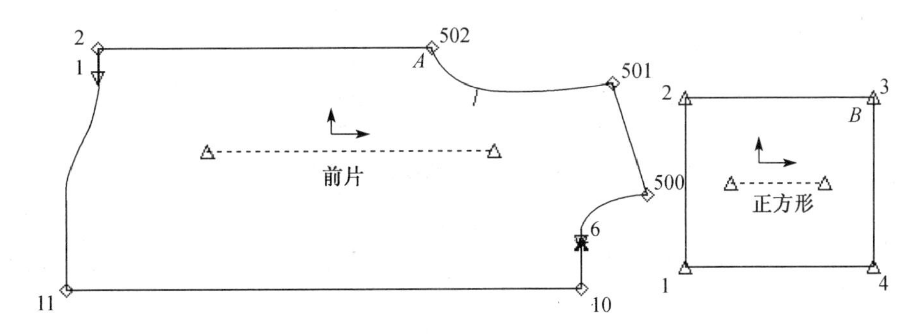

图 3-58　复制点的编号

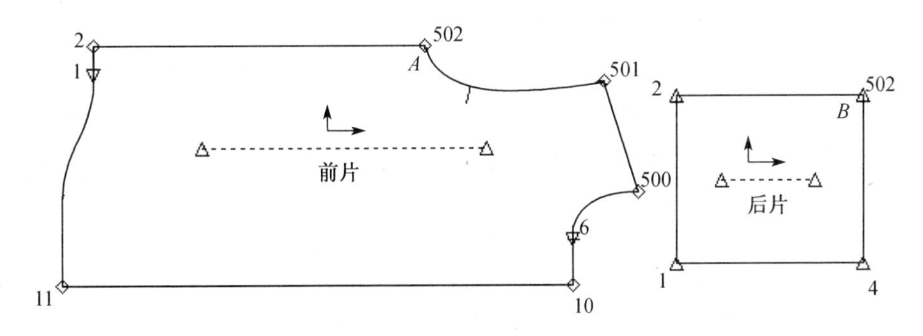

图 3-59　复制点的编号完成图

（2）复制所有点的编号：

① 操作方法：a. 在【点】菜单中选择【复制点编号】，系统显示工作区内所有样片的点的编号，然后在复选项中选择【全部周边线点】；b. 选择源样片（复制出编号的样片）周边线上的起始点；c. 在目标样片（编号复制到的样片）的周边线上选择起始点；d. 点击“确定”，系统就完成全部点的复制工作；e. 右键【确定】，完成操作。

如图 3-60 所示：①激活工具，选择 *A* 点作为源样片周边线上的起始点；②选择 *B* 点作

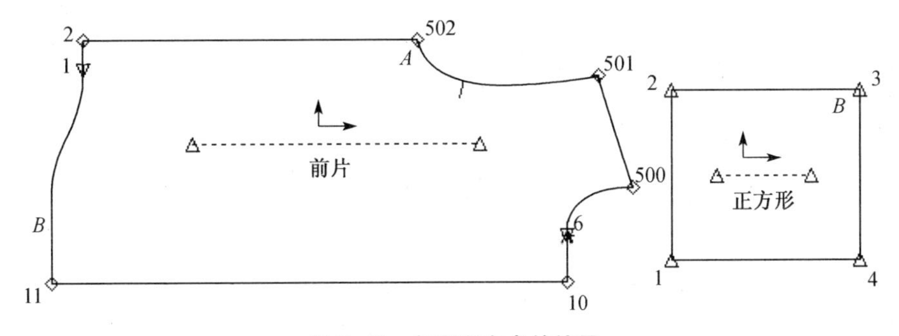

图 3-60　复制所有点的编号

为目标样片周边线上的起始点；③选择源样片前片多出的两个端点和两个中间点；④右键【确定】，完成操作。图 3-61 中正方形样片获得与前片相同的编号。

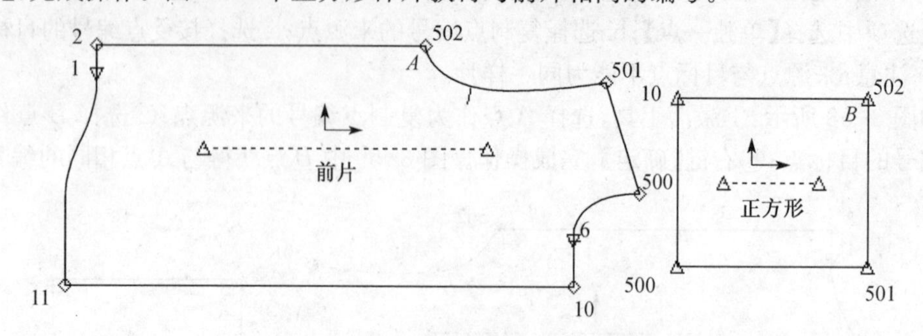

图 3-61　复制所有点的编号完成图

② 注意：①如果两个样片上的结束点、中间点和放缩点的数量都相同，系统会将源样片的点编号复制到目标样片；②如果不相同，系统则要求操作人员确定选择哪个样片为准，再进行相应的选择。

8. 点的处理——修改点

【修改点】工具可根据其功能分为适合直线上的点的修改工具和适合曲线上的点的修改工具（图 3-62）。

适合直线工具	两点对准	移动一点	移动点	沿线移动点	水平移动点	垂直移动点
适合曲线工具	顺滑随意移动	顺滑沿线移动	顺滑水平移动	顺滑垂直移动	夹圈/袖山	调整弧线形状

图 3-62　修改点

(1) 两点对准：

① 功能：重新定位一个点，使其和其他的点在水平或者垂直方向对齐，可以对齐剪口点、线段上的点或者样片内部的钻孔点。

② 操作方法：a. 在【点】菜单中选择【修改点】，再选择【两点对准】工具；b. 在输入框中选择一种对齐的方式；c. 选择需要进行移动的点，该点将被移向一个新的位置，在线段的端点显示图钉；d. 通过定位图钉来选择线段移动的区域，或者用鼠标左键点击工作区，继续后续操作；e. 选择对齐的参照点，该点将和步骤 c 中选中的第一个点进行对齐，但其位置保持不变；f. 右键【确定】，完成操作。

如图 3-63 所示，样片上的 C 点在选择水平对准功能后，参考 B 点进行对准操作。结果如图 3-63 所示。

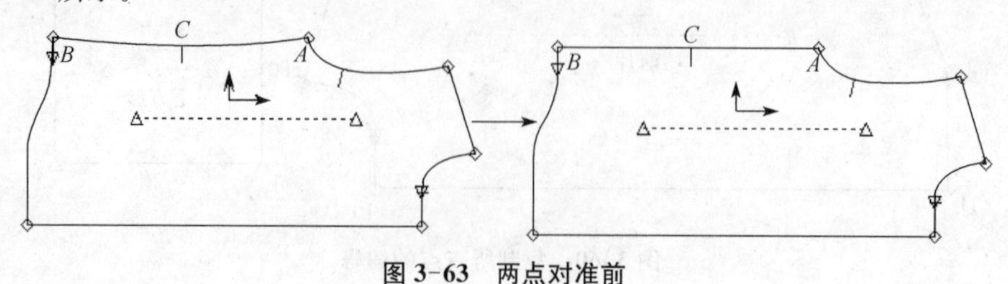

图 3-63　两点对准前

如图 3-64 所示，样片上的 A 点、B 点在选择垂直对准功能后，参考 C 点进行对准操作。结果如图 3-64 所示。

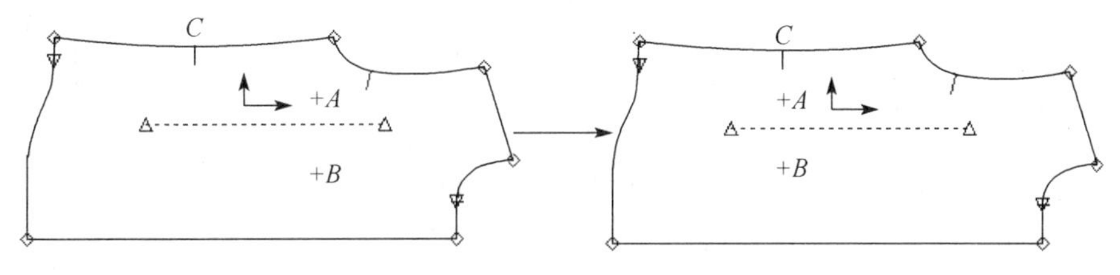

图 3-64　两点对准后

【两点对准】工具的复选项内容见表 3-11。

表 3-11　【两点对准】的复选项

复选项	说明
○水平 ○垂直 ○两点之间 ○沿线上	水平：在水平方向上对齐两个点
	垂直：在垂直方向上对齐两个点
	两点间：根据两点间的连线来对齐第三点
	沿线：将一个点移动到一条现有的线段上

（2）移动一点：

① 功能：可移动一点至新的位置，而相邻的点保持不变。

② 操作方法：a. 在【点】菜单中选择【修改点】，再选择【移动一点】工具；b. 选择样片上需要移动的点（该点可以在周边线/裁缝线上，也可以是线段端点、钻孔点或者内部线上的一点）；c. 可在光标或数值模式下指定该点的新的位置；d. 右键【确定】，完成操作。

如图 3-65 所示，样片上的 A 点在使用移动点工具后位置发生变化，但曲线相邻点未随 A 点的变化而移动。

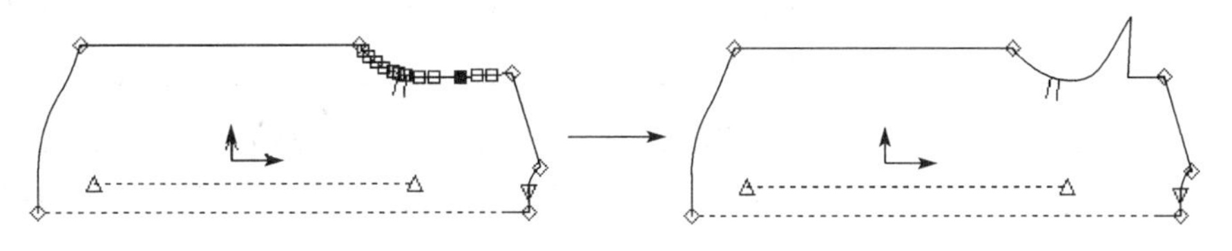

图 3-65　移动一点

（3）移动点：

① 功能：把点沿着原来的线段移动，而相邻的点保持不变。

② 操作方法：a. 在【点】菜单中选择【修改点】，再选择【移动点】工具；b. 选择需要移动的点；c. 在光标或数值模式下将该点移动到新的位置；d. 右键【确定】，完成操作。

③ 注意：【移动点】与【移动一点】的区别是，【移动点】工具可以同时移动多个点，而【移动一点】工具一次只能移动一个点。

如图 3-66 所示，使用【移动点】工具，点击鼠标右键，拉一个框将前片底边上的各点包括在内，从而完成多个点的选择。

如图 3-67 所示，同时按下鼠标左右键，激活数值模式，输入点水平向右移动距离 5 cm，点击“确定”，完成前片衣长减少 5 cm 的操作。

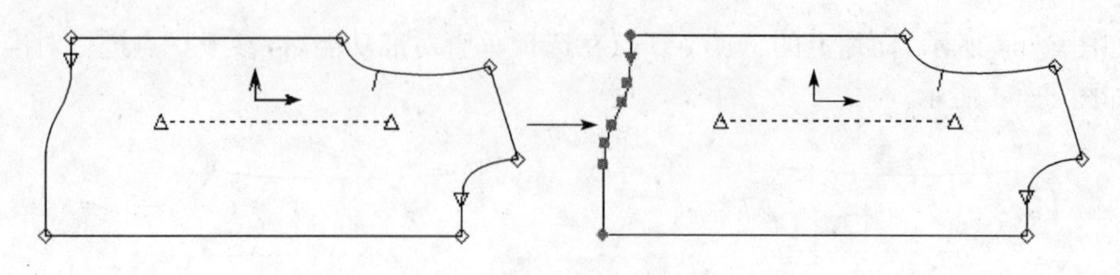

图 3-66　移动点前

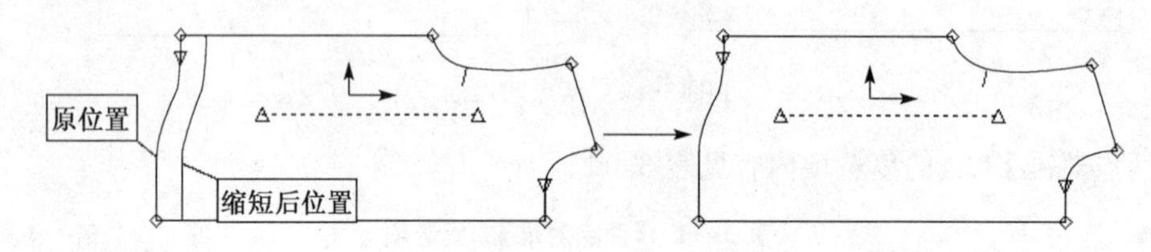

图 3-67　移动点后

(4) 沿线移动点:

① 功能:把一点沿着原来的线段移动,而相邻的点保持不变。

② 操作方法:与【移动点】相同。

③ 注意:a. 两条线段相交成角,则该角的顶点称为角点;b. 移动点相邻的点不会随着点的位置的变化而变化;③【沿线移动点】的复选项内容见表 3-12。

表 3-12　【沿线移动点】的复选项

沿线移动	
◉第一条线	第一条线:当选择的点为周边线交点时,则点沿着顺时针方向下的第一条周边线移动
○第二条线	第二条线:当选择的点为周边线交点时,则点沿着顺时针方向下的第二条周边线移动
○最接近的线	最接近的线:当选择的点为周边线交点时,则点沿着光标靠近的那条线段移动

如图 3-68 所示,对样片点 A 使用【沿线移动点】工具。A 点为角点,由线段 1 和线段 2 组成。若要将 A 点沿线段 2 进行移动,可依据样片的顺时针方向来判断线段 2 为第二条线段,所以复选项选中"第二条线"。

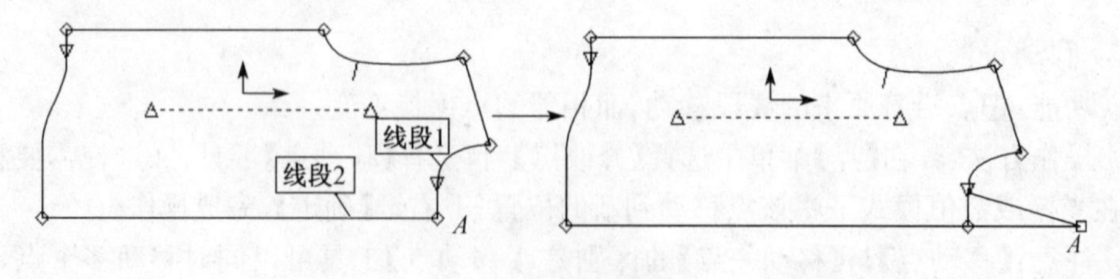

图 3-68　沿线移动点

(5) 水平移动点:

① 功能:沿 X 轴方向水平移动一个点或者一组点(图 3-69)。

② 操作方法:与【移动点】相同。

如图3-69所示，对样片肩点进行水平移动操作，选中【选择两个接合的端点】，在光标或数值模式下，水平移动肩点。

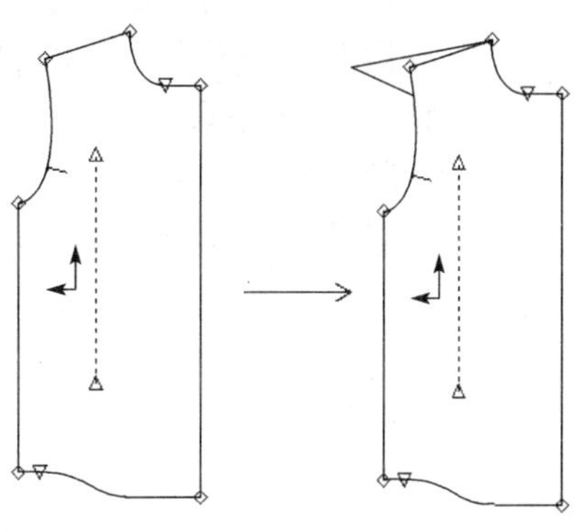
图3-69　水平移动点

(6) 垂直移动点：

① 功能：沿着Y轴方向垂直移动一个点或一组点。

② 操作方法：与【水平移动点】相同。

(7) 顺滑移动点：

① 功能：可移动一点至新的位置，其相邻的点会自动调整形状，以保持线段圆滑(图3-70)。

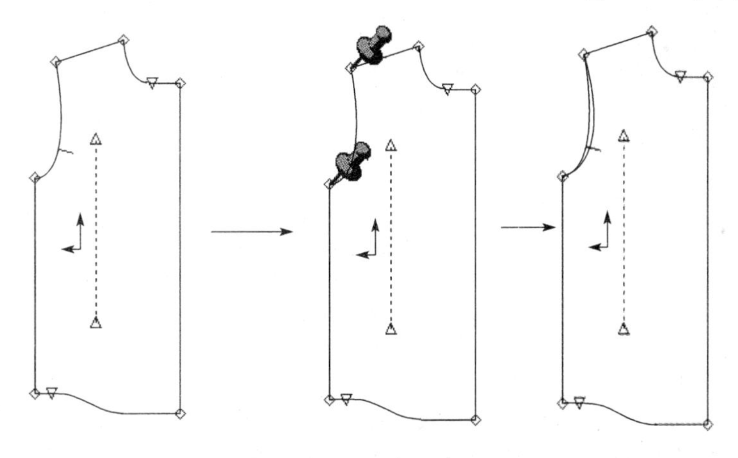
图3-70　顺滑移动点

② 操作方法：a. 在【点】菜单中选择【修改点】，再选择【顺滑移动点】工具；b. 选择需要移动的点，在该点所在线段的两个端口显示有图钉；c. 用定位图钉来选择线段移动的区域，或者在工作区点击鼠标左键以继续后续操作；d. 在光标或数值模式下移动点至新的位置；e. 结束选择后，右键【确定】，完成操作。

(8) 顺滑沿线移动：

① 功能：把一点沿着原来的线段移动，其相邻的点会自动调整形状，以保持线段圆滑(图3-71)。

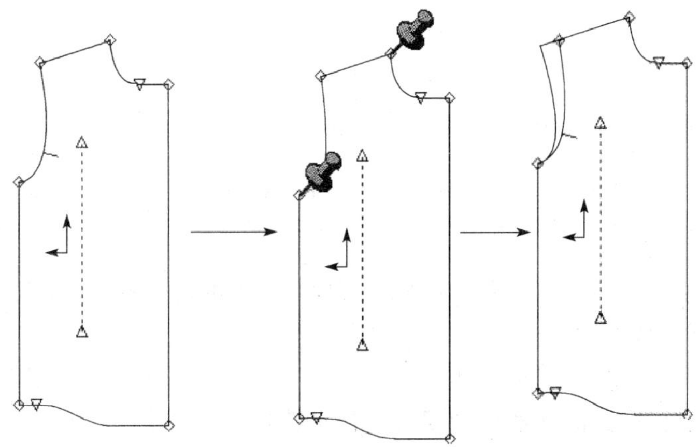
图3-71　顺滑沿线移动

② 操作方法：与【沿线移动点】基本相同，只是增加了移动图钉步骤。通过移动图钉可以选择随点移动的线段范围。

(9) 顺滑水平移动：

① 功能：把一点做水平移动，其相邻的点会自动调整形状，以保持线段圆滑(图 3-72)。

② 操作方法：与【顺滑沿线移动点】相同。

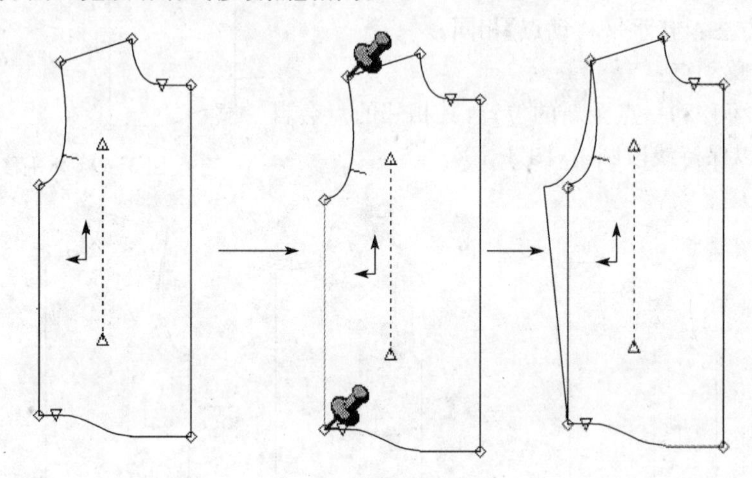

图 3-72　顺滑水平移动

(10) 顺滑垂直移动：

① 功能：把一点做垂直移动，其相邻的点会自动调整形状，以保持线段圆滑 (图3-73)。

② 操作方法：与【顺滑沿线移动点】相同。

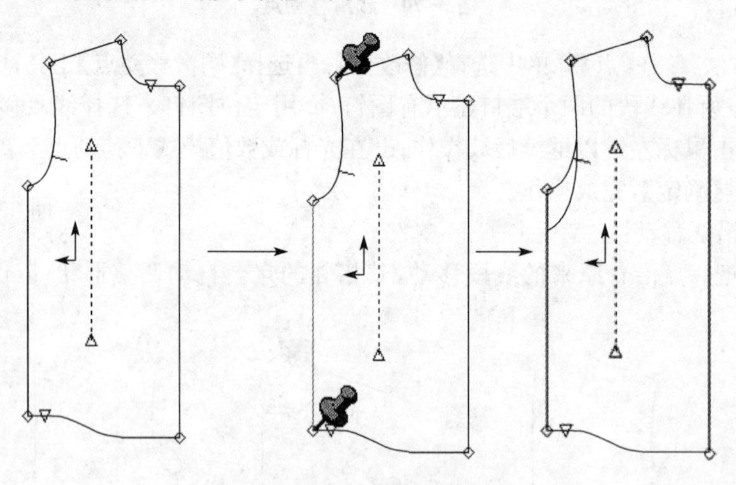

图 3-73　顺滑垂直移动

(11) 夹圈/袖山：

① 功能：使用该工具，可在修改夹圈的同时对袖山进行修整，跨越多个样片的夹圈弧线或袖山弧线也可以被修改。

该工具的复选项包括：①创造组合线段，进行工具操作时要选中此复选项；②夹圈/袖山，其选择项目要根据夹圈和袖山的相对位置来选择。如图 3-74 所示，夹圈和袖山的位置要满足袖山弧线随着夹圈弧线的增加/减少而增加/减少，则“夹圈与袖山”选项应选为“水平移动”，并且方向相反，一个为“+”，另一个则为“-”。如图 3-75 所示，夹圈和袖山的位置要满足袖山弧线随着夹圈弧线的增加/减少而增加/减少，则“夹圈与袖山”选项应选为“水平移动”，并且方向相同，一个为“+”，另一个也为“+”。

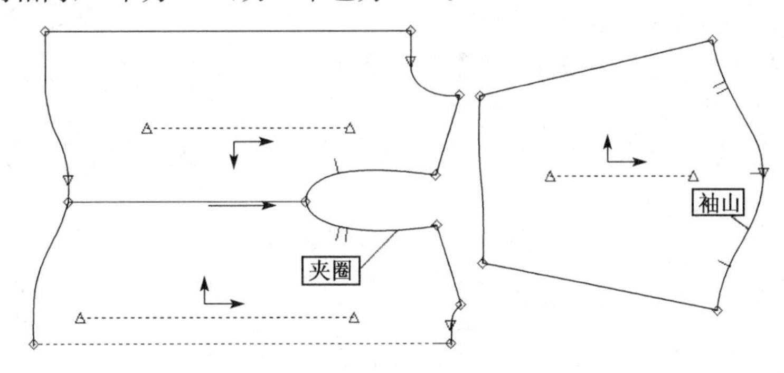

图 3-74　夹圈/袖山方向相反

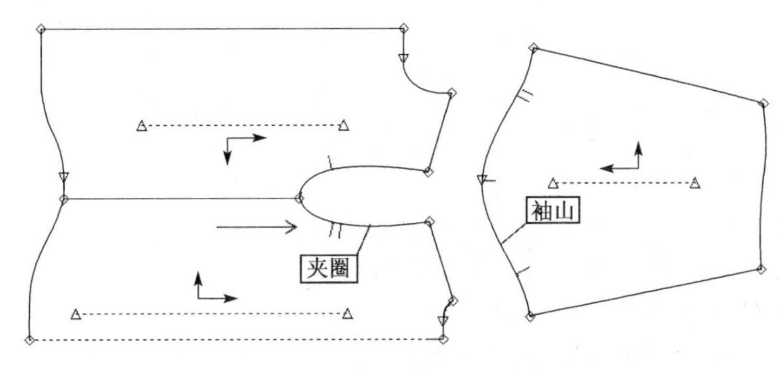

图 3-75　夹圈/袖山方向相同

② 操作方法：a. 在【点】菜单中选择【修改点】，再选择【夹圈/袖山】工具；b. 在夹圈上顺时针选择要调整的线段，右键结束，继续操作；c. 在夹圈上选择要移动的点，如腋下点；d. 移动图钉以确定线段修改范围；e. 在袖山上顺时针选择要调整的线段，右键结束，继续操作；f. 在袖山上选择要移动的点，如袖山顶点；g. 移动图钉以确定线段修改范围；h. 所选的夹圈和袖山线段开始移动，在光标或数值模式下确定点的位置。

例题 4：如何实现夹圈弧线与袖山弧线的联动。

步骤一：翻转样片（图 3-76）

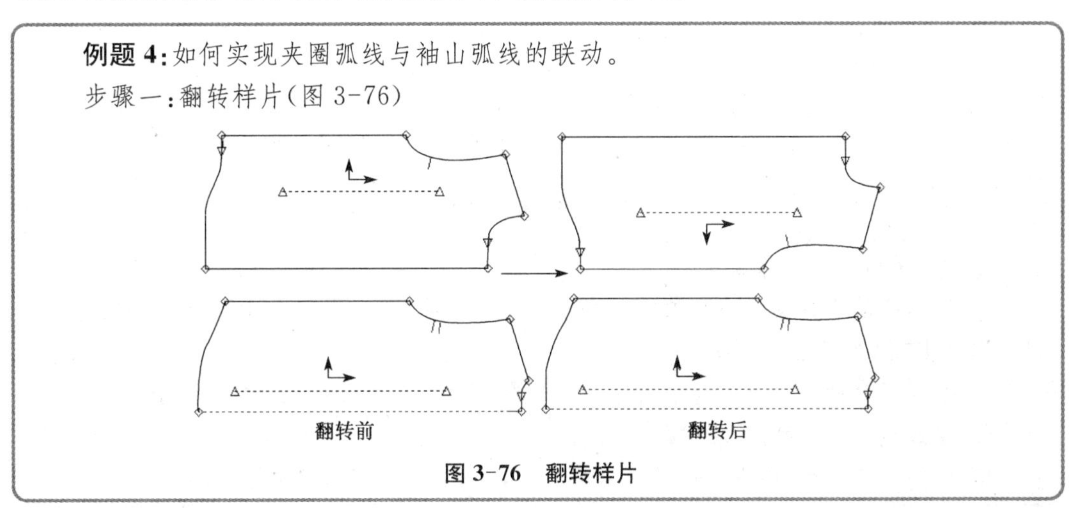

图 3-76　翻转样片

图 3-77　翻转方位

① 选择【样片】→【修改样片】→【翻转样片】;

② 对前片进行翻转,根据翻转前后片的相对位置,选择翻转类型中的翻转样片,按照图 3-77 进行设置;

③ 鼠标左键点击前片,右键【确定】,完成翻转。

步骤二:锁定前、后衣片(图 3-78)

此步骤要使前、后衣片在腋点处拼合,形成完整的夹圈弧线。

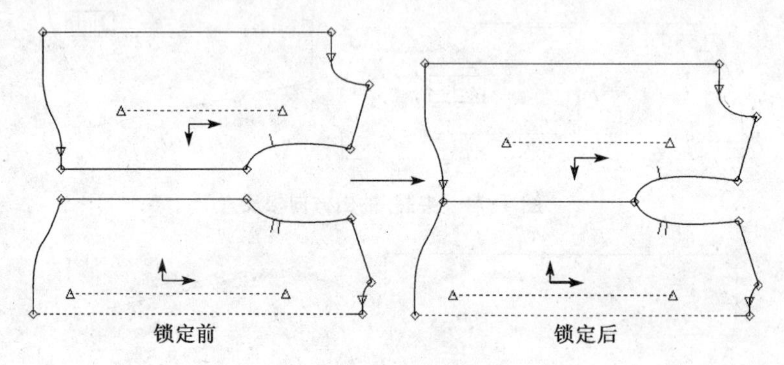

图 3-78　锁定样片

① 在样版设计系统界面下方的资料栏中,找到"锁定在"项目,按下"图形";

② 用光标在前片的夹圈弧线上选中腋点;

③ 此时移动光标,后片会随光标一同移动;

④ 将光标向后片腋点处移动,在接近后片腋点时,系统会自动将前片腋点吸附在后片腋点处,完成拼合。

步骤三:弧线联动(图 3-79)

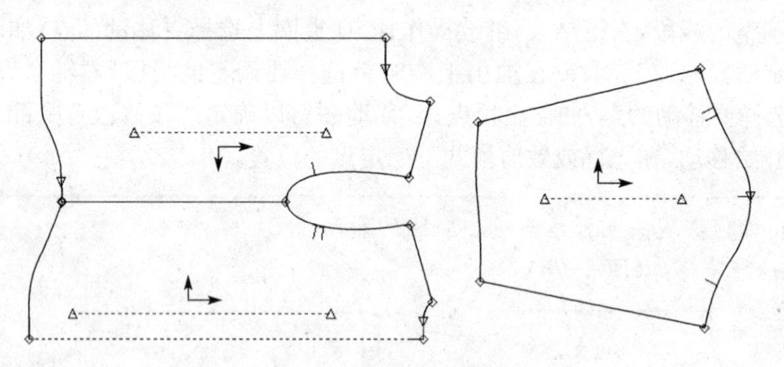

图 3-79　样片联动

① 选择【夹圈/袖山】工具;

② 根据联动前夹圈和袖山的相对位置,选择夹圈为"水平移动+",袖山为"水平移动-",选中"创造组合线段";

③ 按照顺时针方向依次选中前片夹圈弧线和后片夹圈弧线,右键【确定】;

④ 在弧线上选中腋点,右键【确定】;

⑤ 调整图钉位置,确定夹圈弧线变化范围,点击鼠标左键,继续操作;

⑥ 右键【确定】,将对夹圈弧线的操作转换到袖山弧线上;

⑦ 在袖片上选中袖山弧线,右键【确定】;

⑧ 在袖山弧线上选中袖山顶点,右键【确定】;

⑨ 调整图钉位置,确定袖山弧线变化范围,点击鼠标左键,继续操作;

⑩ 右键【确定】,完成袖山弧线操作;

⑪ 移动光标,夹圈弧线和袖山弧线随着腋点位置的变化而变化;

⑫ 通过光标和数值模式来确定腋点的新位置,袖山弧线长度也随之变化,完成夹圈和袖山的联动。

③ 注意:一是要根据联动样片中弧线的相对位置和联动关系来选择“夹圈”和“袖山”复选项;二是在【夹圈/袖山】工具操作过程中,在完成夹圈弧线操作和袖山弧线操作后,要各增加一个“右键确定”步骤,进而完成操作转换,即上例中的⑥和⑩,这两个步骤在工具提示栏中并未出现。

(12) 调整弧线形状:

① 功能:使用该工具可以调整跨越多个样片的弧线形状。

② 操作方法:a. 在【点】菜单中选择【修改点】,再选择【调整弧线形状】工具;b. 顺时针顺序选择要调整的弧线;c. 选择线段上要修改的点;d. 移动图钉以确定线段上要调整的范围;e. 在光标或数值模式下确定点的位置。

例题 5:如何实现后片夹圈弧线的形状调整(图 3-80,图 3-81)。

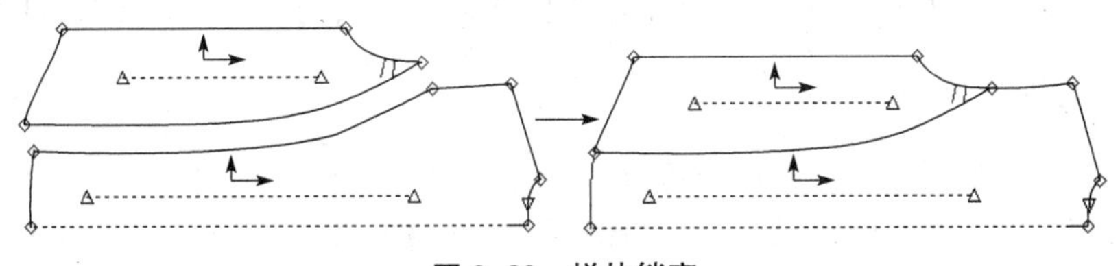

图 3-80　样片锁定

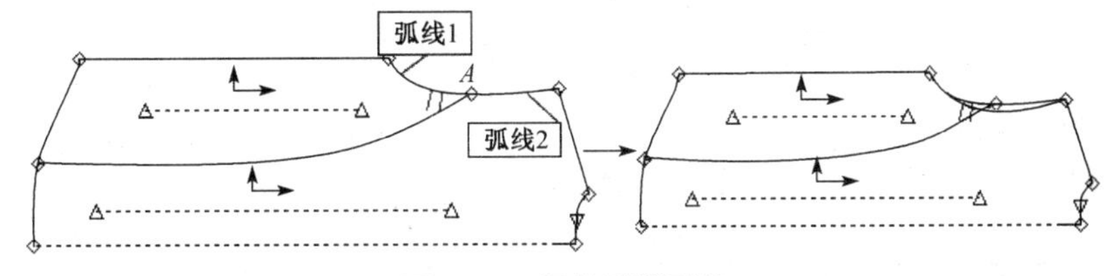

图 3-81　调整弧线形状

调整步骤如下:

① 使用系统锁定功能,使两样片在夹圈弧线的分割点处拼合,方法如上述例题 4 中的步骤二;

② 选择【调整弧线形状】工具;

③ 顺时针顺序选择要调整的弧线 1 和弧线 2;

④ 选择弧线上要修改的点 A;

⑤ 移动图钉确定弧线调整范围;

⑥ 在数值模式下输入点的移动距离 2 cm,右键【确定】,完成操作。

二、剪口菜单

【剪口】菜单包括的主要工具如图 3-82 所示。

图 3-82 剪口菜单

1. 增加剪口

① 功能:为样片增加垂直剪口,即直剪口。

② 操作方法:a. 选择【剪口】菜单,选择【增加剪口】工具;b. 在用户输入框的选项区域,选择剪口的种类;c. 在光标或数值模式下确定剪口位置。

③ 注意:用户输入框的选项区域中的剪口类型与剪口参数表中的设置保持一致。

2. 删除剪口

① 功能:删除样片上选择的剪口。

② 操作方法:a. 选择【剪口】菜单,选择【删除剪口】工具;b. 选择要删除的剪口,右键【确定】,即可将所选的剪口删除。

3. 斜剪口

① 功能:可以改变现有剪口的角度,或者增加一个斜剪口。

② 操作方法:a. 选择【剪口】菜单,选择【斜剪口】工具;b. 选择现有剪口,在光标或数值模式下为剪口定出新的角度,或在样片上用光标或输入模式确定要增加的斜剪口的位置,右键【确定】。

4. 交接剪口

① 功能:在样片周边线上增加新的剪口,此剪口为内部线和周边线的交点(图 3-83)。

② 操作方法:a. 选择【剪口】菜单,选择【交接剪口】工具;b. 选择要增加剪口的周边线;c. 选择与周边线相交的内部线,右键【确定】,完成操作。

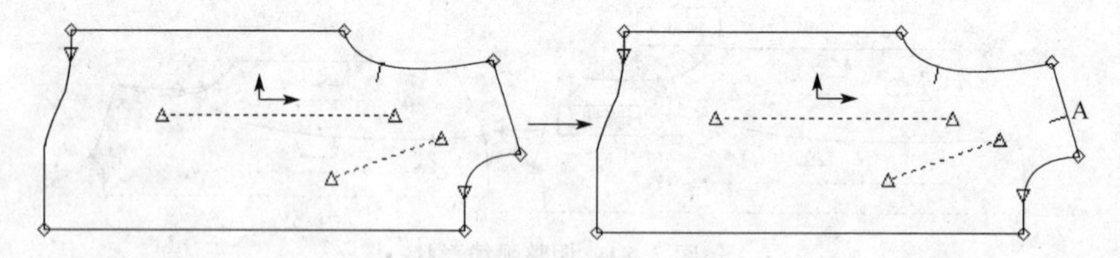

图 3-83 交接剪口

5. 沿线放缩剪口

① 功能:控制剪口在推档号型上的位置。

② 操作方法:a. 选择【剪口】菜单,选择【沿线放缩剪口】工具;b. 选择新放缩点的位置;c. 选择与剪口相邻的一个放缩点为参考点;d. 在表格中输入各个尺码间的档差值。

例题 6: 图 3-84 中各号型剪口 A 点到 B 点的距离不同,要求各号型中剪口 A 到 B 点的距离相同。

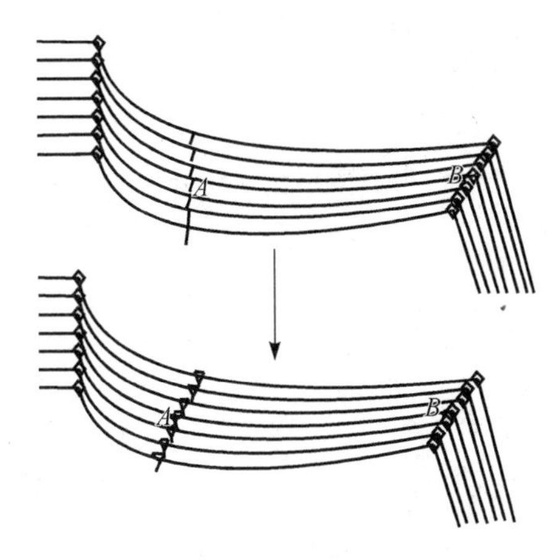

图 3-84　沿线放缩剪口

距离 - 从小到大渐进式

样片:　LADIES-BLOUSE-FR
点:　501
放缩参考　G0
放缩规则:　1#

尺码组别			数量
8	-	10	0.00
10	-	12	0.00
12	-	14	0.00
14	-	16	0.00
16	-	18	0.00
18	-	20	0.00

清除　更新　取消　确定

图 3-85　距离设定窗口

① 激活【沿线放缩剪口】工具；

② 选择新放缩点的位置点 A；

③ 选择点 B 作为点 A 沿线放缩的参考点，此时会弹出距离设定窗口，见图 3-85；

④ 在“数量”栏中输入各号型中 A 和 B 间的距离差值。根据本例题要求“数量”栏中输入“0”，点击“确定”，完成操作。

6. 参考剪口

【参考剪口】菜单下各工具图标见图 3-86。

增加参考剪口	移动参考剪口	改变参考点	保持距离/不保持距离	组合剪口	线上增加剪口组	以距离增加剪口组

图 3-86　参考剪口

(1) 增加参考剪口：

① 功能：为样片增加一个参考剪口。

② 操作方法：a. 选择【参考剪口】菜单，选择【增加参考剪口】工具；b. 选择参考点；c. 确定参考剪口的位置；d. 右键【确定】，完成操作。

(2) 移动参考剪口：

① 功能：可移动参考剪口的位置。

② 操作方法：a. 选择【参考剪口】菜单，选择【移动参考剪口】工具；b. 选择要移动的参考剪口，选定后该剪口随光标沿线段移动；c. 确定参考剪口的新位置；d. 右键【确定】，完成操作。

(3) 改变参考点：

① 功能：该功能可为参考剪口改变参考点。

② 操作方法：a. 选择【参考剪口】菜单，选择【改变参考点】工具；b. 选择要改变参考点的参考剪口；c. 选择新的参考点；d. 右键【确定】，完成操作。

例题 7: 对图 3-87 所示样片中的剪口改变参考点。

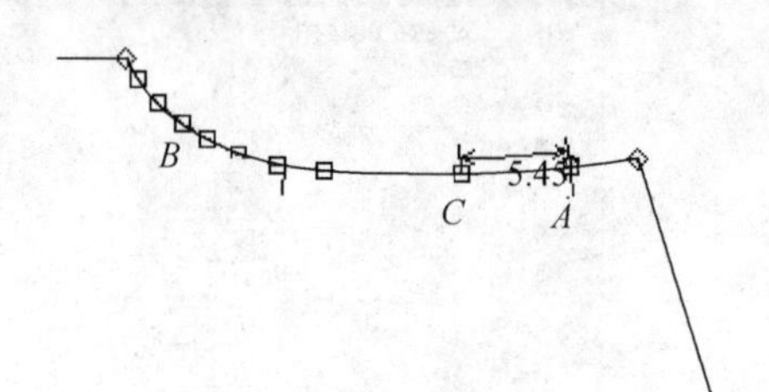

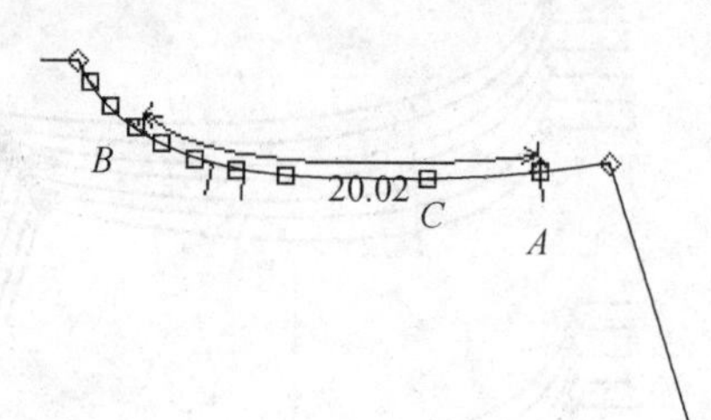

图 3-87　改变参考点

① 选择【参考剪口】菜单,选择【改变参考点】工具。

② 选择要改变参考点的参考剪口 A,系统自动显示该剪口与原参考点 C 间的距离"5.48"。

③ 选择新的参考点 B,系统自动显示剪口 A 与新参考点 B 之间的距离"20.02"。

(4) 保持距离/不保持距离:

① 功能:应用【比例放缩】和【长宽伸缩】工具时,该工具可以控制剪口和参考点之间的距离。

② 操作方法:a. 选择【参考剪口】菜单,选择【保持距离/不保持距离】工具;b. 选择剪口;c. 右键【确定】,完成操作。

③ 注意:当没有选择复选项【保持距离】时,该工具是用来调整剪口和参考点之间的距离不变(图 3-88);当选择【保持距离】时,该工具是保持剪口和参考点之间的距离不变(图 3-89)。

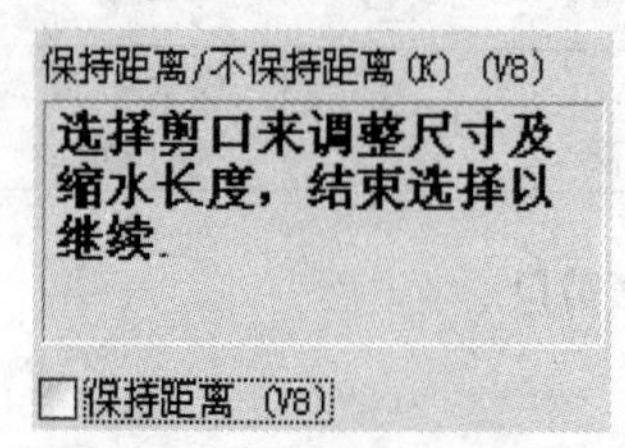

图 3-88　不选择"保持距离"

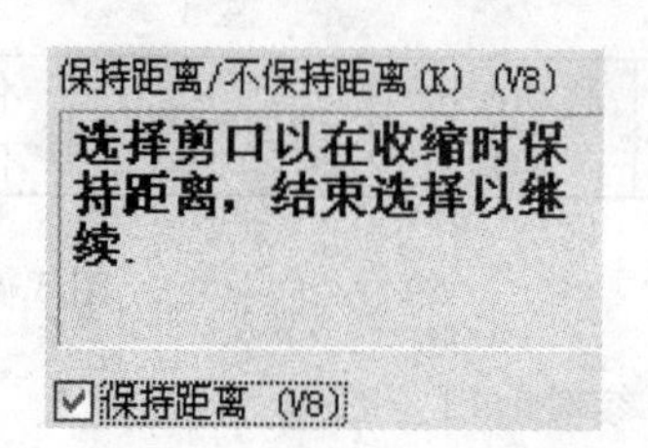

图 3-89　选择"保持距离"

(5) 组合剪口:

① 功能:使用该工具可以从现有剪口建立一个参考剪口组合。

② 操作方法:a. 选择【参考剪口】菜单,选择【组合剪口】工具;b. 选择要创建组合的各个剪口,右键【确定】,继续操作;c. 选择点作为组合剪口的参考点;d. 右键【确定】,完成操作。

③ 注意:离参考点最近的剪口是测量参考距离的剪口。如果剪口间的空间不相等,系统会修正剪口位置,使它们的间距相等。如图 3-90 所示,使用【组合剪口】工具,组合剪口 A、B、C,选择点 D 为参考点,则系统自动调整剪口 B 的位置,使剪口间距相等。

(6) 线上增加剪口组:

① 功能:使用该工具可添加剪口组合,两点间的距离是平均的。当线段被修改时,组合剪口内的剪口间距不变。

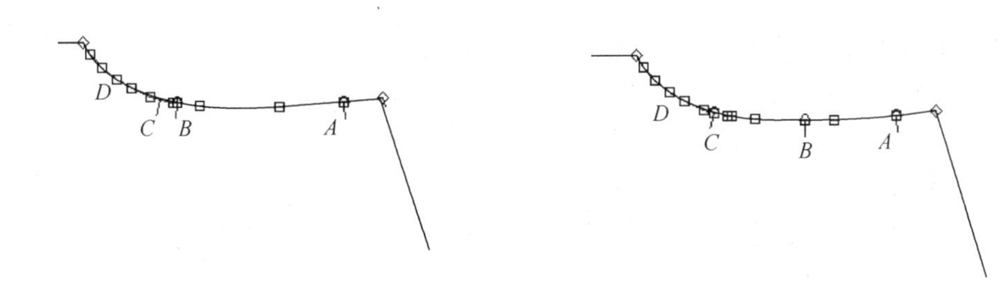

图 3-90 组合剪口

② 操作方法：a. 选择【参考剪口】菜单，选择【线上增加剪口组】工具；b. 选择接受剪口组的线段；c. 移动图钉，调节接受剪口组的线段范围；d. 选择剪口组的参考点；e. 右键【确定】，完成操作。

(7) 以距离增加剪口组：

① 功能：该工具的功能类似于【线上增加剪口组】。

② 操作方法：a. 选择【参考剪口】菜单，选择【以距离增加剪口组】工具；b. 选择接受剪口组的线段；c. 移动图钉，调节接受剪口组的线段范围；d. 选择剪口组的参考点；e. 右键【确定】，完成操作。

③ 注意：【线上增加剪口组】需要输入剪口的数量，而【以距离增加剪口组】需要输入剪口间的距离。

三、线段菜单

【线段】菜单各工具图标见图 3-91。

创造线段	创造垂直线	创造圆形	删除线段	替换线段	交换线段	修改线段

图 3-91 线段菜单

1. 线段——创造线段

【线段】菜单中【创造线段】各工具图标见图 3-92。

输入线段	两点直线	两点拉弧	平行复制	不平行复制	复制线段
对称线段	创造旋转线段	线上切线	线外切线	两圆切线	平分角

图 3-92 创造线段

(1) 输入线段：

① 功能：可以创造直线内部线和曲线内部线。

② 操作方法：a. 在【线段】菜单中选择【创造线段】，再选择【输入线段】工具。b. 线段起

点:在样片某特定区域,用光标模式,点击鼠标左键,确定线段起点;或用输入模式,在输入框中的 X 域和 Y 域内,输入线段起点和光标当前位置在 X 轴和 Y 轴方向的距离,距离域内显示的则是当前线段的长度。c. 线段中间各点:在确定各点之前,可以点击鼠标右键,会出现选项菜单,可以选择“线”或者“弧线”来确定下个点是 S 属性(曲线)还是 N 属性(直线)。d. 线段终点:用光标或数值模式确定线段终点后,右键【确定】,完成操作。

③ 注意:a. 使用【输入线段】工具在样片内确定线段起点后,快速点击鼠标右键,单击【确定】,则样片内会生成一个钻孔点。b. 线段终点确定前,要删除某点,按照创造顺序的倒序依次用鼠标左键点击各点即可。

例题 8: 用【输入线段】工具在样片内输入一条长度为 10 cm 的直线(图 3-93)。

① 选择【输入线段】工具,在光标模式下,在样片内某处点击左键,确定线段起点;

② 鼠标左右键同时按下,转换到数值模式,在距离栏输入“10”;

③ 点击“应用”,右键【确定】;

④ 鼠标左右键同时按下,转换到光标模式;右键【确定】,完成操作。

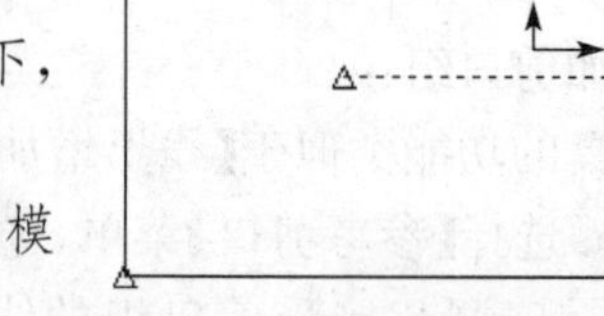

图 3-93 样片

(2) 两点直线:

① 功能:通过确定两点来创造一条直线内部线。

② 操作方法:a. 在【线段】菜单中选择【创造线段】,再选择【两点直线】工具;b. 在样片上通过光标或数值模式确定线段的两点;c. 右键【确定】,完成操作。

(3) 两点拉弧:

① 功能:通过确定两点来创造一条弯曲内部线。

② 操作方法:a. 在【线段】菜单中选择【创造线段】,再选择【两点拉弧】工具;b. 在样片上通过光标或数值模式确定线段的两点;c. 移动光标,改变线段曲度,可在光标或数值模式下确定曲线形状;d. 右键【确定】,完成操作。

(4) 平行复制:

① 功能:把一线段在指定的距离内复制、移动,原线段保持不变,复制线段移动时与原始线段保持平行,且形状与角度都不变。

② 操作方法:a. 在【线段】菜单中选择【创造线段】,再选择【平行复制】工具;b. 选择线段作为复制对象;c. 右键【确定】,结束选择;d. 在光标或数值模式下将线段移到新的位置;e. 右键【确定】,完成操作。

③ 注意:【平行复制】工具的复选项见表 3-13。

表 3-13 【平行复制】的复选项

<table>
<tr><td rowspan="3">□选择参考位置
□延伸至相邻线段
□垂直剪口位置</td><td>增加:表示复制的线段为新增加的</td></tr>
<tr><td>替换:表示用复制的线段代替被复制的线段</td></tr>
<tr><td>平行线数量:用来设置一次复制线段的数量。此选项只与增加选项有关,与替换选项无关</td></tr>
</table>

（5）不平行复制：

① 功能：可以创造一条内部复制线，与原始线段不平行。

② 操作方法：a. 在【线段】菜单中选择【创造线段】，选择【不平行复制】工具；b. 在待复制的原始线段上选择一点，这是复制线段与原始线段有偏差的第一个点；c. 输入偏差量，正的偏差量表示复制线段向样片的外部移动，负的偏差量表示复制线段向样片的内部移动；d. 选择有偏差的另一个线段点，输入偏差量；e. 右键【确定】，结束选择。

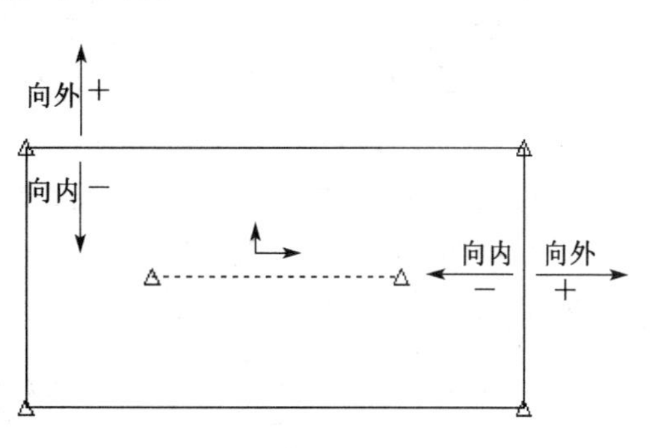

图 3-94　偏差量正负判断

③ 注意：a. 偏差量正负的判断见图 3-94；b. 该工具复选项与【平行复制】工具相同。

例题 9：若偏移量参考点不为线段的端点，如在图 3-95 中复制线段 1，新线段距离 A 点3 cm，距离 B 点 5 cm。

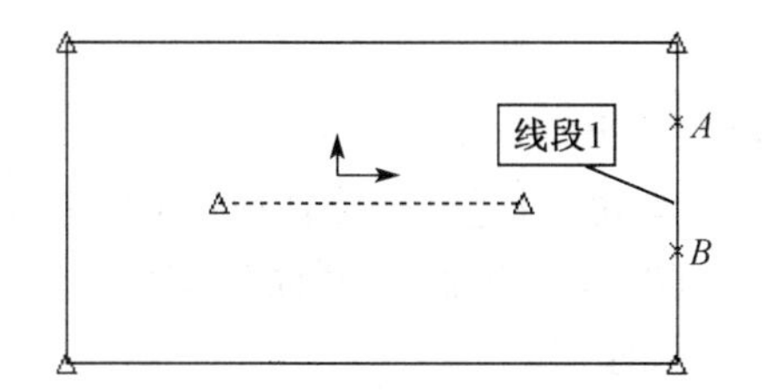

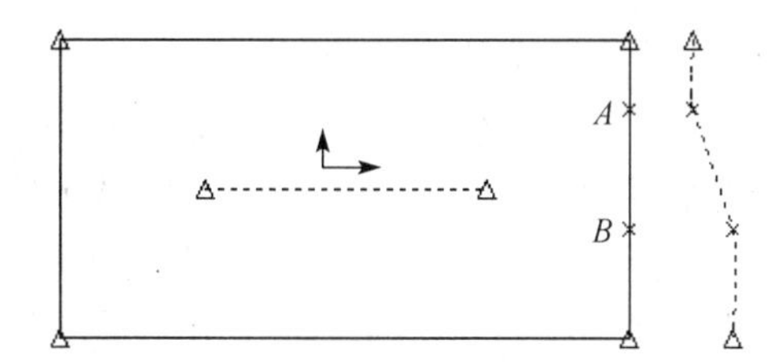

图 3-95　不平行复制

操作步骤：

① 选择与原线段有偏差的第一个点 A；

② 输入点 A 的平行移动距离 3 cm；

③ 选择与原线段有偏差的第二个点 B；

④ 输入点 B 的平行移动距离 5 cm；

⑤ 右键【确定】，完成操作。

（6）复制线段：

① 功能：可以复制线段，然后将复制线段移至原样片中或另一个样片中的新位置(图 3-96)。

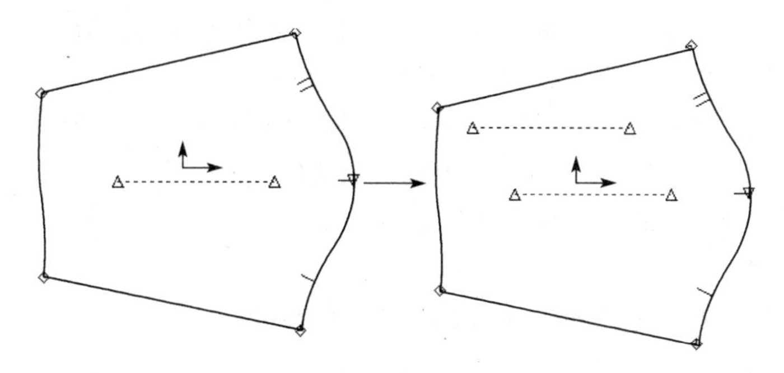
图 3-96　复制线段

② 操作方法：a. 在【线段】菜单中选择【创造线段】，再选择【复制线段】工具；b. 选择要复制的线段；c. 右键【确定】，继续操作；d. 选择目标样片作为增加复制线段的对象；e. 右键【确定】，继续操作；f. 在光标或数值模式下将复制线段移到新的位置；g. 右键【确定】，完成操作。

③ 注意：目标样片可为原样片，也可为另一个样片。

(7) 对称线段：

① 功能：可以创造选定的周边线或内部线的对称线段(图 3-97)。

② 操作方法：a. 在【线段】菜单中选择【创造线段】，再选择【对称线段】工具；b. 选择需要对称的线段，右键【确定】；c. 选择对称线，右键【确定】，结束操作。

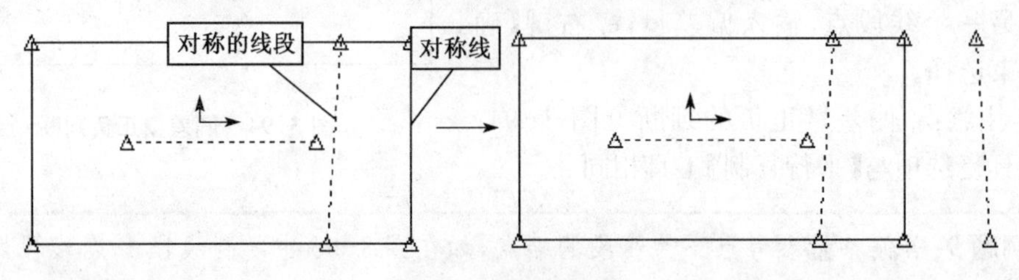

图 3-97　对称线段

(8) 创造旋转线段：

① 功能：可以创造一条新的内部线，并绕线段的一个端点旋转(图 3-98)。

② 操作方法：a. 在【线段】菜单中选择【创造线段】，再选择【创造旋转线段】工具；b. 在参考线段上选择一个端点作为旋转点，产生从旋转点到线段终点部分的复制线段；c. 在光标或数值模式下将线段移到新的位置；d. 右键【确定】，完成操作。

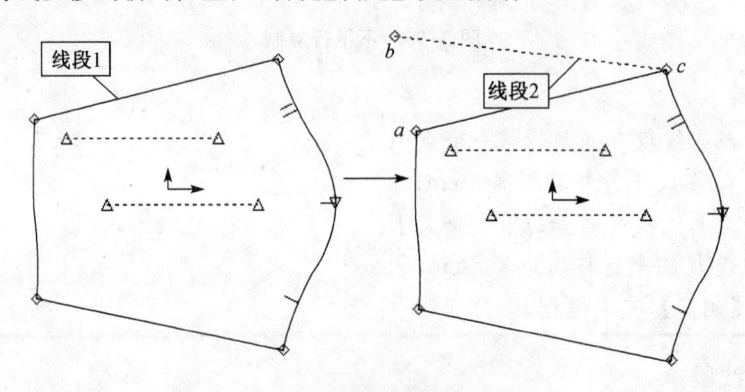

图 3-98　创造旋转线段

③ 注意：a. 在参考线段上选择旋转点时，如果不直接选中线段端点，则距离哪个端点近，系统就认定哪个端点为旋转点；b. 产生的线段长度与原始线段长度不同，因为线段另一个端点的确定在原始线段对应端点的垂直线段上，如图3-98 中 c 点为旋转点，旋转线段 2 的另一个端点 b 与端点 a 的连线垂直于原始线段 1。

(9) 线上切线：

① 功能：可以确定一条内部线。此线段为已知线段上一点的切线(图 3-99)。

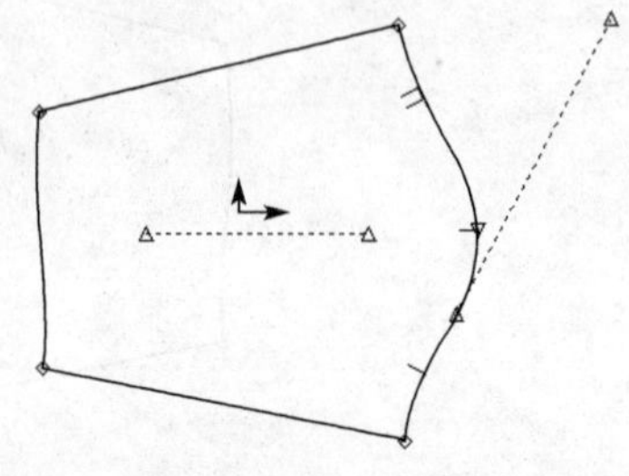

图 3-99　线上切线

② 操作方法：a. 在【线段】菜单中选择【创造线段】，再选择【线上切线】工具；b. 在样片线段上选择一点；c. 过此点产生线段切线，并在光标或数值模式下确定切线末端点；d. 右键【确定】，完成操作。

（10）线外切线：

① 功能：可以确定一条内部线。此线段为新线段末端点和已知线段上一交点的连线，并且新线段在交点处和已知线段相切。

② 操作方法：a. 在【线段】菜单中选择【创造线段】，再选择【线外切线】工具；b. 在样片上选择一点为新线段的末端点；c. 在样片线段上选择另一点为两条线段的交点；e. 连接末端点和交点为新线段；f. 右键【确定】，完成操作。

（11）两圆切线：

① 功能：创造两个圆的切线。

② 操作方法：a. 在【线段】菜单中选择【创造线段】，再选择【两圆切线】工具；b. 在第一个圆的切线附近选择一个点；c. 在第二个圆的切线附近选择一个点，则创建一条线段为两圆的切线；d. 右键【确定】，完成操作。

（12）平分角：

① 功能：可创建两线段组成夹角的角平分线（图 3-100）。

② 操作方法：a. 在【线段】菜单中选择【创造线段】，再选择【平分角】工具；b. 选择组成角的第一条线；c. 选择组成角的第二条线；d. 在用户输入框中输入两线夹角平分数量；e. 选择角平分线所在象限；f. 使用选项【角平分线长度】选择新线段的长度；g. 右键【确定】，完成操作。

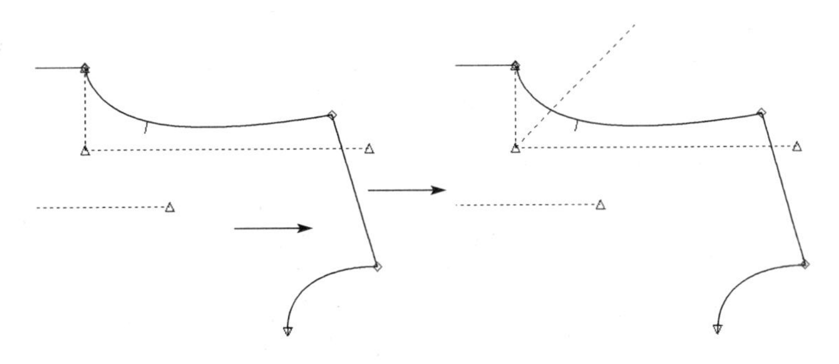

图 3-100　平分角

③ 注意：a.【角平分线长度】的复选项见表 3-14。

表 3-14　【角平分线长度】的复选项

角平分线长度 ⊙ 光标/数值 ○ 与第一条线同长 ○ 相交至端点连线 ○ 相交至所选线段	光标/数值：通过视觉或输入一定长度来确定线段
	与第一条线同线长：自动将线段与选择的第一条线段长度相同
	相交至端点连线：将自动计算各角平分线的长度，各角平分线与组成角的两线段端点连线相交
	相交至所选线段：选择相交至的线段，则角平分线在该线段相交位置剪断

b.【平分角】复选项：用来输入夹角平分数量。如输入数值“2”，则表示该夹角被平分为 2 份，即产生一条角平分线。

c. 组成夹角的线段选择方法:若两条线段均为周边线,则按照顺时针依次选择线段,否则会出现“第二条线段与第一条线段不相交”的提示;若两条线段均为内部线或一条内部线和一条周边线,则线段的选择次序没有限制。

2. 线段——创造垂直线

【线段】菜单中【创造垂直线】各工具图标见图 3-101。

图 3-101 创造垂直线

(1) 线上垂直线:

① 功能:过线段上一点作该线段的垂直线(图 3-102)。

② 操作方法:a. 在【线段】菜单中选择【创造垂直线】,再选择【线上垂直线】工具;b. 选择相交点,这是新线段与已有线段交叉处的点;c. 在光标或数值模式下选择新线段的终点,确定线段长度;d. 右键【确定】,完成操作。

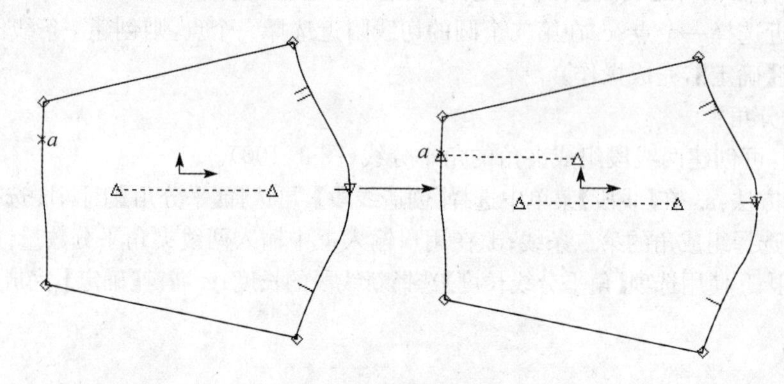

图 3-102 线上垂直线

③ 注意:该工具的复选项内容见表 3-15。

表 3-15 【线上垂直线】的复选项

⊙一半 ○完整	一半:只在已知线段的一侧产生垂直线
	完整:产生垂直线贯穿已知线段的两侧

(2) 线外垂直线:

① 功能:过线段外一点作该线段的垂直线(图 3-103)。

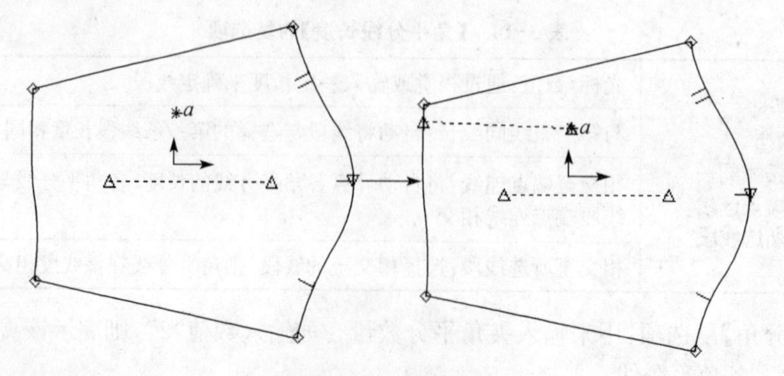

图 3-103 线外垂直线

② 操作方法：a. 在【线段】菜单中选择【创造垂直线】，再选择【线外垂直线】工具；b. 选择已知线段外一点；c. 选择要作垂线的内部线或周边线；d. 右键【确定】，完成操作。

(3) 垂直平分线：

① 功能：可以创造一条垂线，该线段是已有线段全部或部分的垂直平分线(图 3-104)。

② 操作方法：a. 在【线段】菜单中选择【创造垂直线】，再选择【垂直平分线】工具；b. 在线段上选择两个点，产生一条两点间线段的垂直平分线；c. 在光标或数值模式下确定新线段的终点；d. 右键【确定】，完成操作。

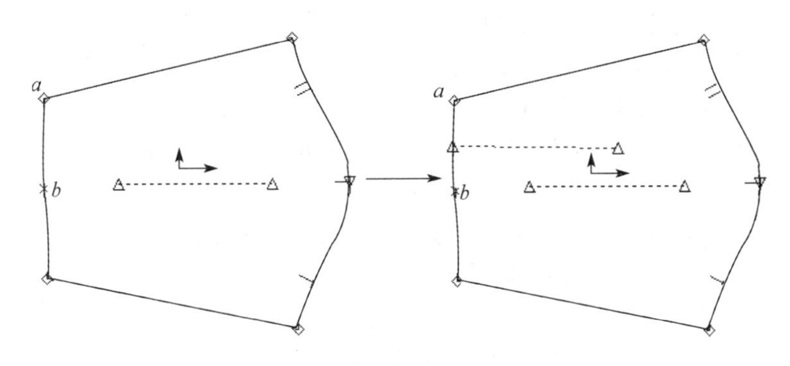

图 3-104　垂直平分线

3. 线段——创造圆形

【线段】菜单中【创造圆形】各工具图标见图 3-105。

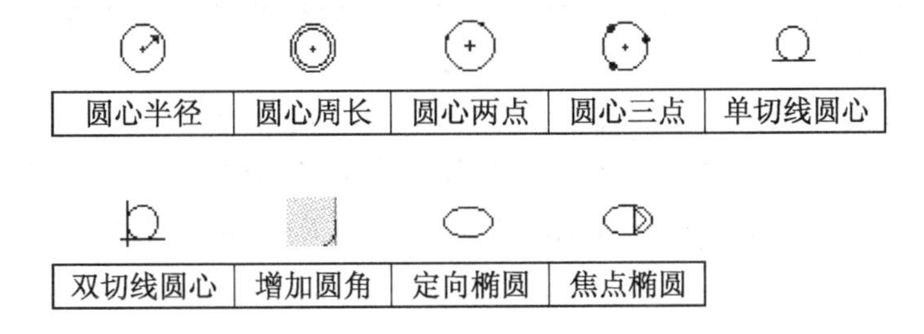

图 3-105　创造圆形

(1) 圆心半径：

① 功能：通过定义圆心点和圆的半径来创造一个圆形。

② 操作方法：a. 在【线段】菜单中选择【创造圆形】，再选择【圆心半径】工具；b. 在光标或数值模式下选择圆心；c. 确定圆的半径尺寸，系统则创造一个新的内部圆形；d. 右键【确定】，完成操作。

(2) 圆心周长：

① 功能：通过定义圆心点和圆的周长来创造一个圆形。

② 操作方法：a. 在【线段】菜单中选择【创造圆形】，再选择【圆心周长】工具；b. 选择周长复选项；c. 在光标或数值模式下确定圆的周长尺寸，系统则创造一个新的内部圆形；d. 右键【确定】，完成操作。

(3) 圆心两点：

① 功能：通过指定圆周上的两个点和一个近似的圆心点来创造一个圆形(图 3-106)。

② 操作方法：a. 在【线段】菜单中选择【创造圆形】，再选择【圆心两点】工具；b. 选择圆的周边上的两点；c. 确定圆的半径；d. 右键【确定】，完成操作。

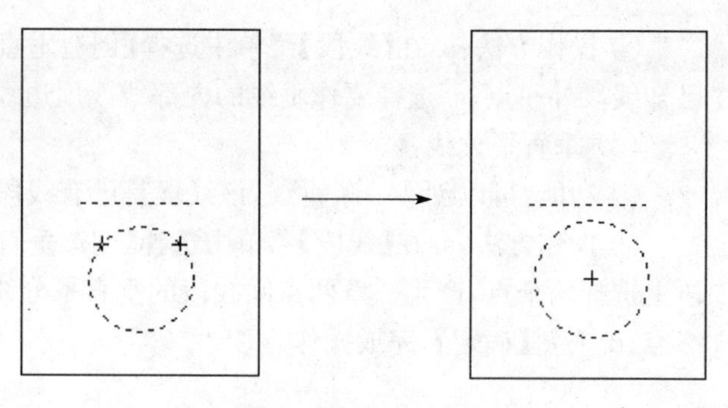
图 3-106 圆心两点

（4）三点圆形：

① 功能：指定圆周上三点位置而创造一个圆形。

② 操作方法：a. 在【线段】菜单中选择【创造圆形】，再选择【三点圆形】工具；b. 选择三个点来定位新圆形的圆周，可以将点取在一个样片的内部或工作区中的任何一处；c. 右键【确定】，完成操作。

③ 注意：【三点圆形】与【圆心两点】的区别是，前者选择的三个点均为圆周上的点，后者第三点为圆的圆心。

（5）单切线圆形：

① 功能：创造一个与样片中某条周边线或内部线相切于一点的圆形（图 3-107）。

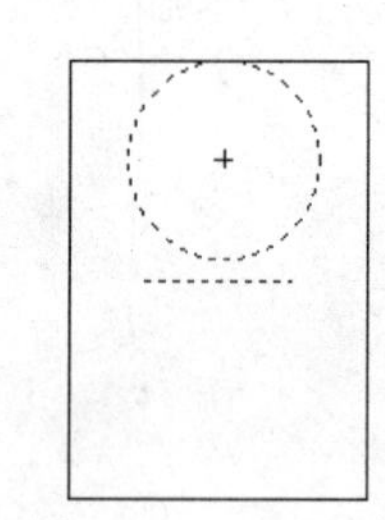
图 3-107 单切线圆形

② 操作方法：a. 在【线段】菜单中选择【创造圆形】，再选择【单切线圆形】工具；b. 在一条线段上选择一个点作为圆和这条线段的切点；c. 在光标或数值模式下确定圆形的半径，系统则创造一个新的内部圆形，在指定点与线段相切；d. 右键【确定】，完成操作。

（6）双切线圆形：

① 功能：创造一个与两条相邻线段上的两个点相切的圆形（图 3-108）。

② 操作方法：a. 在【线段】菜单中选择【创造圆形】，再选择【双切线圆形】工具；b. 选择两条线段与圆形相切；c. 在光标或数值模式下确定圆形的半径；d. 右键【确定】，完成操作。

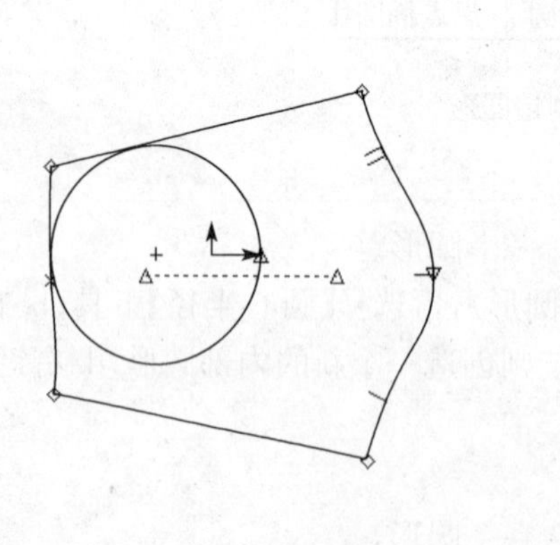
图 3-108 双切线圆形

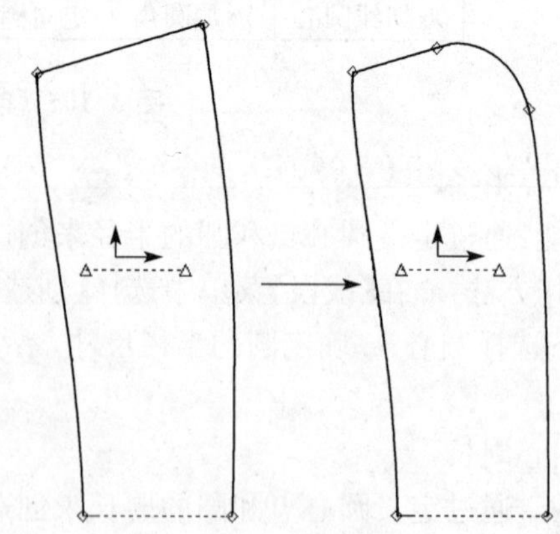
图 3-109 增加圆角

（7）增加圆角：

① 功能：将两条线段的交角替换成一段弯曲线（圆形的一部分）（图 3-109）。

② 操作方法：a. 在【线段】菜单中选择【创造圆形】，再选择【增加圆角】工具；b. 在光标或

数值模式下确定圆形的半径，系统用确定的尺寸为半径创造一个新的内部圆形，将周边角替换；c. 右键【确定】，完成操作。

③ 注意：【增加圆角】的复选项见表 3-16。

表 3-16　【增加圆角】的复选项

线段类型	
◉ 周边线	周边线：表示要转换为圆角的交角由周边线组成
○ 全部周边线	全部周边线：表示要将样片由周边线组成的交角全部转换为圆角
○ 内部资料线	内部资料线：表示要转换为圆角的交角由内部线组成
选项	
◉ 增加/改变半径圆角	增加/改变半径圆角：表示增加的圆角是可以用【删除圆角】选项删除的圆角
○ 增加固定圆角	增加固定圆角：表示增加的圆角是不能用【删除圆角】选项删除的圆角
○ 删除圆角	删除圆角：删除类型为可改变半径的圆角
○ 固定圆角	固定圆角：将改变半径圆角转化为固定圆角

（8）方位椭圆：

① 功能：通过确定椭圆的中心位置、短轴长度和方位（角度）、长轴长度来创造一个椭圆。

② 操作方法：a. 在【线段】菜单中选择【创造圆形】，再选择【方位椭圆】工具；b. 选择椭圆的中心；c. 在光标或数值模式下创造椭圆的短轴；d. 确定短轴的长度和角度后，在光标或数值模式下确定椭圆长轴的长度；e. 右键【确定】，完成操作。

（9）焦点椭圆：

① 功能：通过确定椭圆的中心位置、短轴的焦点和长轴长度来创造一个内部椭圆。

② 操作方法：a. 在【线段】菜单中选择【创造圆形】，再选择【焦点椭圆】工具；b. 选择椭圆的中心；c. 选择椭圆短轴的焦点（焦点要面对长轴伸展的方向）；d. 工作区内出现一个椭圆，确定其长轴的长度，系统则创造一个内部椭圆（这个椭圆是定位其中心位置时选中的样片的一部分）；e. 右键【确定】，完成操作。

4. 线段——删除线段

① 功能：可以永久性地删除样片的线段。

② 操作方法：a. 在【线段】菜单中选择【删除线段】工具；b. 在样片上选择要删除的线段；c. 右键【确定】，完成操作。

③ 注意：a. 当删除线段为内部线时，选择要删除的内部线，右键【确定】后完成删除操作；b. 当删除线段为直线周边线时，原直线被删除，系统会自动在原有线段的两个端点之间连接一条直线；c. 当删除线段为曲线周边线时，原曲线被删除，系统会自动在原有线段的两个端点之间连接一条直线。

5. 线段——替换线段

① 功能：用一条或多条内部线替换一条或多条周边线。该内部线或者其延伸线必须和周边线交于两个端点。

② 操作方法：a. 在【线段】菜单中选择【替换线段】工具；b. 依次选择替换周边线的内部线，结束选择并继续后续操作；c. 选择替换线段的起始点；d. 采用选择起始点的相同方法来选择结束点，系统会使用选择的内部线来替换该周边线；e. 右键【确定】，完成操作。

③ 注意：当选择内部线时，选中的第一条内部线与周边线的交点决定了被替换周边线

的起点，选中的最后一条内部线与周边线的交点决定了被替换周边线的终点。

例题 10: 用一条内部线替换周边线(图 3-110)。

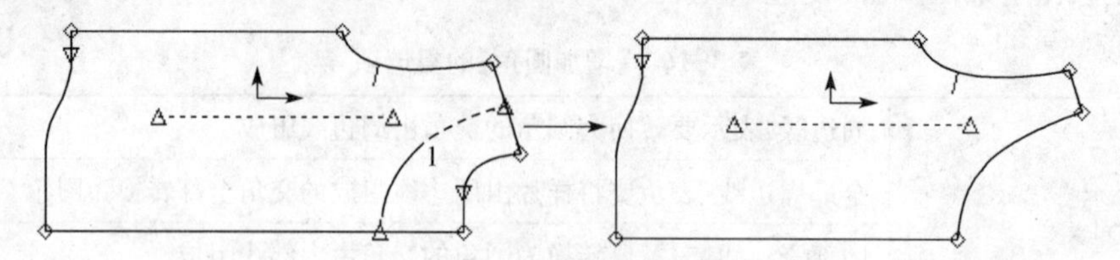

图 3-110　一条内部线

① 选择【替换线段】工具；

② 选择替换周边线的内部线段 1；

③ 选择被替换周边线的起始点，系统使用选择的内部线来替换该周边线；

④ 右键【确定】，完成操作。

例题 11: 用多条内部线替换周边线(图 3-111)。

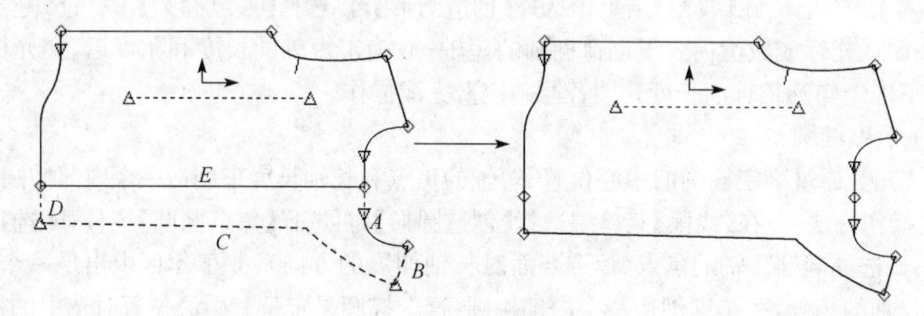

图 3-111　多条内部线

① 选择【替换线段】工具；

② 因为将被替换的周边线是线段 E，其起点为左边的端点，所以选择第一条要替换的内部线应该为线段 A，然后依次选中线段 B、C、D；

③ 选择周边线的起点和终点；

④ 右键【确定】，完成操作。

6. 线段——交换线段

① 功能：将内部线和周边线进行交换。

② 操作方法：a. 在【线段】菜单中选择【交换线段】工具；b. 选择内部线；c. 点击要取代的周边线，内部线和周边线进行交换，即周边线变成内部线，而内部线变成周边线的一部分；d. 右键【确定】，完成操作。

如图 3-112 所示，交换线段的步骤如下：

① 选择【交换线段】工具；

② 选择内部线 1；

③ 选择周边线 2；

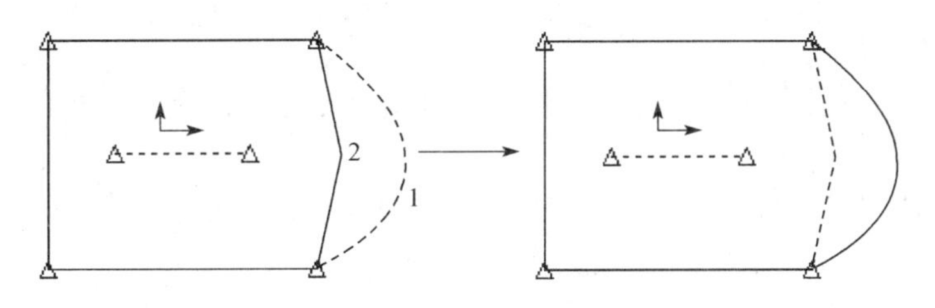

图 3-112　交换线段

④ 右键【确定】，完成操作。

7. 线段——修改线段

【线段】菜单中【修改线段】各工具图标见图 3-113。

平行移动	移动线段	固定长度移线	局部移动线段	移动并平行	构成平行线	旋转线段
移动及旋转	定位及旋转	修改线段长度	调校弧线长度	修改弧线	顺滑曲线	合并线段
分割线段	修剪线段	移平线段	修改线段名称	复制线段名称		

图 3-113　修改线段

（1）平行移动：

① 功能：移动一根周边线或者内部线。当移动周边线时，其相邻的线段会延长，直到和其相交（图 3-114）。

② 操作方法：a. 在【线段】菜单中选择【修改线段】，再选择【平行移动】工具；b. 选择线段进行移动；c. 在光标或数值模式下移动线段至新的位置；d. 右键【确定】，完成操作。

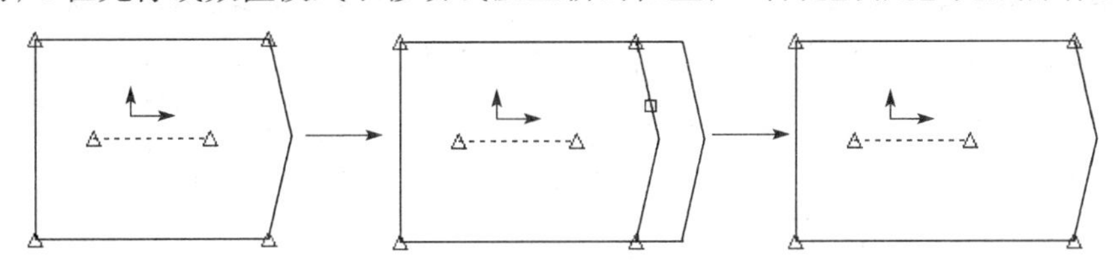

图 3-114　平行移动

（2）移动线段：

① 功能：向任何方向移动一根线段（图 3-115）。

② 操作方法：与【平行移动】相同。

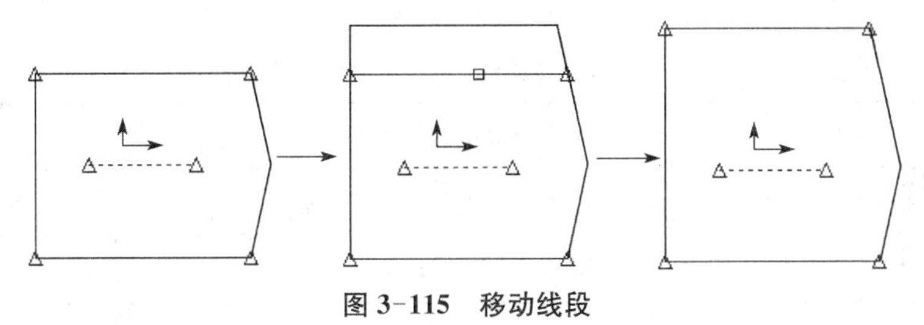

图 3-115　移动线段

(3) 固定长度移线:

① 功能:移动一根线段,同时在移动时保持原来的长度和选择邻接的线段进行合并(图3-116)。

② 操作方法:与【平行移动】相似,但增加了移动图钉的步骤。

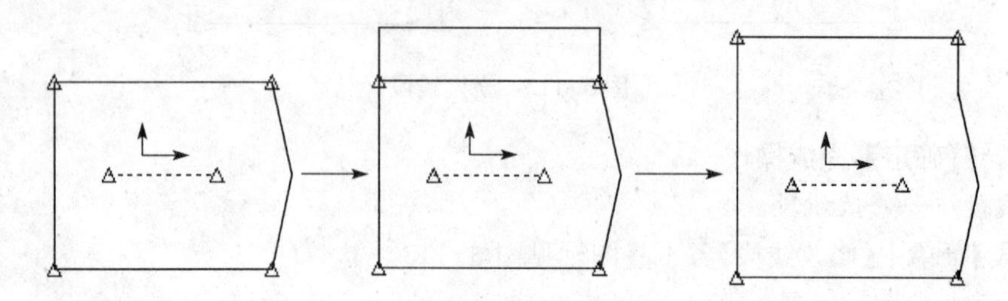

图 3-116 固定长度移线

③ 注意:【固定长度移线】工具与【移动线段】工具的区别——a. 前者只能对周边线进行操作,后者可对周边线和内部线进行操作;b. 两工具都对周边线进行操作时,前者移动周边线后其长度不变,后者移动周边线后其长度可以发生变化。

(4) 局部移动线段:

① 功能:与【点】→【修改点】→【顺滑随意移动】工具相同。

② 操作方法:a. 选择【局部移动线段】工具;b. 在线段上选择需要移动的点,右键【确定】,继续操作;c. 移动图钉,确定线段移动的范围;d. 在光标或数值模式下确定点的新位置。

(5) 移动并平行:

① 功能:将所选线段与另外的线段、X 轴或 Y 轴构成平行线后,再移动该线段的位置(图 3-117)。

② 操作方法:a. 在【线段】菜单中选择【修改线段】,再选择【移动并平行】工具;b. 在样片上选择需要移动的线段;c. 选择与哪条线段平行;d. 选择要移动线段的哪个端点来构成平行线;e. 移动整条线段,在光标或数值模式下确定线段的新位置。

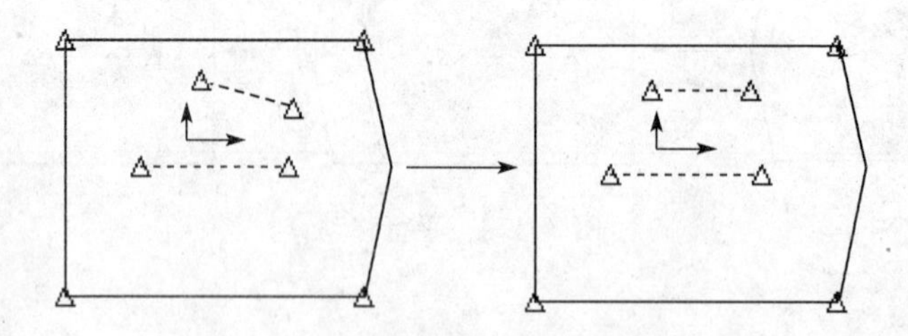

图 3-117 移动并平行

③ 注意:【移动并平行】工具的复选项内容见表 3-17。

表 3-17 【移动并平行】的复选项

复选项	说明
平行于 ◉线段 ○X 轴 ○Y 轴	线段:作为导向的线段为样片的某个线段
	X 轴:作为导向的线段为 X 轴
	Y 轴:作为导向的线段为 Y 轴

(6) 构成平行线：

① 功能：与【移动并平行】相似，只是将目标线段与参考线段构成平行线，不再移动目标线段。

② 操作方法：a. 在【线段】菜单中选择【修改线段】，再选择【构成平行线】工具；b. 在样片上选择需要移动的线段；c. 选择与哪条线段平行；d. 选择要移动线段的哪个端点来构成平行线；e. 右键【确定】，完成操作。

(7) 旋转线段：

① 功能：将周边线或者内部线旋转一个角度或者一段距离，旋转支点保持不动(图 3-118)。

② 操作方法：a. 在【线段】菜单中选择【修改线段】，再选择【旋转线段】工具；b. 选择线段进行旋转；c. 右键【确定】，继续操作；d. 选择支点；e. 在光标或数值模式下旋转线段至新的位置；f. 右键【确定】，完成操作。

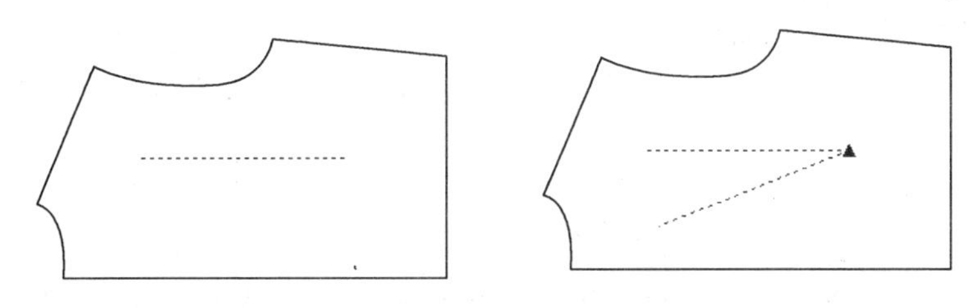

图 3-118　旋转线段

(8) 移动及旋转：

① 功能：通过光标、输入角度或输入距离来移动和旋转周边线或者内部线。

② 操作方法：a. 在【线段】菜单中选择【修改线段】，再选择【移动及旋转】工具；b. 选择线段，将线段移动到新的位置；c. 右键【确定】，继续操作；d. 选择线段上的一点作为支点，旋转线段；e. 旋转线段至新的位置，系统将线段移动到指定位置；f. 右键【确定】，完成操作。

(9) 定位及旋转：

① 功能：移动一条内部线，使其和另一条线段上的一点相匹配，并旋转至新位置。另一条线段可以在同一样片或不同样片上(图 3-119)。

② 操作方法：a. 在【线段】菜单中选择【修改线段】，再选择【定位及旋转】工具；b. 选择内部线上的一个点，该点是内部线和目标线段相交的位置；c. 在目标线段上选择对应点，目标线段保持不动；d. 系统定位内部线，使其和目标线段在对应点相交；e. 旋转定位的内部线至新的位置；f. 右键【确定】，完成操作。

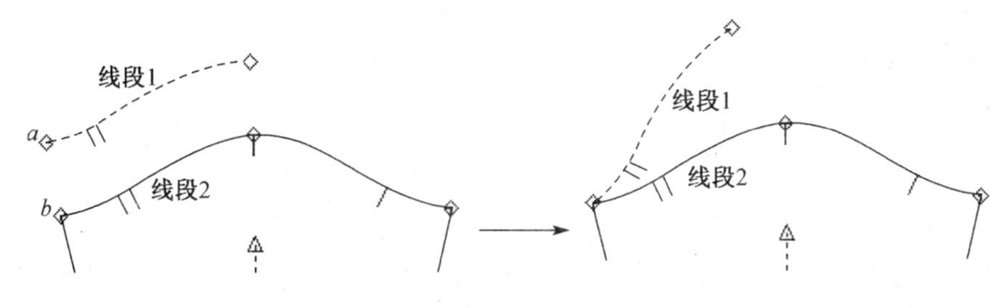

图 3-119　定位及旋转

例题 12:定位及旋转步骤如图 3-119 所示。

① 选择【定位及旋转】工具;

② 选择定位线段 1 上的点 a;

③ 选择目标线段 2 上的点 b,系统定位内部线,使其和目标线段在对应点相交;

④ 旋转定位线段 1 至合适位置,左右键同时按下,在数值模式下输入线段 1 旋转的角度;

⑤ 右键【确定】,完成操作。

(10) 修改线段长度:

① 功能:类似于【点】→【修改点】→【顺滑沿线移动】。

② 操作方法:a. 在【线段】菜单中选择【修改线段】,再选择【修改线段长度】工具;b. 在样片上选择需要修改的线段;c. 选择线段端点,更改线段长度;d. 在光标或数值模式下确定点的新位置;e. 右键【确定】,完成操作。

③ 注意:当修改线段为样片周边线时,与修改线段相交的周边线也相应变化,以保证样片的封闭性。

(11) 调校弧线长度:

① 功能:通过修改中间点来改变线段的长度,线段两端点位置保持不变。

② 操作方法:a. 在【线段】菜单中选择【修改线段】,再选择【调校弧线长度】工具;b. 在样片上选择需要修改的周边线;c. 在用户输入框中输入调整后的弧线长度;d. 右键【确定】,完成操作。

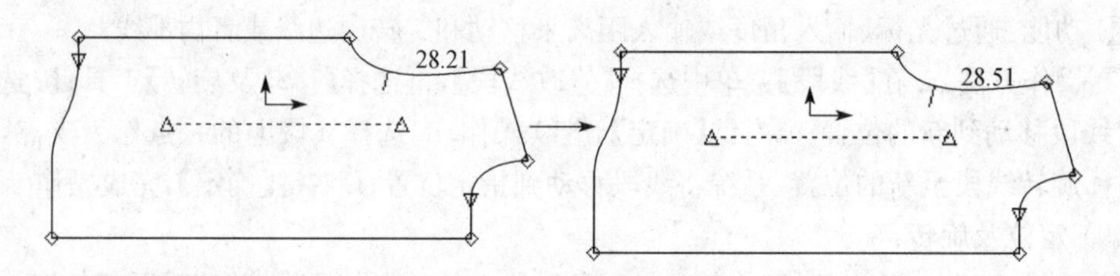

图 3-120 调校弧线长度

例题 13:调校弧线长度的步骤如图 3-120 所示。

① 选择【调校弧线长度】工具;

② 选择样片夹圈弧线;

③ 移动图钉选择弧线范围,单击左键,继续操作;

④ 在用户输入框中输入调整后的弧线长度"28.5",点击"确定",完成操作。

③ 注意:a. 此工具只能对周边线进行调整;b. 用户输入框中输入的数值为线段调整后的总长度,而不是差值。

(12) 修改弧线:

① 功能:可用于修改曲线,或者由两点直线制成弧线。

② 操作方法:a. 在【线段】菜单中选择【修改线段】,再选择【修改弧线】工具;b. 在样片线

段上选择需要修改的点；c. 移动图钉，确定线段移动的范围；d. 在光标或数值模式下确定点的新位置；e. 右键【确定】，完成操作。

（13）顺滑弧线：

① 功能：使现有的周边线或者内部线变得顺滑。该工具使得系统可以沿着线段重新定位除端点以外的其他点。

② 操作方法：a. 在【线段】菜单中选择【修改线段】，再选择【顺滑弧线】工具；b. 在用户输入对话框中填入顺滑因素；c. 选择需要进行顺滑处理的线段，在线段的终点显示图钉图标；d. 通过定位图钉来指定线段需要修改的范围，在工作区内点击左键，系统将重新定位点，并且消除曲线上不平滑的地方；e. 右键【确定】，完成操作。

③ 注意：a. 顺滑因素越大，顺滑效果越明显；b. 一条曲线可进行多次顺滑，但是每次经过操作后，该线段外形会发生改变，而且会变得更加平直。

（14）合并线段：

① 功能：连接两条或者更多的线段。

② 操作方法：a. 在【线段】菜单中选择【修改线段】，再选择【合并线段】工具；b. 选择线段进行合并；c. 右键【确定】，完成操作。

③ 注意：a. 系统合并线段的原则是前一条线段的终点和后一条线段的起点相连；b. 合并线段为周边线时，要求多条周边线为相邻线段；c. 对只有三条周边线的样片，系统会对合并线段进行警告，因为系统认定的有效样片的周边线最少为三条；d. 合并线段为内部线时，线段起点和终点的判定方法是在选择线段时光标靠近线段的哪个端点，则系统认为那个端点为该线段的起始点，另一个端点为终点。

例题 14： 如图 3-121 所示，样片前中心线由线段 a、b、c 组成，将其合并成一条周边线。

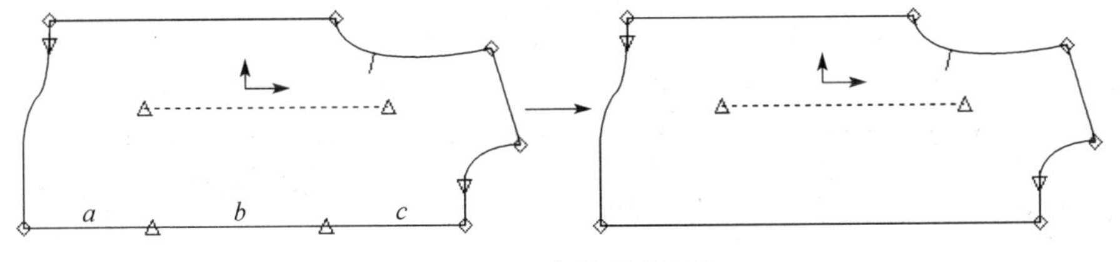

图 3-121　合并周边线段

①选择【合并线段】工具；

②依次选择线段 a、b、c 或选择线段 c、b、a；

③右键【确定】，完成操作。

例题 15： 如图 3-122 所示，将三条内部线 1、2、3 转换成一条内部线。

① 选择【合并线段】工具；

② 用光标靠近 A 端点选中内部线 1，光标靠近 D 端点选中内部线 2，光标靠近 E 端点选中内部线 3；

③ 右键【确定】，完成操作。

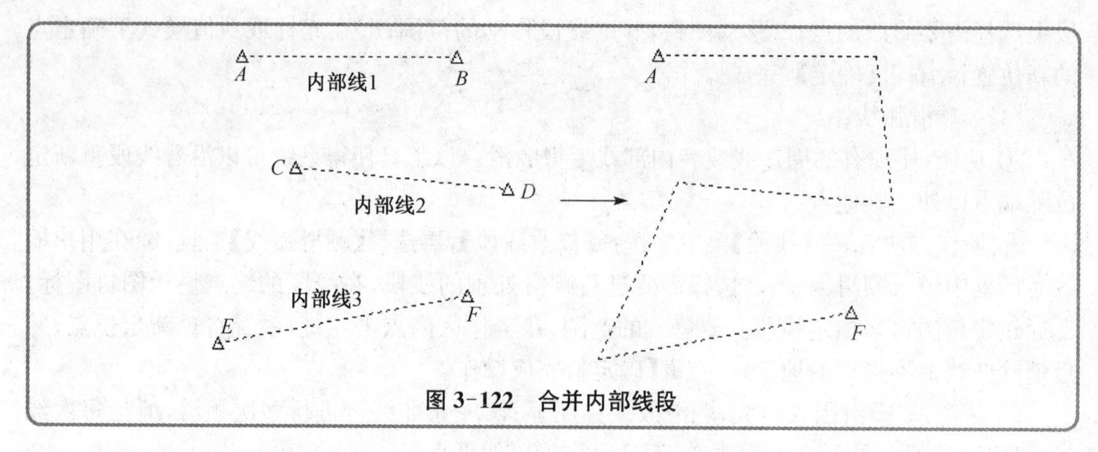

图 3-122　合并内部线段

（15）分割线段：

① 功能：可以将一条线段分割成为两条或两条以上的线段。

② 操作方法：a. 在【线段】菜单中选择【修改线段】，再选择【分割线段】工具；b. 选择线上的一个已存在点，或者在光标和数值模式下创造一个点，作为分割点；c. 右键【确定】，完成操作。

（16）修剪线段：

① 功能：对延伸到周边线/内部线以外的内部线进行修剪（图 3-123）。

② 操作方法：a. 在【线段】菜单中选择【修改线段】，再选择【修剪线段】工具；b. 选择需要保留的那部分线段（如果内部线和多根周边线/内部线相交，则需要选择被哪一条相交线剪断；如果该内部线只和一条周边线/内部线相交，则内部线的延伸部分被直接去除）；c. 右键【确定】，完成操作。

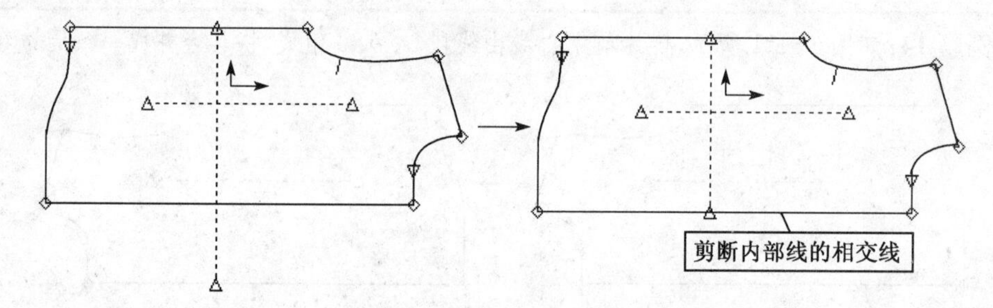

图 3-123　修剪线段

（17）移平线段：

① 功能：可删除线段上所有或部分的剪口和褶点（图 3-124）。

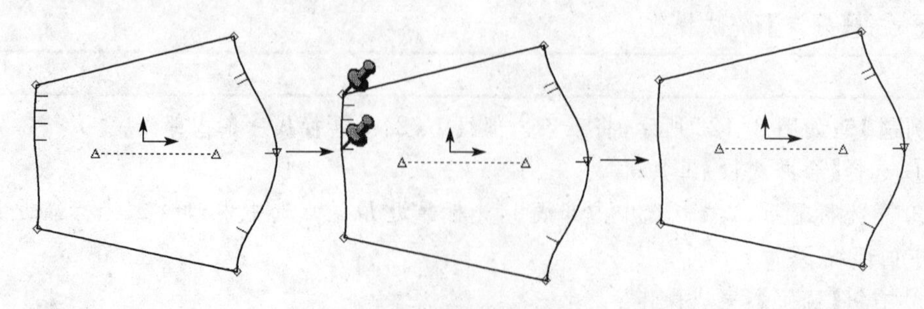

图 3-124　移平线段

② 操作方法：a. 在【线段】菜单中选择【修改线段】，再选择【移平线段】工具；b. 选择删除点的类型——剪口或褶点；c. 移动图钉，在样片上选择需要移平的线段；d. 右键【确定】，完成操作。

③ 注意：选择的线段为曲线(周边线/内部线)时，使用此工具删除各点的同时，将曲线拉直为直线。

四、样片菜单

【样片】菜单各工具图标见图 3-125。

Fold
Keep

创造样片	褶	尖褶	延展弧度	缝份	不对称折叠	折叠保存及对称
删除工作区中的样片	修改样片	分割样片	合并样片	比例缩放	长宽伸缩	产生对称片
折叠对称片	打开对称片	解除对称关系	样片注解	样片退回图像单		

图 3-125　样片菜单

1. 样片——创造样片

【样片】菜单中【创造样片】各工具图标见图 3-126。

长方形	圆形样片	圆裙片	椭圆片	领片	贴边片	粘合衬
捆条	荷叶边	复制样片	抽取样片	套取缩放	放缩尺码	

图 3-126　创造样片

(1) 长方形：

① 功能：创造一个新的长方形样片。

② 操作方法：a. 在【样片】菜单中选择【创造样片】，然后选择【长方形样片】。b. 在工作区中选择长方形样片一个角的开始位置点。在光标模式下，在工作区内拖动鼠标拉框完成长方形样片绘制，X 域和 Y 域中显示的值表示相对长方形的长宽数值；在输入模式下，输入新的长方形样片的尺寸，在 X 域中显示的是长方形样片的长度或水平距离，在 Y 域中显示的是长方形样片的宽度或垂直距离，在距离域中显示的是长方形样片对角线的距离。c. 为新建立的样片输入一个名字，或接受系统设定的缺省名称，点击“确定”，系统为第一个建立的样片取名为“P1”，第二个为“P2”，以此类推。d. 右键【确定】，完成操作。

(2) 圆形样片：

① 功能：以半径或圆周尺寸为量度值创造一个圆形样片。

② 操作方法：a. 在【样片】菜单中选择【创造样片】，然后选择【圆形样片】；b. 在工作区内选择一点为圆形的圆点；c. 在光标或数值模式下确定圆的半径；d. 右键【确定】，完成操作。

【圆形样片】工具的复选项见表 3-18。

表 3-18 【圆形样片】的复选项

显示圆心 ⊙没有 ○钻孔 ○记号	显示圆心	根据选项确定圆心点类型
圆形尺寸 ⊙半径 ○圆周	圆形尺寸	半径：通过半径数值确定圆形
		圆周：通过周长数值确定圆形

(3) 圆裙片：

① 功能：利用腰围和裙长尺寸创造一个 1/4 圆裙片。

② 操作方法：a. 在【样片】菜单中选择【创造样片】，然后选择【圆裙片】；b. 在用户输入框中输入腰围、裙长尺寸和样片名称；c. 右键【确定】，完成操作。

【圆裙片】工具的复选项见表 3-19。

表 3-19 【圆裙片】的复选项

尺寸 腰围：0	腰围	输入值为腰围周长，系统会自动除以“4”
长度：0	长度	输入裙长尺寸

(4) 椭圆片：

① 功能：通过输入长/短轴尺寸创造一个椭圆样片。

② 操作方法：a. 在【样片】菜单中选择【创造样片】，然后选择【椭圆片】；b. 在用户输入框中输入长/短轴尺寸和样片名称；c. 右键【确定】，完成操作。

(5) 领片：

① 功能：快速创造一个领片。

② 操作方法：a. 在【样片】菜单中选择【创造样片】，然后选择【领片】；b. 在用户输入框中输入领宽、后领围、前领围、起翘量和样片名称，并选择肩部剪口类型；c. 右键【确定】，完成操作。

(6) 贴边片：

① 功能：可以快速地以现有线段或输入的线段创造出样片的贴边片。

② 操作方法：a. 在【样片】菜单中选择【创造样片】，然后选择【贴边片】；b. 在样片上选择贴边线段；c. 根据印章选择贴边片，并为新样片命名；d. 右键【确定】，完成操作。

【贴边片】工具的复选项见表 3-20。

表 3-20 【贴边片】的复选项

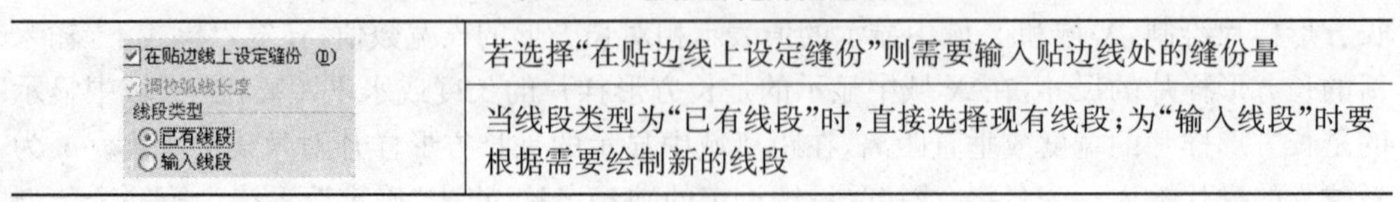

☑在贴边线上设定缝份 0	若选择“在贴边线上设定缝份”则需要输入贴边线处的缝份量
☑调校弧线长度 线段类型 ⊙已有线段 ○输入线段	当线段类型为“已有线段”时，直接选择现有线段；为“输入线段”时要根据需要绘制新的线段

(7) 黏合衬：

① 功能：创造黏合衬的样片。

② 操作方法：a. 在【样片】菜单中选择【创造样片】，然后选择【黏合衬】；b. 在用户输入框

中输入偏移量；c. 右键【确定】，完成操作。

③ 注意：黏合衬样片面积一定小于或等于原样片，所以输入的缩减量一定为零或负值，不能为正值。

（8）捆条：

① 功能：该工具用来创造样片的捆条，所产生样片是一个具有指定宽度的长方形样片。

② 操作方法：a. 在【样片】菜单中选择【创造样片】，然后选择【捆条】；b. 设定捆条宽度和剪口类型；c. 在样片上按照一定次序（顺时针或逆时针）选择需要进行捆条的线段；d. 右键【确定】，完成操作。

例题 16：图 3-127 为女式衬衫的夹圈进行捆条的方法。

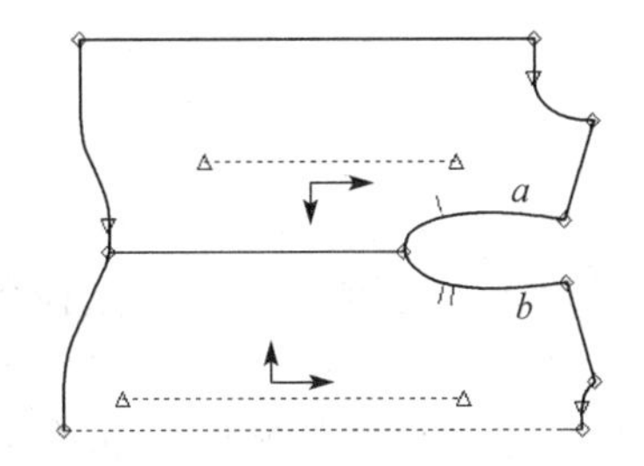

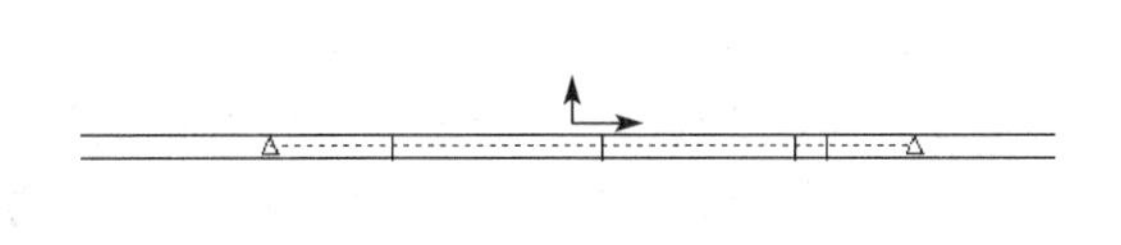

图 3-127　捆条

① 选择【捆条】工具；

② 设定捆条宽度为"2"，剪口类型为"1"；

③ 在衣片上依次选择夹圈弧线 *a* 和 *b*，此时产生右图中长方形捆条样片，新样片在夹圈弧线剪口及前后夹圈线段连接处对应产生剪口；

④ 右键【确定】，完成操作。

（9）荷叶边：

① 功能：用来给现有样片创建荷叶边。

② 操作方法：a. 在【样片】菜单中选择【创造样片】，然后选择【荷叶边】；b. 选择展开线的起始线段；c. 将展开线的起点和终点选为固定位置；d. 选择要展开的内线；e. 选择垂直或成比例展开方式；f. 输入样片名称后，自动创建出新的荷叶边样片。

（10）复制样片：

① 功能：在工作区中复制出一个与原片相同的样片（图 3-128）。

② 操作方法：a. 在【样片】菜单中选择【创造样片】，然后选择【复制样片】；b. 选择需要被复制的样片，系统会根据该样片建立一个完全一样的复制样片；c. 在光标移动的时候，复制样片会跟随光标一起移动，将复制样片移动到工作区内的目标位置，然后点击鼠标左键进行定位；d. 为新建立的样片输入一个名字，或者简单接受系统设定的缺省名称；e. 右键【确定】，完成操作。

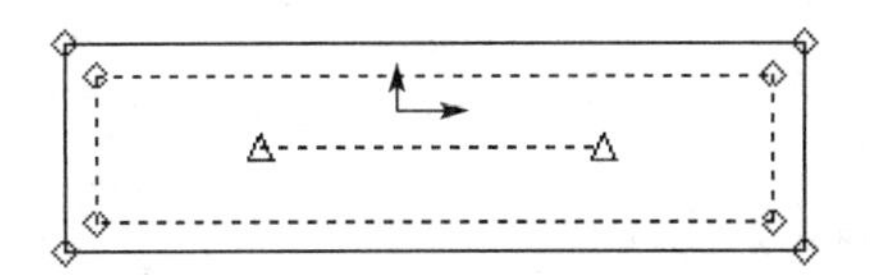

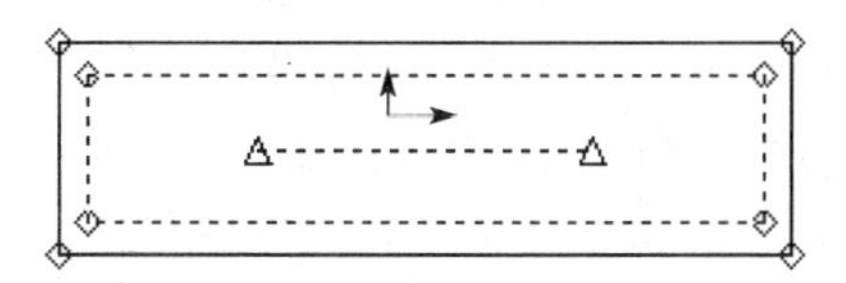

图 3-128　复制样片工具

（11）抽取样片：

① 功能：用来快速地从已有样片中产生一个新的样片（图 3-129）。

② 操作方法：a. 在【样片】菜单中选择【创造样片】，然后选择【抽取样片】；b. 在工作区内选择抽出新样片的样片；c. 选择抽出的部分；d. 选择附加的相邻部分，结束选择以继续。e. 为新样片命名；f. 选择附属的内部线和内部点，结束选择，继续操作。

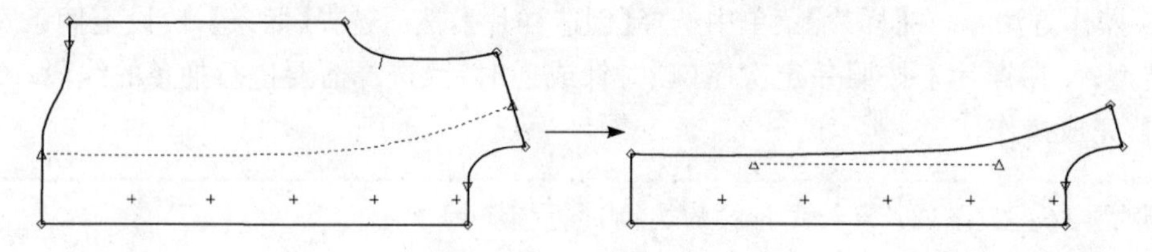

图 3-129　抽取样片

（12）套取样片：

① 功能：从现有的样片上，通过套取样片的周边线、内部线而生成新的样片（图3-130）。

② 操作方法：a. 在【样片】菜单中选择【创造样片】，然后选择【套取样片】；b. 选择套取类型（表 3-21）；c. 选择套取样片的周边线，在工作区内按依次（顺时针或逆时针）选取需套取样片的周边线；d. 选择样片的内部线和内部点；e. 结束选择，继续后续的操作；f. 被套取的周边线/裁缝线和内部线在工作区内组成一个新的样片，移动光标，将新的样片移动到工作区内的目标位置，然后点击鼠标左键进行定位；g. 为新建立的样片输入一个名字，或者接受系统设定的缺省名称。

表 3-21　【套取样片】的复选项

套取类型 ◉一般 ○对称片 ○非对称片	一般	产生一个为现有样片其中一部分的新样片
	对称片	产生一个以现有样片某条周边线为对称轴的完全对称样片
	非对称片	产生一个以现有样片某条周边线为反映轴的非完全对称样片

例题 17：套取类型为“一般”时的操作方法见图 3-130。

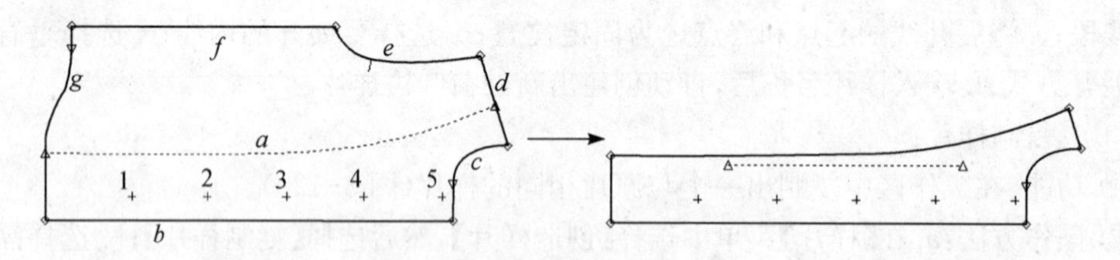

图 3-130　套取一般样片

① 选择【套取样片】工具；

② 选择套取类型为“一般”；

③ 按次序选择套取样片的周边线 *b*、*c*、*d*、*a*、*g*；

④ 选择内部点 1、2、3、4、5；

⑤ 右键【确定】，继续操作；

⑥ 为新建立的样片输入一个名字，右键【确定】，完成操作。

例题 18: 套取类型为"对称片"时的操作方法见图 3-131。

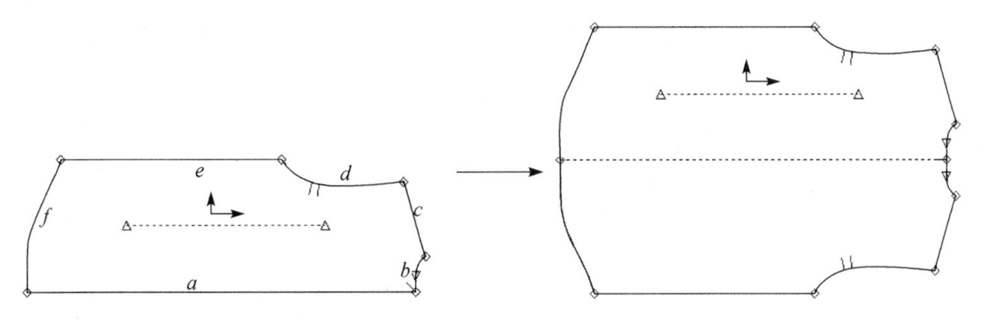

图 3-131　套取对称片

① 选择【套取样片】工具;

② 选择套取类型为"对称片";

③ 选择新产生对称片的对称轴 *a*;

④ 按次序选择套取对样片的周边线 *b*、*c*、*d*、*e*、*f*(除对称轴 *a* 以外的其他线段);

⑤ 右键【确定】,继续操作;

⑥ 为新建立的样片输入一个名字,右键【确定】,完成操作。

例题 19: 套取类型为"非对称片"时的操作方法见图 3-132。

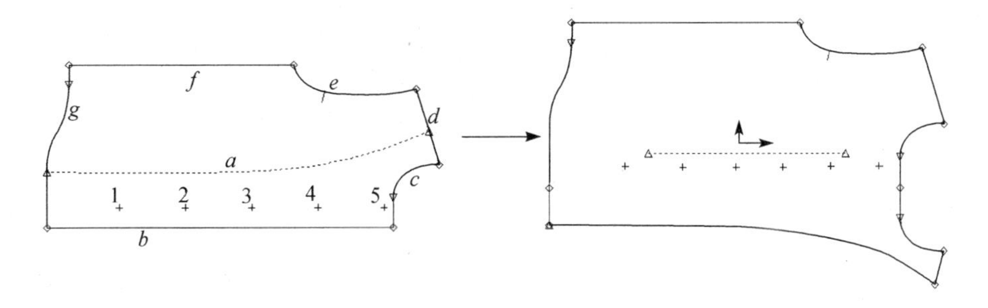

图 3-132　套取非对称片

① 选择【套取样片】工具;

② 选择套取类型为"非对称片";

③ 选择新产生的非对称片的反映轴 *b*;

④ 按次序选择样片的周边线 *c*、*d*、*e*、*f*、*g*(除反映轴 *b* 以外的其他线段);

⑤ 按次序(必须与步骤④中的次序相反)选择非对称样片的周边线 *g*、*a*、*d*、*c*(除反映轴 *b* 以外的其他线段);

⑥ 选择内部点 1、2、3、4、5;

⑦ 右键【确定】,继续操作;

⑧ 为新建立的样片输入一个名字,右键【确定】,完成操作。

思考:【抽取样片】与【套取样片】两个工具的差异。

(13) 放缩尺码：

① 功能：将样片的某个放缩尺码单独生成一个新的样片(图 3-133)。

② 操作方法：a. 在【样片】菜单中选择【创造样片】，然后选择【放缩尺码】；b. 选择要从中创造出新放缩样片的样片，结束选择，继续操作；c. 屏幕上出现放缩尺码表格(图 3-133)，从中选择要创造的尺码后"确定"；d. 新的尺码样片产生，结束选择，继续操作。

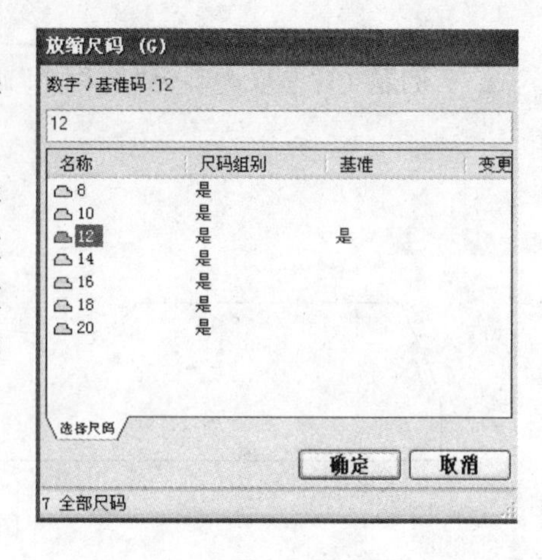

图 3-133 放缩尺码

2. 样片——褶

【样片】菜单中【褶】各工具图标见图 3-134。

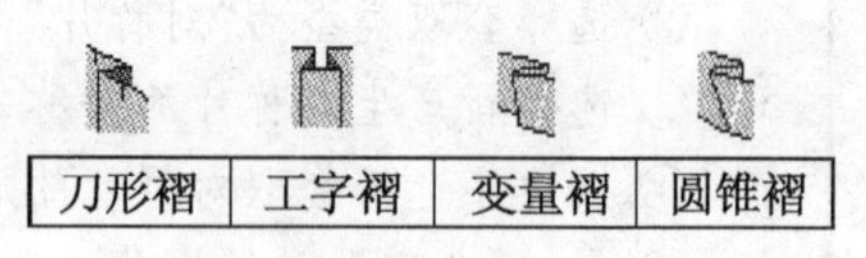

图 3-134 褶功能

(1) 刀形褶：

① 功能：可在一条褶线上创造刀形褶，可设定褶底的方向、褶的数量和褶的大小。

② 操作方法：a. 在【样片】菜单中选择【褶】，然后选择【刀形褶】工具；b. 选择刀形褶的褶线；c. 输入底衬的一半；d. 输入褶的数量；e. 输入褶间的间距(如果褶的数量是"1"，则没有该项目的提示)；f. 选择褶开向哪边，即用鼠标点击褶的走向处任何一个位置；g. 选择需要移动的内部线，右键【确定】，继续操作；h. 选择褶底方向，即用鼠标点击褶底的倒向处任何一个位置；i. 右键【确定】，完成操作。

【刀形褶】工具的复选项见表 3-22。

表 3-22 【刀形褶】的复选项

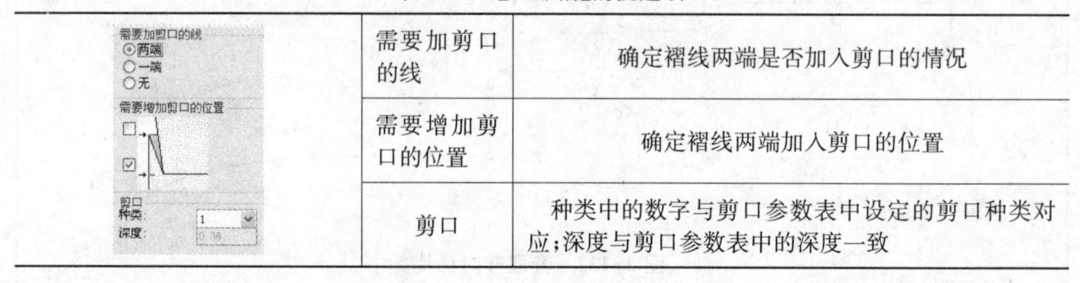

复选项	说明
需要加剪口的线	确定褶线两端是否加入剪口的情况
需要增加剪口的位置	确定褶线两端加入剪口的位置
剪口	种类中的数字与剪口参数表中设定的剪口种类对应；深度与剪口参数表中的深度一致

例题 20：刀形褶的操作步骤如图 3-135 所示。

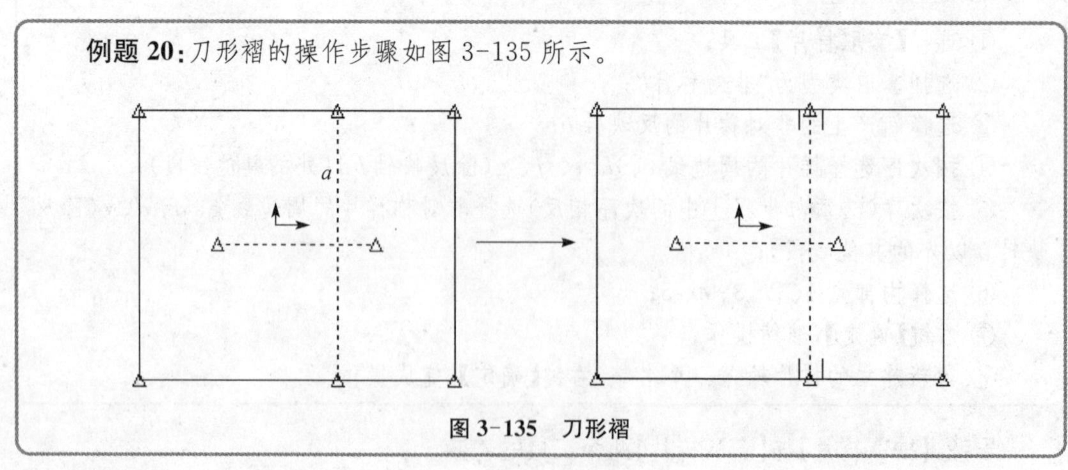

图 3-135 刀形褶

① 选择【刀形褶】工具；
② 选择刀形褶的褶线 a；
③ 输入底衬的一半“1.5”；
④ 输入褶的数量“1”；
⑤ 选择褶底方向，用鼠标点击褶线右边的任何一个位置；
⑥ 右键【确定】，完成操作。

③ 注意：刀形褶的底衬的一半即为褶量的 1/2。

(2) 工字褶：

① 功能：在一条褶线上创造工字褶，可设定褶底的方向、褶的数量和褶的大小(图 3-136)。

② 操作方法：a. 在【样片】菜单中选择【褶】，然后选择【工字褶】工具；b. 选择刀形褶的褶线；c. 输入底衬的一半；d. 输入褶的数量；e. 输入褶间的间距(如果褶的数量是“1”，则没有该项目的提示)；f. 选择褶开向哪边，即用鼠标点击褶的走向处任何一个位置；g. 选择需要移动的内部线，右键【确定】，完成操作。

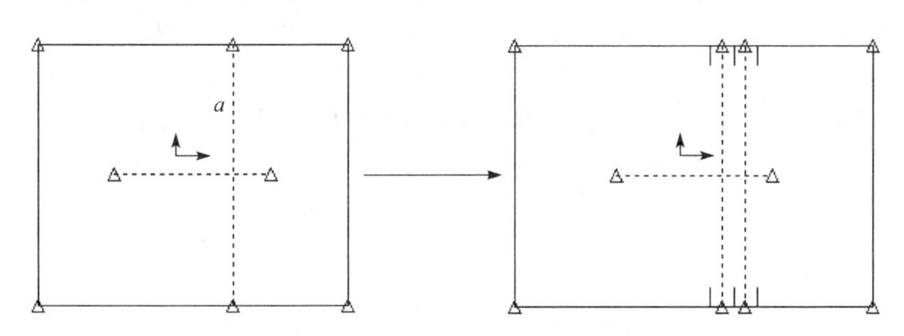

图 3-136　工字褶

③ 注意：工字褶的底衬的一半即为褶量的 1/4。

(3) 变量褶：

① 功能：变量褶指褶两端的褶量不相同的褶。此工具可创造变量的刀形褶或工字褶(图 3-137)。

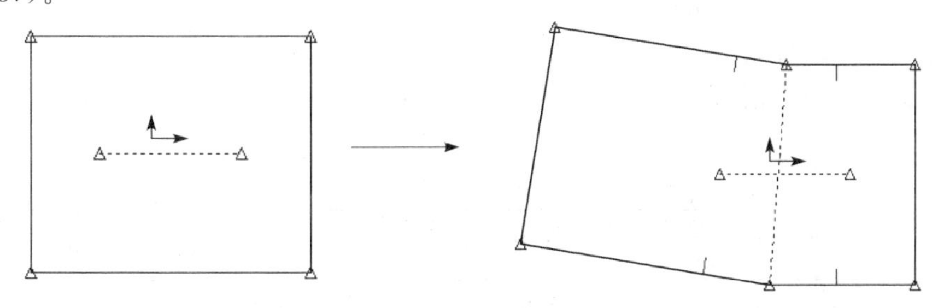

图 3-137　变量褶

② 操作方法：a. 在【样片】菜单中选择【褶】，然后选择【变量褶】工具；b. 由轴心端向开口端画出分割线，右键【确定】，继续操作；c. 选择固定的位置，即样片中不动的部分；d. 选择要

移动的内部线，结束选择以继续；e. 定出褶线两端的延展量；f. 选择褶的种类是刀形褶还是工字褶；g. 如果选择刀形褶，还需要选择褶底方向；h. 右键【确定】，完成操作。

> **例题 21**：变量褶操作步骤如图 3-137 所示。
> ① 选择【变量褶】工具；
> ② 由轴心端向开口端画出分割线，右键【确定】，继续操作；
> ③ 选择固定的位置，即样片分割线的右部分；
> ④ 因没有要移动的内部线，所以右键【确定】，继续操作；
> ⑤ 分别确定轴心端和开口端的褶量；
> ⑥ 选择褶的种类为刀形褶；
> ⑦ 选择刀形褶的褶底方向，右键【确定】，完成操作。

③ 注意：褶线是在此工具使用过程中绘制出来的，而不需要使用【线段】工具提前绘制。

（4）圆锥褶：

① 功能：用来创造一端固定不动、另一端延展的刀形褶或工字褶（图 3-138）。

② 操作方法：a. 在【样片】菜单中选择【褶】，然后选择【圆锥褶】工具；b. 由轴心端向开口端画出分割线，右键【确定】，继续操作；c. 选择固定的位置，即样片上不动的位置；d. 选择要移动的内部线，结束选择以继续；e. 定出样片的延展位置；f. 选择褶的种类是刀形褶还是工字褶；g. 如果选择刀形褶，还需要选择褶底方向；h. 右键【确定】，完成操作。

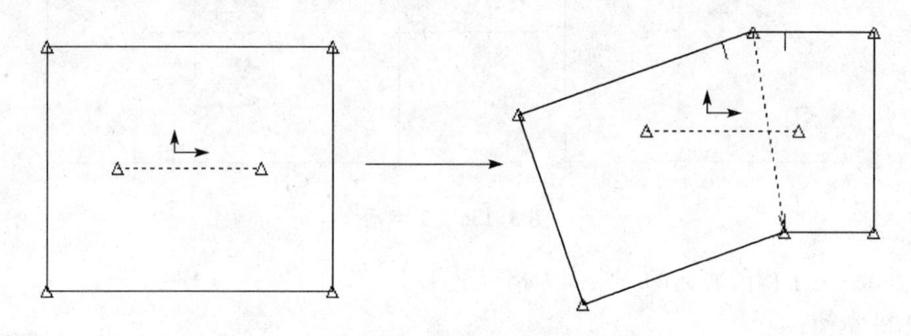

图 3-138　圆锥褶

③ 注意：采用此工具，在褶线的开口端有褶量。

3. 样片——尖褶

【样片】菜单中【尖褶】各工具图标见图 3-139。

旋转	同线上分布	分布/旋转	同线上合并	合并/旋转	增加尖褶	增加尖褶连立体量	更改尖褶

褶子两股等长	褶子双边大小重调	褶子单边大小重调	打开尖褶	折叠尖褶	顺滑线段	移平线段	转换为尖褶

图 3-139　尖褶

（1）旋转：

① 功能：把一个尖褶位置转至另一边周边线上，完成省道的全部转移功能。

② 操作方法：a. 在【样片】菜单中选择【尖褶】，然后选择【旋转】工具；b. 选择需要旋转的尖褶；c. 选择旋转该尖褶的支点（该旋转支点可以是样片内部的任何一点，且不一定是现有的一个点）；d. 选择固定线（在尖褶旋转的过程中，该线和布料布纹的方位也保持不变）；e. 选择尖褶的开口点，确定省的尖点；f. 右键【确定】，完成操作。

例题 22：旋转工具的操作步骤如图 3-140 所示。

① 选择【旋转】工具；

② 选择需要旋转的尖褶 a；

③ 选择旋转该尖褶的轴心点；

④ 选择固定线；

⑤ 选择开口点；

⑥ 确定新的省道尖点，右键【确定】，完成操作。

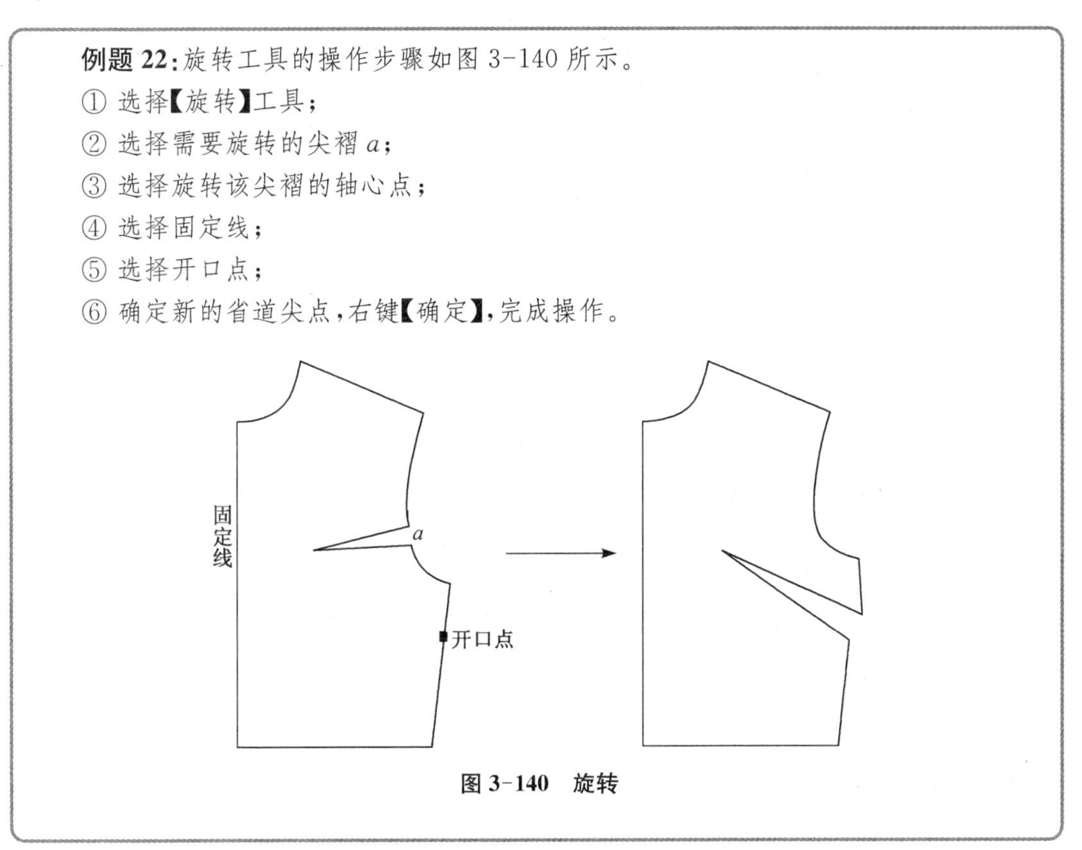

图 3-140　旋转

（2）同线上分布：

① 功能：将一个尖褶在同一线上分布成几个尖褶（图 3-141）。

② 操作方法：a. 在【样片】菜单中选择【尖褶】，然后选择【同线上分布】工具；b. 选择要进行同线上分布的尖褶；c. 在同一褶线上选出新的开口点，右键【确定】，继续操作；d. 输入分布的百分比或数值后，右键【确定】，所输入的数值被平均分配给开口点；e. 右键【确定】，完成操作。

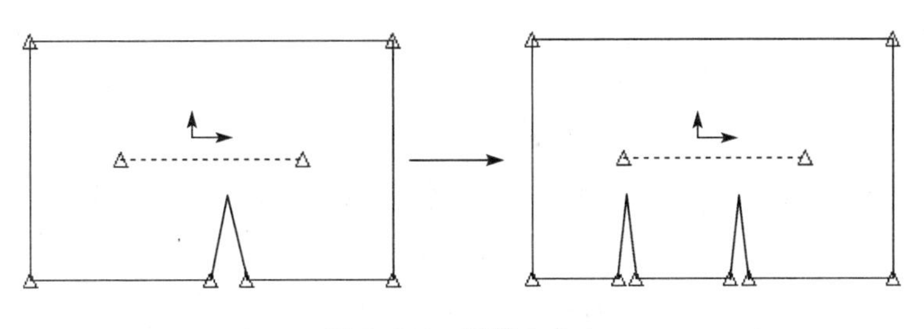

图 3-141　同线上分布

③ 注意:若为百分比,则输入的表示方式如"50%";若为数值,则输入方式如"2"。

(3) 分布/旋转:

① 功能:将一个尖褶的部分褶量旋转成为另一个周边线上的尖褶,即完成省道的部分转移(图 3-142)。

② 操作方法:a. 在【样片】菜单中选择【尖褶】,然后选择【分布/旋转】工具;b. 选择需要分布的褶;c. 选择轴心点,即尖褶旋转的支点;d. 选择固定线,即旋转尖褶时样片上保持不动的线;e. 输入分布的百分比或尺寸后确定;f. 选择需要移动的内部线,结束选择以继续;g. 选择新的褶尖点;h. 右键【确定】,完成操作。

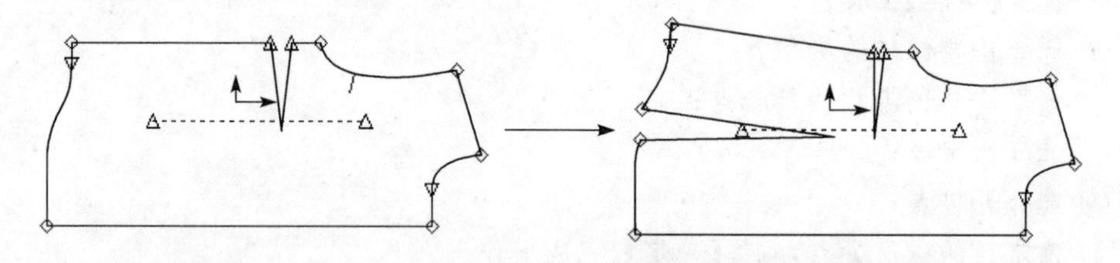

图 3-142 分布/旋转

(4) 同线上合并:

① 功能:与【同线上分布】相反,该工具用来将同一线上的尖褶合并成一个尖褶。

② 操作方法:a. 在【样片】菜单中选择【尖褶】,然后选择【同线上合并】工具;b. 选择目标褶上的褶点,即要保留的褶;c. 选择合并褶上的褶点,即要被合并的褶;d. 右键【确定】,完成操作。

(5) 合并/旋转:

① 功能:与【分布/旋转】工具相反,该工具用来将两条不同线段上的尖褶经旋转合并成一个尖褶。

② 操作方法:a. 在【样片】菜单中选择【尖褶】,然后选择【合并/旋转】;b. 选择需要合并的尖褶;c. 选择轴心点;d. 选择固定线;e. 选择目标尖褶;f. 选择需要移动的内部线,结束选择,继续操作;g. 选择新的褶尖点;h. 右键【确定】,完成操作。

(6) 增加尖褶:

① 功能:为一个样片增加一个尖褶,不可以改变弧度(图 3-143)。

② 操作方法:a. 在【样片】菜单中选择【尖褶】,然后选择【增加褶】工具;b. 选择周边线上的一个开口点来定位尖褶的角平分线;c. 选择尖褶的顶点,通常是钻孔点所在的位置;d. 输入尖褶的宽度,右键【确定】,完成操作。

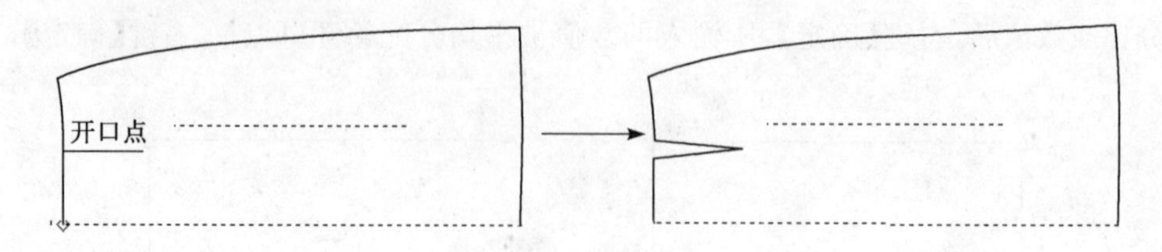

图 3-143 增加尖褶

(7) 增加尖褶连立体量:

① 功能:为一个样片增加一个尖褶,可以改变弧度(图 3-144)。

② 操作方法：a. 在【样片】菜单中选择【尖褶】，然后选择【增加尖褶连立体量】工具；b. 选择尖褶开口点；c. 在周边线上选取折弯的点；d. 选择要移动的内部线，结束选择以继续；e. 确定尖褶量；f. 右键【确定】，完成操作。

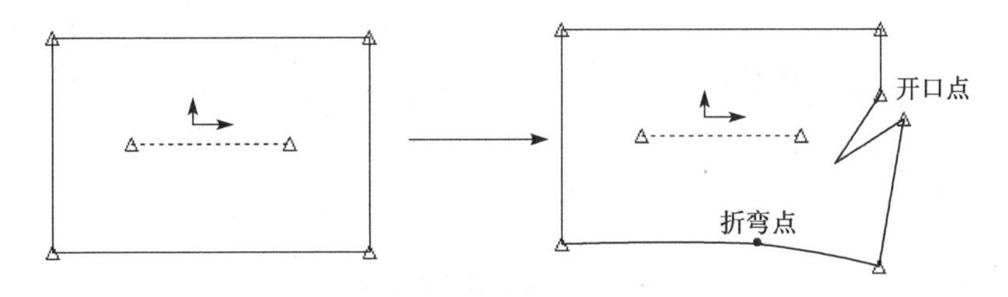

图 3-144　增加尖褶连立体量

③ 注意：【增加尖褶】工具适用于样版尺寸中包含省量的情况；【增加尖褶连立体量】工具适用于样版尺寸中不包含省量的情况。

(8) 更改尖褶：

① 功能：用于沿褶的角分线方向更改褶尖，不具有随意性(图 3-145)。

② 操作方法：a. 在【样片】菜单中选择【尖褶】，然后选择【更改尖褶】工具；b. 选择需要更改的尖褶；c. 沿角分线方向移动褶尖；d. 在光标或数值模式下确定褶尖的新位置；e. 右键【确定】，完成操作。

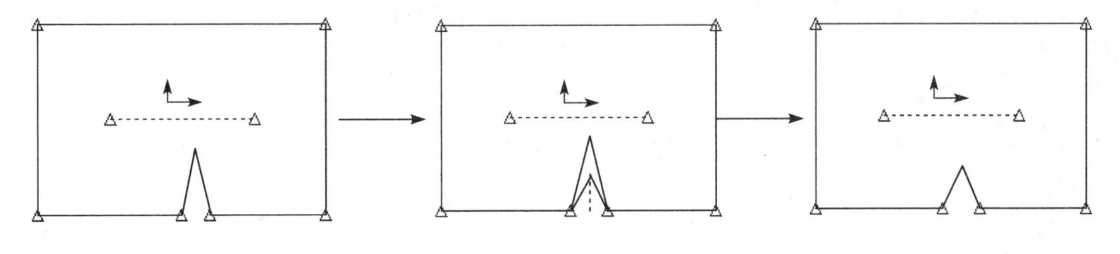

图 3-145　更改尖褶

(9) 褶子两股等长：

① 功能：用来将两个长度不一致的尖褶的股长调整为一致(图 3-146)。

② 操作方法：a. 在【样片】菜单中选择【尖褶】，然后选择【褶子两股等长】工具；b. 选择尖褶；c. 选择需要平衡褶脚的褶尖或需要调整的褶脚；d. 右键【确定】，完成操作。

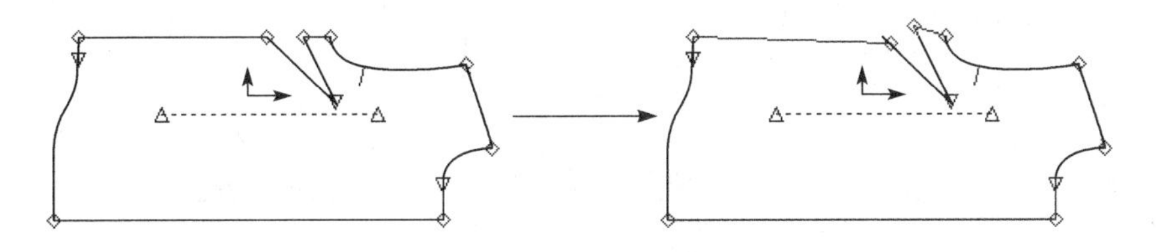

图 3-146　褶子两股等长

(10) 褶子双边大小重调：

① 功能：通过调整尖褶两边的位置来改变褶量的大小(图 3-147)。

② 操作方法：a. 在【样片】菜单中选择【尖褶】，然后选择【褶子双边大小重调】；b. 选择尖

裥；c. 在周边线上选取折弯的点；d. 选择要移动的内部线，结束选择，继续操作；e. 输入重调的数值后确定；f. 右键【确定】，完成操作。

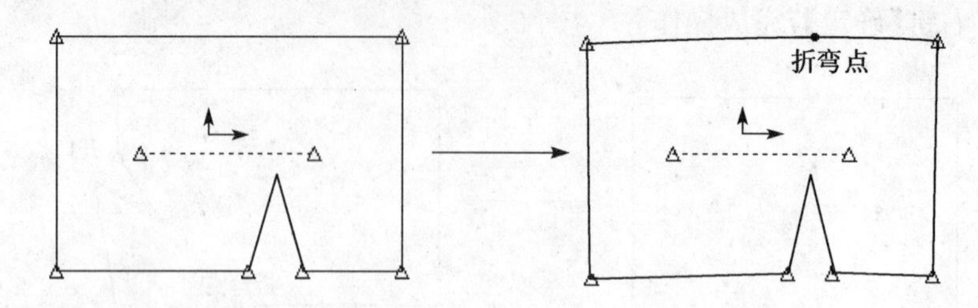

图 3-147　褶子双边大小重调

③ 注意：输入重调数值时，如果是增加褶量，输入正值；如果是减少褶量，输入负值。

(11) 褶子单边大小重调：

① 功能：通过调整尖褶单边的位置来改变褶量的大小。

② 操作方法：a. 在【样片】菜单中选择【尖褶】，然后选择【褶子单边大小重调】工具；b. 选择尖褶；c. 在周边线上选取折弯的点；d. 选择要移动的内部线，右键【确定】，结束选择，继续操作；e. 输入重调的数值；f. 右键【确定】，完成操作。

(12) 打开尖褶：

① 功能：将折叠的尖褶打开。

② 操作方法：a. 在【样片】菜单中选择【尖褶】，然后选择【打开尖褶】工具；b. 选择要打开的尖褶。

(13) 折叠尖褶：

① 功能：折叠一个现有的尖褶，或者修改样片的周边线/裁缝线，对折叠进行补偿(图 3-148)。

② 操作方法：a. 在【样片】菜单中选择【尖褶】，然后选择【折叠尖褶】工具；b. 选择尖褶的一条褶边，以确定尖褶的倒向；c. 右键【确定】，完成操作。

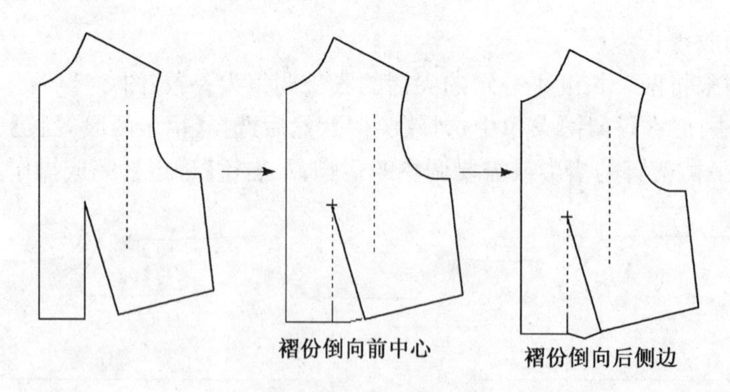

图 3-148　折叠尖褶

(14) 顺滑线段：

① 功能：与【线段】→【修改线段】→【顺滑弧线】相同。

② 操作方法：a. 在【样片】菜单中选择【尖褶】，然后选择【顺滑线段】工具；b. 选择要顺滑的线段；c. 右键【确定】，完成操作。

（15）移平线段：

① 功能：与【线段】→【修改线段】→【移平线段】相同（图3-149）。

② 操作方法：a. 在【样片】菜单中选择【尖褶】，然后选择【移平线段】工具；b. 移动图钉，选择要移平的线段；c. 右键【确定】，完成操作。

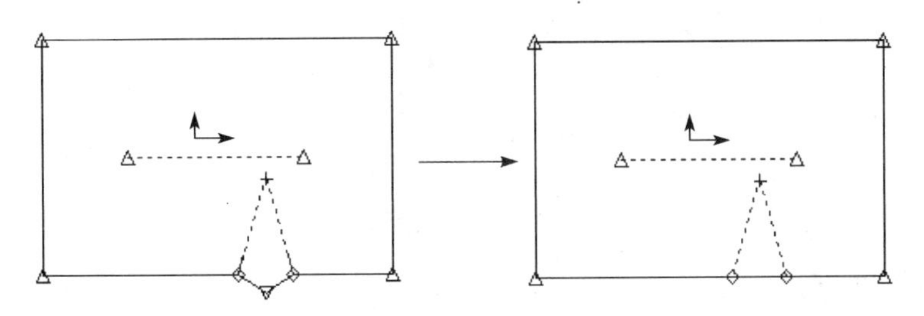

图3-149　移平线段

（16）转化为尖褶：

① 功能：将样片上貌似尖褶的一段周边线转换成系统可识别的尖褶。

② 操作方法：a. 在【样片】菜单中选择【尖褶】，然后选择【转化为尖褶】工具；b. 选择褶尖点；c. 选择褶子的第一点；d. 选择褶子的最后一点；e. 右键【确定】，完成操作。

4. 样片——延展弧度

【样片】菜单中【延展弧度】各工具图标见图3-150。

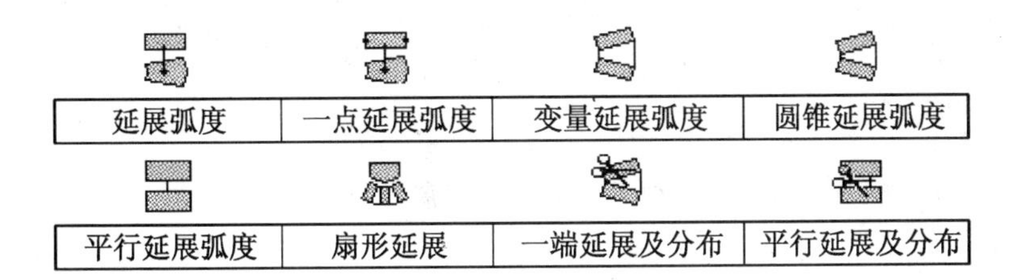

图3-150　延展弧度

（1）延展弧度：

① 功能：沿样片周边线均匀增加或减少延展量（图3-151）。

② 操作方法：a. 在【样片】菜单中选择【延展弧度】，然后选择【延展弧度】工具；b. 选择延展线；c. 选择折弯线；d. 选择固定线；e. 输入延展量；f. 右键【确定】，完成操作。

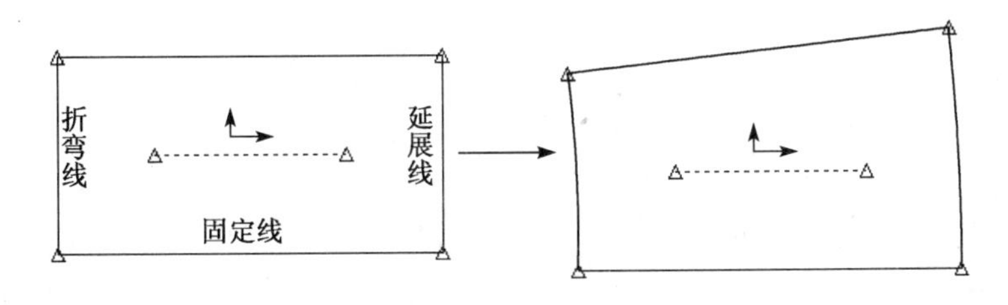

图3-151　延展弧度

（2）一点延展弧度：

① 功能：从线段上的一个指定点到该线段的末端增加或减少延展量（图3-152）。

② 操作方法：a. 在【样片】菜单中选择【延展弧度】，然后选择【一点延展弧度】工具；b. 选择延展线；c. 选择折弯线；d. 选择固定线；e. 输入延展量；f. 右键【确定】，完成操作。

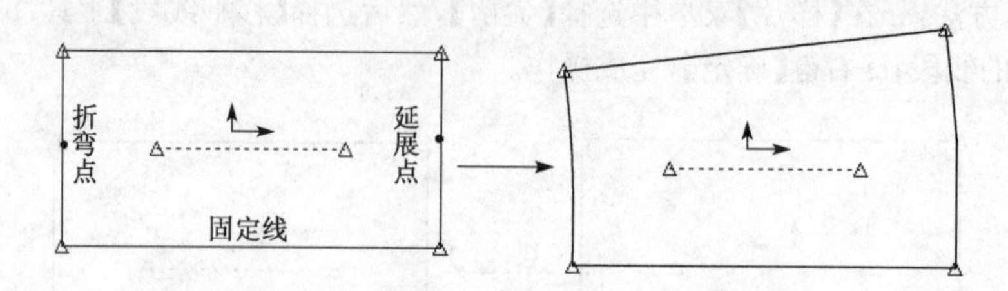

图 3-152　一点延展弧度

（3）变量延展弧度：

① 功能：创建不平行的延展弧度（图 3-153）。

② 操作方法：a. 在【样片】菜单中选择【延展弧度】，然后选择【变量延展弧度】工具；b. 从轴心端向开口端画出分割线；c. 选择固定位置；d. 选择要移动的内部线，结束选择，继续操作；e. 定出样片的延展位置，在光标或数值模式下分别定出轴心端和开口端的延展量；f. 右键【确定】，完成操作。

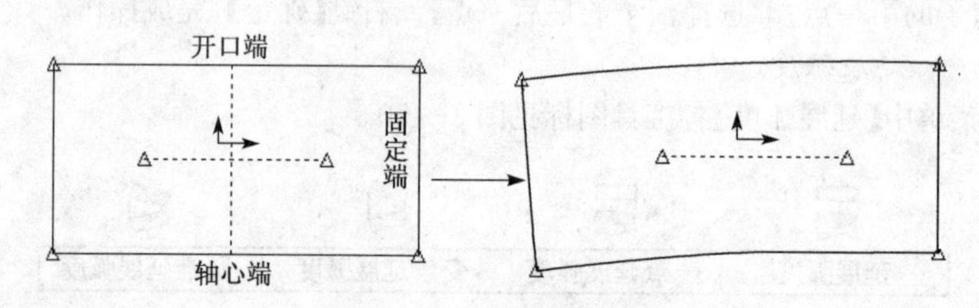

图 3-153　变量延展弧度

（4）圆锥延展弧度：

① 功能：一端延展弧度只在开口端有延展量，而在轴心端的延展量为“0”（图 3-154）。

② 操作方法：a. 在【样片】菜单中选择【延展弧度】，然后选择【圆锥延展弧度】工具；b. 从轴心端向开口端画出分割线；c. 选择固定位置；d. 选择要移动的内部线，右键【确定】，结束选择，继续操作；e. 定出样片的延展位置，在光标或数值模式下定出开口端的延展量；f. 右键【确定】，完成操作。

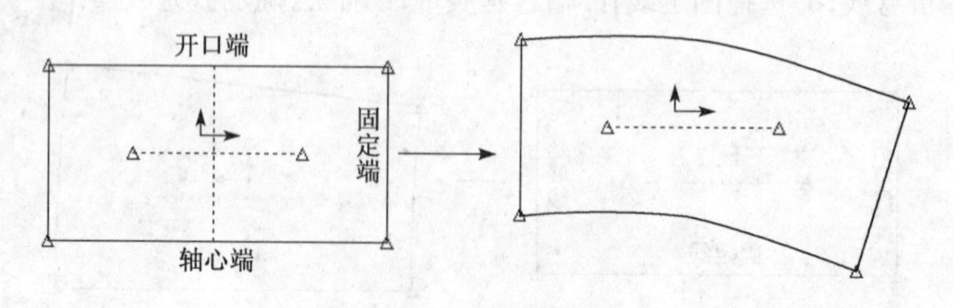

图 3-154　圆锥延展弧度

（5）平行延展弧度：

① 功能：在轴心端和开口端的延展量相同，平行地将样片延展开来（图 3-155）。

② 操作方法：a. 在【样片】菜单中选择【延展弧度】，然后选择【平行延展弧度】工具；b. 从轴心端向开口端画出分割线；c. 选择固定线；d. 定出样片的延展位置，在光标或数值模式下定出延展量；e. 右键【确定】，完成操作。

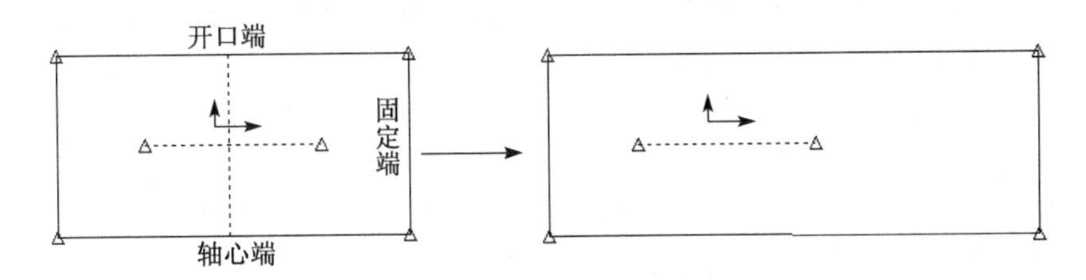

图 3-155　平行延展弧度

(6) 扇形延展：

① 功能：用于分割并延展样片，定位样片的曲线，使其与其他样片的曲线相匹配（图 3-156）。

② 操作方法：a. 在【样片】菜单中选择【延展弧度】，然后选择【扇形延展】工具；b. 在目标片上选择对应点；c. 选择接受开口线支点的线；d. 移动图钉定出活动范围；e. 选择切割方式；f. 输入切割数量；g. 选择要移动的内部线，右键【确定】，结束选择，继续操作；h. 选择旋转方式——手动或自动，将样片以目标片为依据进行延展；i. 右键【确定】，完成操作。

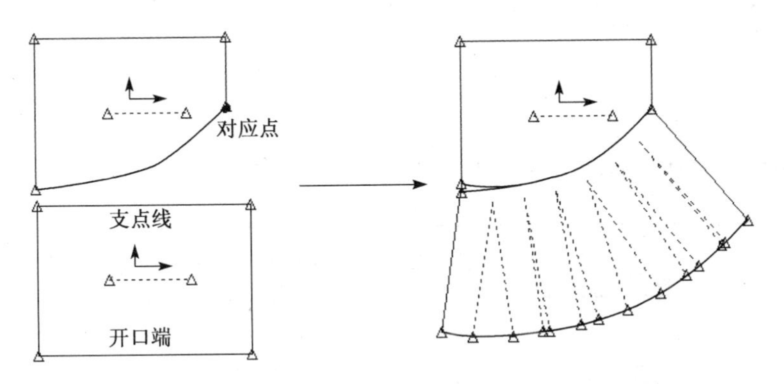

图 3-156　扇形延展

(7) 一端延展及分布：

① 功能：为多个样片增加锥形延展（图 3-157）。

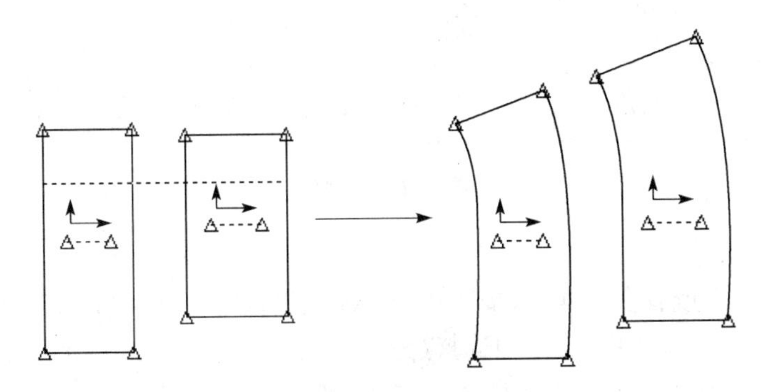

图 3-157　一端延展及分布

② 操作方法：a. 在【样片】菜单中选择【延展弧度】，然后选择【一端延展及分布】工具；b. 选择所有要被修改的样片，右键【确定】，结束选择，继续操作；c. 创造一条穿越所有样片的剪开线；d. 通过选择线段，选择要保持不动的位置；e. 选择要移动的内部线，右键【确定】，结束选择，继续操作；f. 在光标或数值模式下输入延展的量，右键【确定】，结束选择，继续操作；i. 右键【确定】，完成操作。

（8）平行延展及分布：

① 功能：为多个样片增加平行的延展量。

② 操作方法：a. 在【样片】菜单中选择【延展弧度】，然后选择【平行延展及分布】工具；b. 选择所有要被修改的样片，右键【确定】，结束选择，继续操作；c. 创造一条穿越所有样片的剪开线；d. 通过选择线段，选择保持不动的位置；e. 选择要移动的内部线，右键【确定】，结束选择，继续操作；f. 在光标或数值模式下输入平行延展的量；G. 右键【确定】，完成操作。

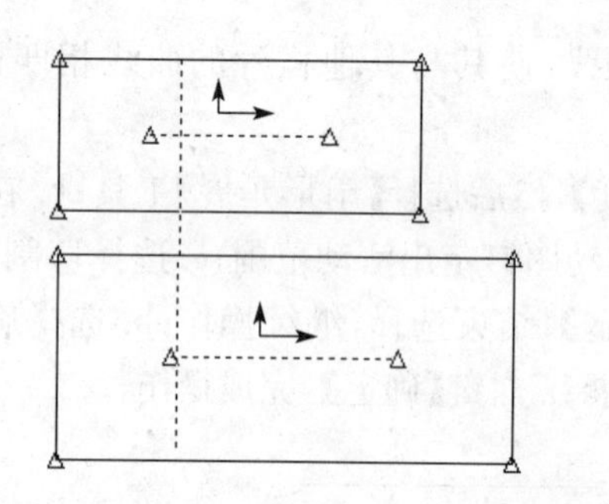

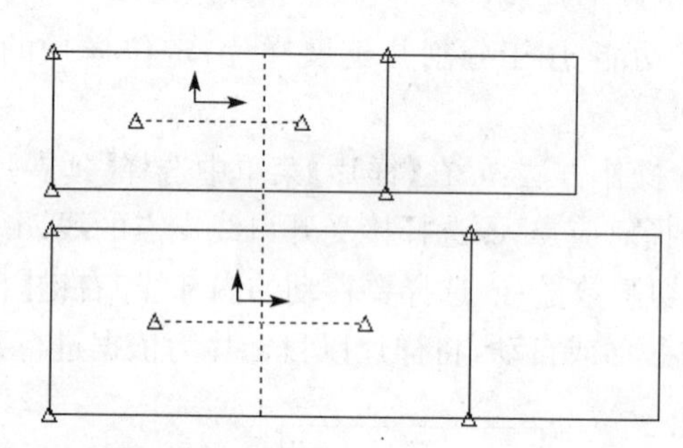

图 3-158　平行延展及分布

5. 样片——缝份

【样片】菜单中【缝份】各工具图标见图 3-159。

设定/增加缝份线	加上/移除缝份线	交换裁缝线	更新缝份线	复制无缝份片	切换周边线
放缩缝份角	产生缝份角	缝份角开关	去除缝份角	一般缝份角	顺沿切角
等边随意切角	反映角	反折角	两边斜削角	包封角	垂直梯级角
倾斜梯级角	切直角	对应缝份角	配对式切直角	手动/解除切直关系	平分梯级角

图 3-159　缝份

（1）设定/增加缝份量：

① 功能：为一个或者多个样片，按样片或按线段设置缝份量（图 3-160，图 3-161）。

② 操作方法：a. 在【样片】菜单中选择【缝份】，然后选择【设定/增加缝份量】工具；b. 选择可以使用相同缝份量的线段或者样片；c. 右键【确定】，继续操作；d. 输入确切的缝份值；

e. 右键【确定】，完成操作。

③ 注意：a. 如果周边线/裁缝线是裁割线，指定负的缝份量；如果周边线/裁缝线是缝制线，指定正的缝份量，为样片的外围增加缝份；b. 输入一个“0”值可以去除缝份。

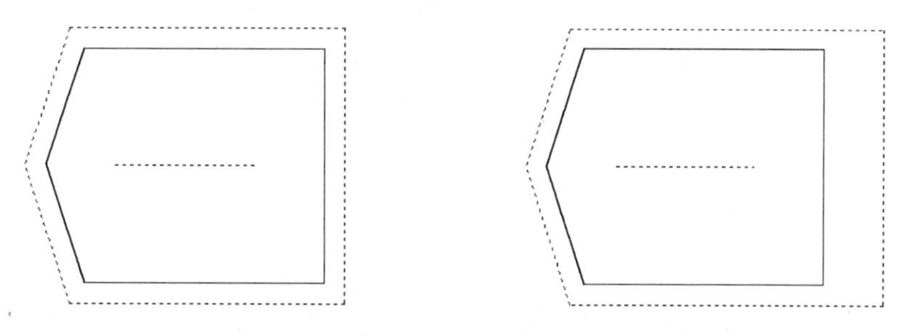

图 3-160　样片周边线缝份相同　　图 3-161　样片周边线缝份不同

（2）加上/移除缝份线：

① 功能：可以隐藏/显示选中样片上的缝份线。

② 操作方法：a. 在【样片】菜单中选择【缝份】，然后选择【加上/移除缝份量】工具；b. 选择样片；c. 右键【确定】，完成操作。

（3）交换裁缝线：

① 功能：交换裁割线和缝制线，作为样片的周边线/裁缝线（图 3-162）。

② 操作方法：a. 在【样片】菜单中选择【缝份】，然后选择【交换裁缝线】工具；b. 选择样片，交换其缝制线和裁割线；c. 右键【确定】，结束选择，继续操作，缝制线和裁割线显示已进行交换；d. 如希望恢复原来的显示，只需要重复上面的步骤即可；e. 右键【确定】，完成操作。

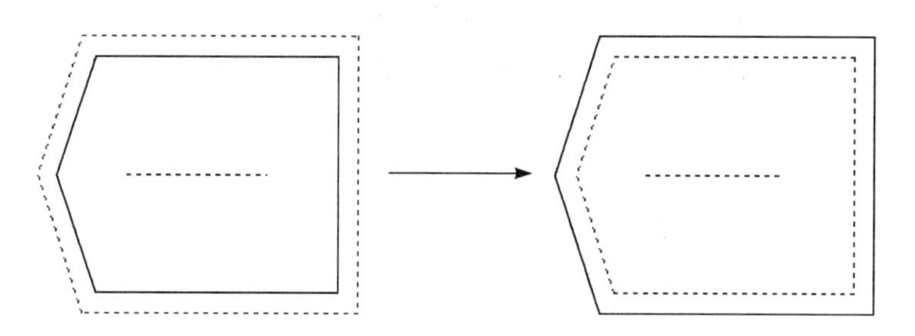

图 3-162　交换裁/缝线

（4）更新缝份线：

① 功能：如果使用裁/缝线独立的命令，就可以使用样片处理菜单中的整个命令，根据对裁缝线所做的改动来更新非周边线/裁缝线的缝份线。

② 操作方法：a. 在【样片】菜单中选择【缝份】，然后选择【更新缝份线】工具；b. 选择【复制放缩规则】，从当前的样片周边线上复制放缩规则至缝份内部线（若某个样片是独立的，可以使用这个选项来更新显示放缩后缝份内部线的外形）；c. 选择需要更新缝份线的样片；d. 右键【确定】，完成操作。

（5）复制无缝份片：

① 功能：复制一个样片的几何体，但是不包括原来样片中的缝份和缝份角的信息。

② 操作方法：a. 在【样片】菜单中选择【缝份】，然后选择【复制无缝份片】工具；b. 选择需

要复制的样片，系统产生一个与该样片相似的拷贝；c. 移动光标，点击鼠标左键，在工作区内定位该复制样片；d. 设定新的样片名称，或使用当前的名称，系统将缝份线复制成为带有 S 标记的内部线；e. 右键【确定】，完成操作。

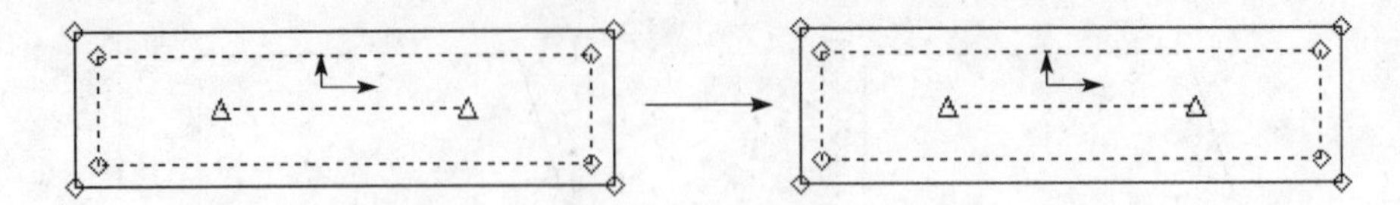

图 3-163 复制无缝份片

③ 注意：如图 3-163 所示，如果原样片为毛板，具有缝份线，则使用【复制无缝份片】工具后产生的新样片与原样片在形式上完全相同，但原缝份线在新样片中转化为内部线，不能进行缝份线的相关操作。

(6) 切换周边线：

① 功能：设定样片周边线状态为车缝线或裁割线。

② 操作方法：a. 在【样片】菜单中选择【缝份】，选择【切换周边线】工具；b. 在工作区内选择样片；c. 右键【确定】，完成操作。

(7) 放缩缝份角：

① 功能：当样片的周边线被修改时，该工具用来防止非周边线被更新。

② 操作方法：a. 在【样片】菜单中选择【缝份】，选择【放缩缝份角】工具；b. 在工作区内选择样片；c. 右键【确定】，完成操作。

(8) 产生缝份角：

① 功能：当样片周边线被修改后，使用该工具可更新非周边线。

② 操作方法：a. 在【样片】菜单中选择【缝份】，选择【产生缝份角】工具；b. 在工作区内选择样片；c. 右键【确定】，完成操作。

(9) 开/关缝份角：

① 功能：显示/隐藏缝份角（图 3-164）。

② 操作方法：a. 在【样片】菜单中选择【缝份】，选择【开/关缝份角】工具；b. 在工作区内选择样片；c. 右键【确定】，完成操作。

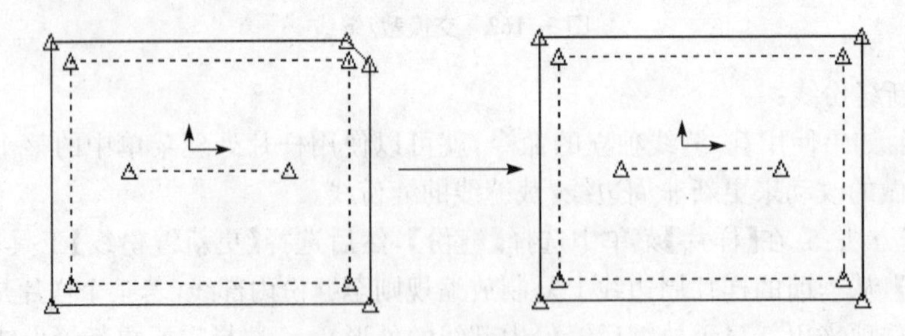

图 3-164 开/关缝份角

(10) 去除缝份角：

① 功能：清除缝份角上的任何角度操作，包括对相邻裁割线设定的剪口（图 3-165）。

② 操作方法：a. 在【样片】菜单中选择【缝份】，然后选择【去除缝份角】工具；b. 选择希望

操作的角,或者希望统一操作其所有角的样片,系统清除所有的特殊角类型,并且将其转化为普通角;c. 右键【确定】,完成操作。

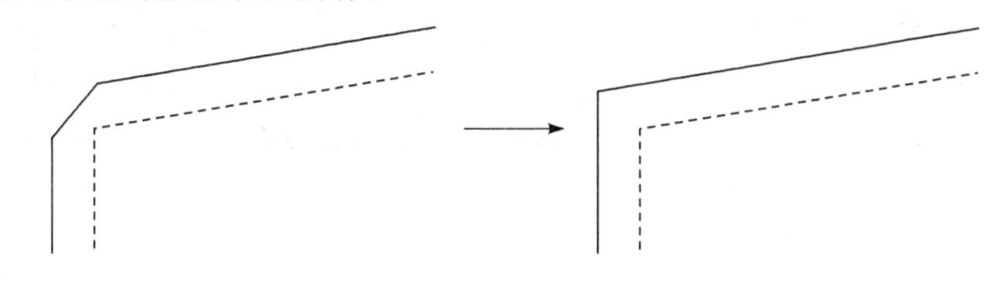

图 3-165　去除缝份角

(11) 一般缝份角:

① 功能:一般缝份角在裁割线正常交界处形成,用来清除缝份上的特别缝份角(图 3-166)。

② 操作方法:a. 在【样片】菜单中选择【缝份】,然后选择【一般缝份角】工具;b. 选择【剪口种类】,选择该角使用的剪口种类;c. 如果建立一个带剪口的角,则在下拉框中选择一个剪口的种类;d. 选择需要做成一般缝份角的角;e. 右键【确定】,完成操作。

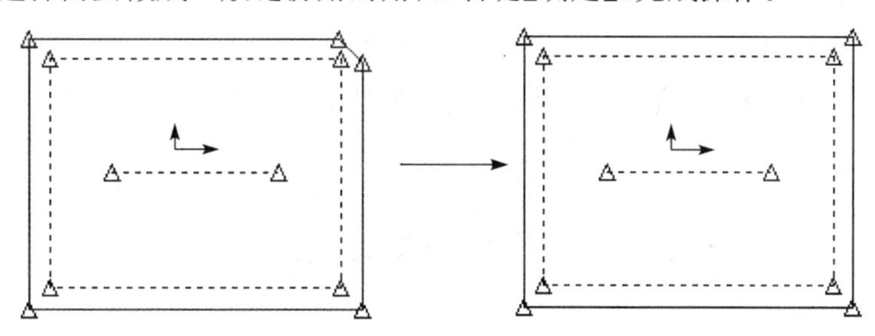

图 3-166　一般缝份角

(12) 顺沿切角:

① 功能:系统将每条缝制线延长交接到裁割线上。在两个交接点之间,剪除原来的缝份角形状,产生一个新的缝份角(图 3-167)。

② 操作方法:a. 在【样片】菜单中选择【缝份】,然后选择【顺沿切角】工具;b. 选择【剪口种类】,选择该角使用的剪口种类;c. 如果建立一个带剪口的角,则在下拉框中选择一个剪口的种类;d. 选择需要转换成顺沿切角的角;e. 右键【确定】,完成操作。

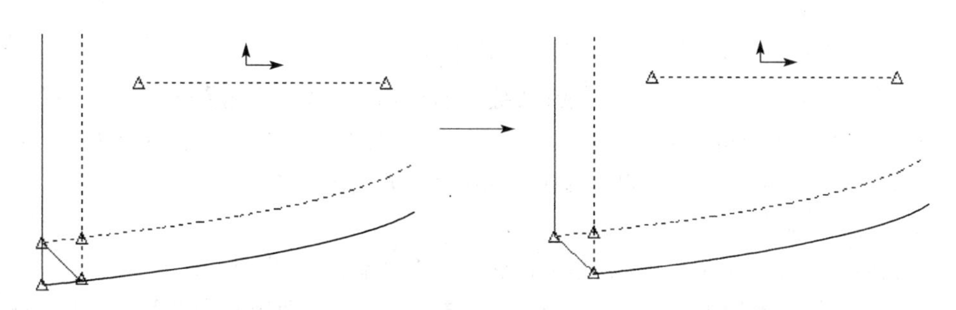

图 3-167　顺沿切角

(13) 等边随意切角:

① 功能:可以将角上的缝份修剪成为平直的形状,从而达到节约多余布料的目的(图

3-168)。

② 操作方法:a. 在【样片】菜单中选择【缝份】,然后选择【等边随意切角】工具;b. 选择【剪口种类】,选择该角使用的剪口种类;c. 如果建立一个带剪口的角,则在下拉框中选择一个剪口的种类;d. 选择需要转换成等边随意切角的角,系统显示一条穿过该角的线段;e. 指出希望修剪角上的缝份的具体位置,系统生成一个等边随意切角,工作区内的样片被重新绘制;f. 结束选择,继续操作。

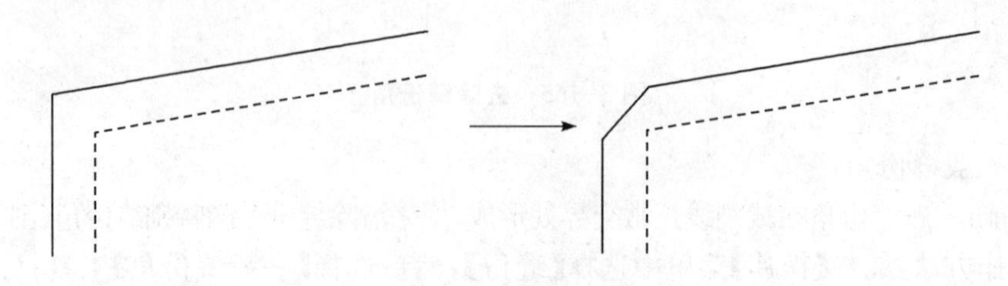

图 3-168 等边随意切角

(14) 反映角:

① 功能:将样片的一个缝份角转换为反映角(图 3-169)。

② 操作方法:a. 在【样片】菜单中选择【缝份】,然后选择【反映角】工具;b. 选择【剪口种类】,选择该角使用的剪口种类;c. 如果建立一个带剪口的角,则在下拉框中选择一个剪口的种类;d. 选择需要转换成反映角的角;e. 在需要进行反映的角的前面或者后面选择一条周边线,系统会建立一个反映角的缝份;f. 右键【确定】,完成操作。

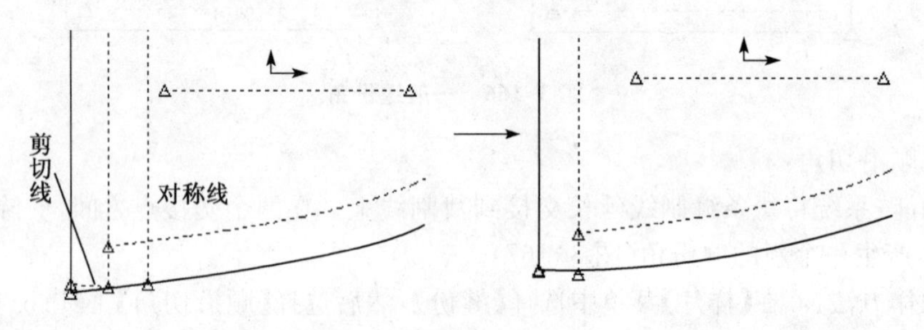

图 3-169 反映角

(15) 反折角:

① 功能:将线段的两端的角都转换为反映角。

② 操作方法:a. 在【样片】菜单中选择【缝份】,然后选择【反折角】工具;b. 选择【剪口种类】,选择该角使用的剪口种类;c. 如果建立一个带剪口的角,则在下拉框中选择一个剪口的种类;d. 选择需要转换成反映角的线段;e. 右键【确定】,完成操作。

(16) 两边斜削角:

① 功能:可以在一个小于 90°的角上创建一个两边斜削角(图 3-170)。

② 操作方法:a. 在【样片】菜单中选择【缝份】,然后选择【两边斜削角】工具;b. 选择【剪口种类】,选择该角使用的剪口种类;c. 如果建立一个带剪口的角,则在下拉框中选择一个剪口的种类;d. 选择需要创建斜削角的角,系统会建立一个两边斜削角;e. 右键【确定】,完成操作。

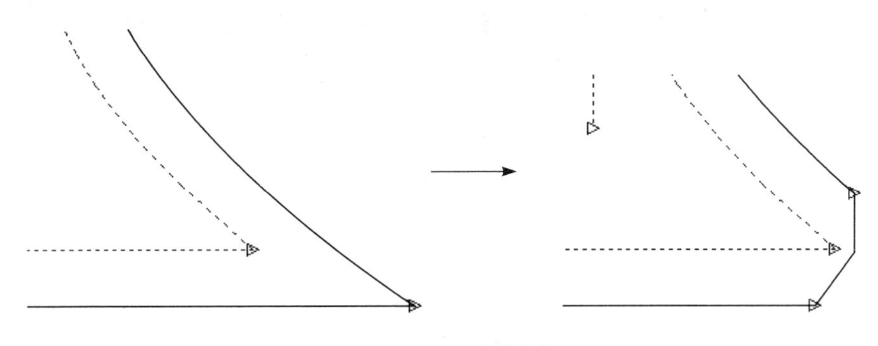

图 3-170　两边斜削角

(17) 包封角：

① 功能：与【等边随意切角】相似(图 3-171)。

② 操作方法：a. 在【样片】菜单中选择【缝份】，然后选择【包封角】工具；b. 选择【剪口种类】，选择该角使用的剪口种类；c. 如果建立一个带剪口的角，则在下拉框中选择一个剪口的种类；d. 选择需要转换成包封角的角；e. 以光标拖动包封角或输入缝份线的偏移量；f. 右键【确定】，完成操作。

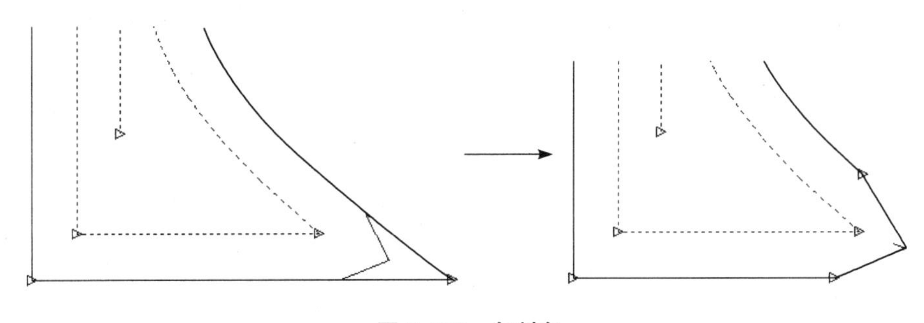

图 3-171　包封角

(18) 垂直梯级角：

① 功能：用来生成一个垂直的梯级角，同时修改缝份量(图 3-172)。

② 操作方法：a. 在【样片】菜单中选择【缝份】，然后选择【垂直梯级角】工具；b. 在角之前或之后的周边线中进行选择，使得生成的梯级与该线段垂直；c. 选出需要修改缝份量的线段；d. 输入缝份量；e. 右键【确定】，完成操作。

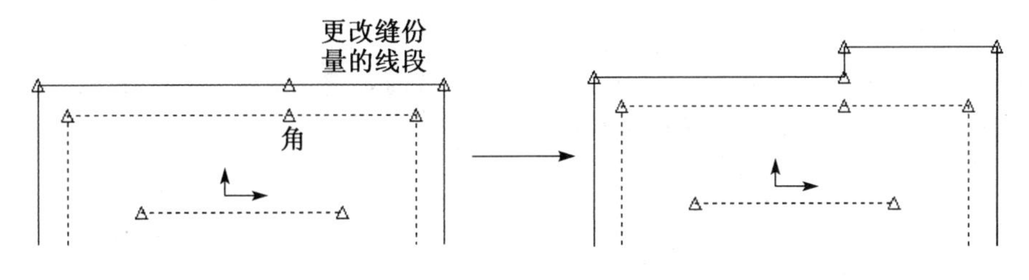

图 3-172　垂直梯级角

(19) 平分梯级角：

① 功能：用来生成一个平分指定角的梯级角，同时修改缝份量(图 3-173)。

② 操作方法：a. 在【样片】菜单中选择【缝份】，然后选择【平分梯级角】工具；b. 选择作梯级角的角；c. 选出需要修改缝份量的线段；d. 输入缝份量；e. 右键【确定】，完成操作。

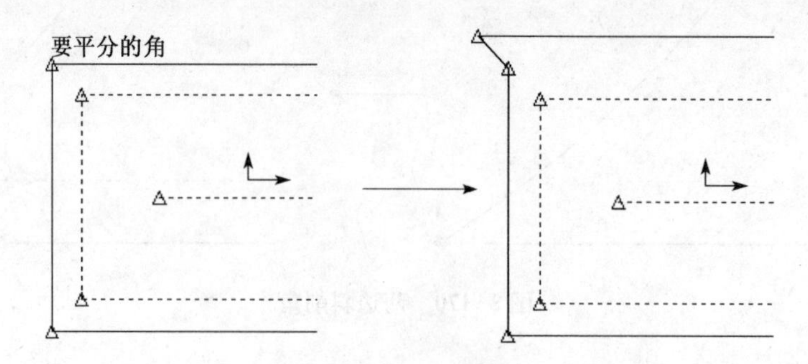

图 3-173　平分梯级角

(20) 倾斜梯级角：

① 功能：用来生成一个自定倾斜度的倾斜梯级角，同时修改缝份量(图 3-174)。

② 操作方法：a. 在【样片】菜单中选择【缝份】，然后选择【倾斜梯级角】工具；b. 选择作倾斜梯级角的角；c. 选择此角的前一线段或后一线段作垂直角；d. 选出需要修改缝份量的线段，输入缝份量；e. 在光标或数值模式下确定倾斜梯级角的角度；f. 右键【确定】，完成操作。

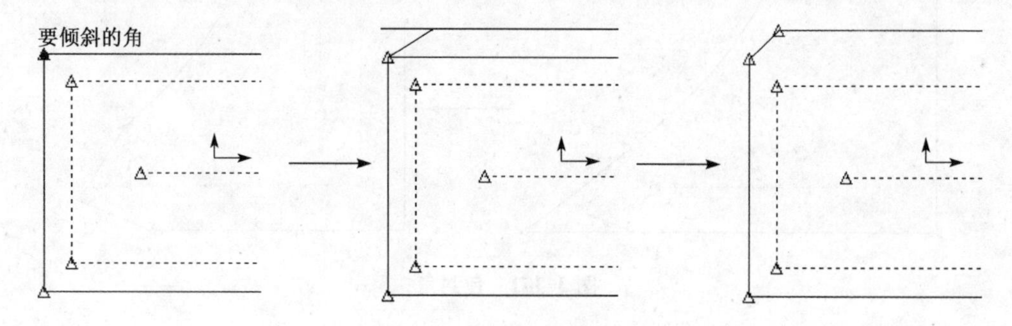

图 3-174　倾斜梯级角

(21) 切直角：

① 功能：把缝份角位切成直角，任何需要缝合在一起的侧缝线，都必须尽可能地趋近90°，缝合后不会产生凹或凸的现象(图 3-175)。

② 操作方法：a. 在【样片】菜单中选择【缝份】，然后选择【切直角】工具；b. 选择【剪口种类】，选择该角使用的剪口种类；c. 如果建立一个带剪口的角，则在下拉式框中选择一个剪口的种类；d. 选择需要切成直角的角；e. 选择裁割线末端需要被切成直角的角的前面或后面的周边线，系统生成切直角；f. 右键【确定】，完成操作。

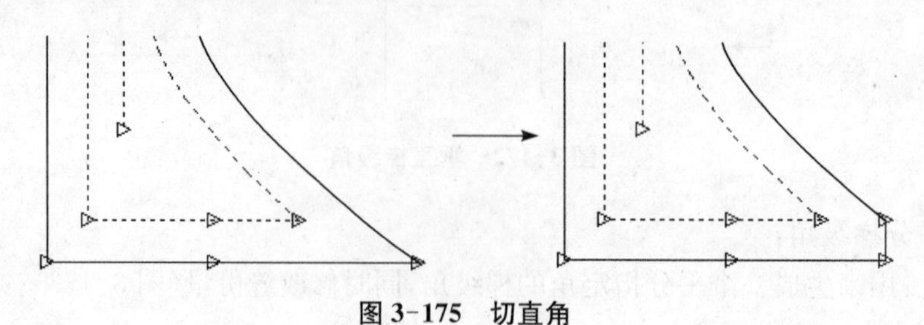

图 3-175　切直角

(22) 对应缝份角：

① 功能：可创造出一个曲线角，使两个样片的裁割线相互匹配。

② 操作方法：a. 在【样片】菜单中选择【缝份】，再选择【对应缝份角】工具；b. 确定操作选项中的剪口类型和剪口尺寸；c. 在第一个样片上选择一个角，生成对应缝份角；e. 在这个角之前或之后选择一条在两个样片上都相同的周边线；f. 在第二个样片上选择一个角的顶点，创建对应缝份角；g. 在第二个样片上，在这个角之前或之后选择一条在两个样片上都相同的周边线；h. 右键【确定】，完成操作。

(23) 配对式切直角：

① 功能：创造切直角，使两个样片的裁割线在外形和长度上可相互匹配(图 3-176)。

② 操作方法：a. 在【样片】菜单中选择【缝份】，再选择【配对式切直角】工具；b. 确定操作选项中的剪口类型和剪口尺寸；c. 在这个角之前或之后选择一条周边线进行切直角；d. 在目标样片上选择一个角的顶点，创建对应的切直角；e. 在目标样片上的角的前面或后面选择周边线进行切直角；f. 右键【确定】，完成操作。

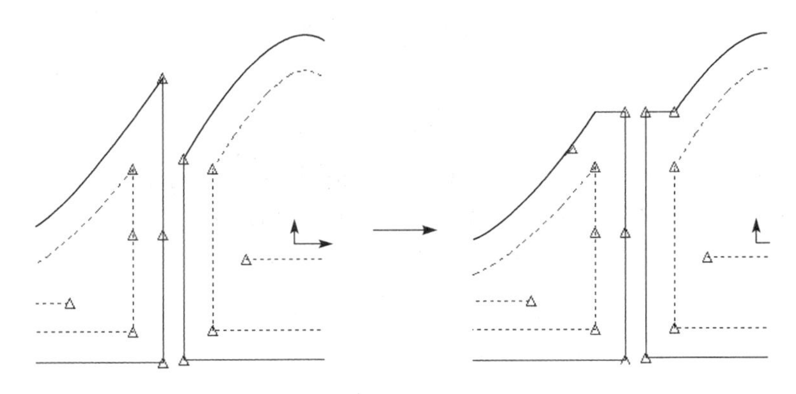

图 3-176 配对式切直角

(24) 手动/解除切直关系：

① 功能：可解除一个切角关系，使该角的外形可被独立操作。

② 操作方法：a. 在【样片】菜单中选择【缝份】，再选择【手动/解除切直关系】工具；b. 选择要解除切直关系的线段；c. 右键【确定】，完成操作。

6. 样片——不对称折叠

【不对称折叠】菜单中提供了沿着一条线段而不是一条对称线来折叠样片的各种工具，可以使用这些工具来检查样片的各种特性(图 3-177)。

沿线折叠	线对线折叠	点对点折叠	折叠尖褶
折叠活褶	沿两点折叠	打开折叠片	打开并保留折线

图 3-177 不对称折叠

(1) 沿线折叠：

① 功能：可以将一个样片沿着一根内部线进行折叠(图 3-178)。

② 操作方法：a. 在【样片】菜单中选择【不对称折叠】，然后选择【沿线折叠】工具；b. 选择沿哪条内部线折叠；c. 在周边线上选出折叠的部分；d. 右键【确定】，完成操作。

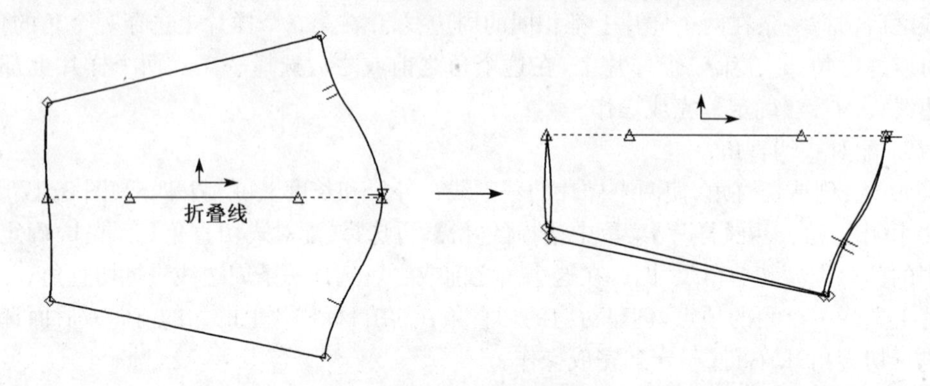

图 3-178 沿线折叠

(2) 线对线折叠：

① 功能：可以将样片根据选定的两根线段进行折叠(图 3-179)。

② 操作方法：a. 在【样片】菜单中选择【不对称折叠】，然后选择【线对线折叠】工具；b. 选择第一条线段；c. 选择第二条线段；d. 在周边线上选择折叠的部分；e. 右键【确定】，完成操作。

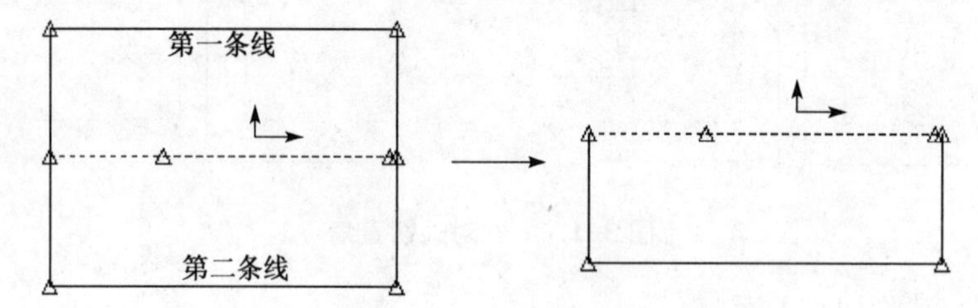

图 3-179 线对线折叠

(3) 点对点折叠：

① 功能：可以在两个选中的点之间折叠样片(图 3-180)。

② 操作方法：a. 在【样片】菜单中选择【不对称折叠】，然后选择【点对点折叠】工具；b. 选择固定点；c. 选择折叠点，系统重新绘制样片，并将折叠线显示为虚线；d. 右键【确定】，完成操作。

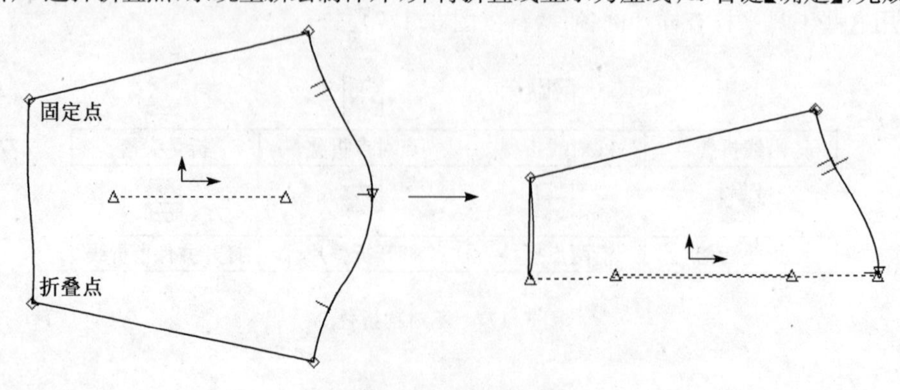

图 3-180 点对点折叠

(4) 折叠尖褶：

① 功能：可以将尖褶移动到样片上另外的位置(图 3-181)。

② 操作方法：a. 在【样片】菜单中选择【不对称折叠】，然后选择【折叠尖褶】工具；b. 选择要折叠的尖褶；c. 右键【确定】，完成操作。

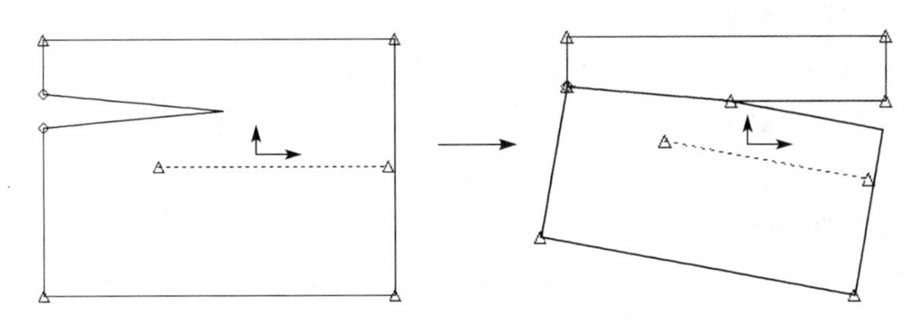

图 3-181　折叠尖褶

(5) 折叠活褶：

① 功能：可以在两个点之间折叠一个样片，从而生成一个褶(图 3-182)。

② 操作方法：a. 在【样片】菜单中选择【不对称折叠】，然后选择【折叠活褶】工具；b. 选择折叠需要的第一个点；c. 选择第二个点；(系统在样片上绘制两条内部褶线，如果只需要折叠一个褶，则结束选择，继续操作，否则为第二个褶选定点后右键【确定】)d. 右键【确定】，完成操作。

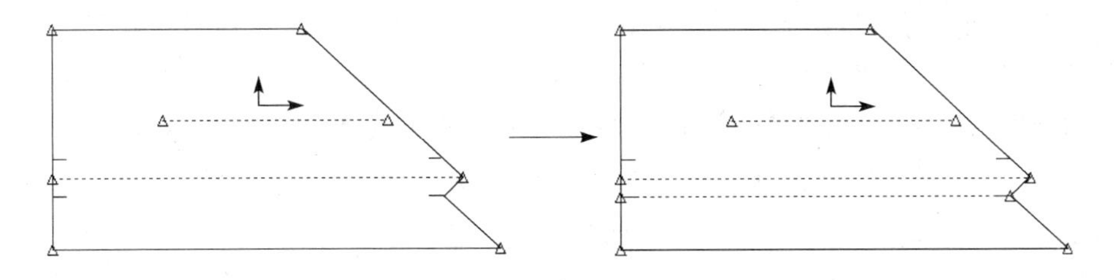

图 3-182　折叠活褶

(6) 沿两点折叠：

① 功能：在两个周边线的点之间创建一根折叠线(图 3-183)。

② 操作方法：a. 在【样片】菜单中选择【不对称折叠】，然后选择【沿两点折叠】工具；b. 选择第一个折叠点；c. 选择第二个点；d. 点击周边线上的任何位置，进行折叠；e. 右键【确定】，完成操作。

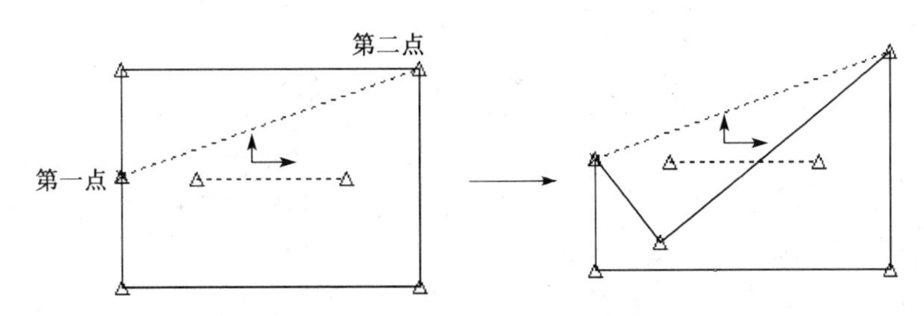

图 3-183　沿两点折叠

(7) 打开折叠片：

① 功能：可以打开一个折叠样片。

② 操作方法：a. 在【样片】菜单中选择【不对称折叠】，然后选择【打开折叠片】工具；b. 选择需要打开折叠的样片；c. 右键【确定】，完成操作。

(8) 打开并保留折线：

① 功能：打开一个折叠样片，但是保留原来生成的折叠线。

② 操作方法：a. 在【样片】菜单中选择【不对称折叠】，然后选择【打开并保留折线】；b. 选择需要打开折叠的样片；c. 右键【确定】，完成操作。

此工具的复选项见表 3-23。

表 3-23 【打开并保留折线】的复选项

选项界面	选项	说明
选择折叠线 ⊙选择线段 ○对应两点 对称所保留样片 ☐折叠内部线 ☐产生对称片 ☐对称后折叠	选择线段	根据一条现有的内部线来折叠样片
	对应两点	选择不在折叠线上的两个点来折叠样片
	折叠内部线	保留将被去掉的部分样片上的内部线。该内部线按照折叠线对称显示到另一部分被保留的样片中
	产生对称片	自动将新的样片进行折叠，并使用相同折叠线和对称线
	对称后折叠	只有在选中【产生对称片】选项后，该选项才被激活

7. 样片——折叠保留及对称

① 功能：快速将被打开的对称样片恢复到对称折叠状态，还可以快速选中样片的一部分并放弃其他部分(图 3-184)。

② 操作方法：a. 在【样片】菜单中选择【折叠保留及对称】工具；b. 输入分割线上的缝份量；c. 用图章选择样片上要保留的部分；d. 右键【确定】，完成操作。

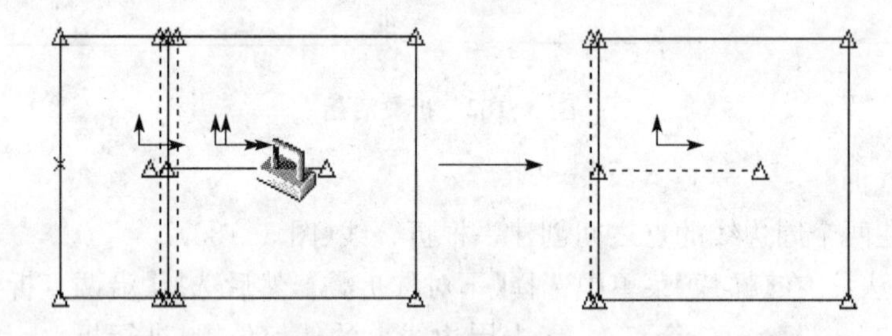

图 3-184 折叠保留及对称

【折叠保留及对称】工具的复选项见表 3-24。

表 3-24 【折叠保留及对称】的复选项

选项界面	说明	选项界面	说明
选择折叠线 ⊙选择线段 ○对应两点	选择线段：通过已有线段确定分割线 对应两点：通过选择两点连线的垂线作为分割线	对称所保留样片 ☐折叠内部线 ☑产生对称片 ☐对称后折叠	折叠内部线：折叠内部线 产生对称片：将保留样片转为对称片 对称后折叠：选择产生对称片后激活该选项，使对称片折叠

8. 样片处理——清除工作区中的样片

① 功能：从激活的工作区内删除选定的样片。

② 操作方法：a. 在【样片】菜单中选择【清除工作区中的样片】工具；b. 选择工作区内要删除的样片，右键【确定】，完成操作。

9. 样片——修改样片

【样片】菜单中【修改样片】各工具图标见图 3-185。

移动样片	翻转样片	旋转样片	定位及旋转样片	比并线条	恢复样片原位置
设定样片原位置	删除样片位置	调对水平	样片定位于格线上	定位/不定位	

图 3-185　修改样片

(1) 移动样片：

① 功能：使用 X 和 Y 坐标重新定位样片，根据网格点将样片对格，或快速将样片定位。

② 操作方法：a. 在【样片】菜单中选择【修改样片】，然后选择【移动样片】工具；b. 选择需要移动的样片；c. 选择一个参照点（根据所选择的命令的不同，该参照点的作用也不相同，具体如表 3-25 所示）；d. 选择其他样片上的目标点、网格点或直接输入 X 域和 Y 域的值，样片就被移动到最新指定位置；e. 右键【确定】，完成操作。

【移动样片】的复选项见表 3-25。

表 3-25　【移动样片】的复选项

选项	说明
○放置于样片上或X/Y移动	和其他样片上的某个点进行对格或用度量 X 和 Y 值的作为参照
⊙锁定在格线上	和格线上的某个网格点进行对格
□锁定后旋转样片	定位样片后旋转样片

(2) 翻转样片：

① 功能：可以改变工作区内样片的方位。样片可以在 X 轴和 Y 轴的四个象限中进行翻转（图 3-186）。

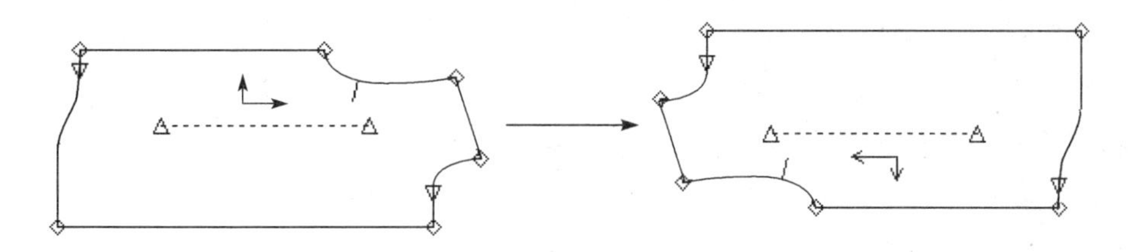

图 3-186　翻转样片

② 操作方法：a. 在【样片】菜单中选择【修改样片】，然后选择【翻转样片】工具；b. 选择所需要的命令选项（表 3-26）；c. 如选择“翻转样片”选项，则选择样片翻转后的象限；d. 选择需要翻转的样片；e. 右键【确定】，完成操作。

表 3-26 【翻转样片】的复选项

翻转种类 ○沿线翻转 ○沿共同线翻转 ⊙翻转样片	沿线翻转:沿某条线段翻转	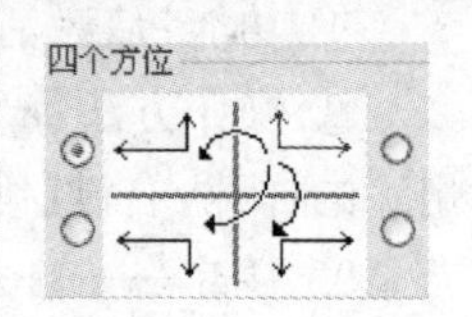
	沿共同线翻转:多个样片沿某条线段进行翻转	
	翻转样片:翻转样片象限的选项被激活,如右图所示	

(3) 旋转样片:

① 功能:沿着选定的点旋转某个样片。可利用鼠标徒手完成旋转,或通过输入角度完成。

② 操作方法:a. 在【样片】菜单中选择【修改样片】,然后选择【旋转样片】工具;b. 选择需要旋转的样片;c. 结束选择;d. 在样片上选择一个已有的点,作为旋转点;e. 在光标或数值模式下旋转样片;f. 右键【确定】,完成操作。

(4) 定位及旋转样片:

① 功能:根据对位点将定位样片移到目标样片上,然后将该定位样片沿着对位点进行旋转(图 3-187)。

② 操作方法:a. 在【样片】菜单中选择【修改样片】,然后选择【定位及旋转样片】工具;b. 在目标样片上选择对位点;c. 在目标样片上指定一条对位线(该线是定位样片旋转时,系统用来度量角度或者距离的参照线);d. 在定位样片上选择对位点;e. 在定位样片上指定一个定位点;f. 在光标或数值模式下旋转定位样片;g. 右键【确定】,完成操作。

③ 注意:a. 所谓的目标样片是指在定位样片旋转时位置保持不变的那个样片;b. 所谓的定位样片是指被移向目标样片,并且进行旋转的样片;(这两个样片会相互重叠连接,并且沿着对位点进行旋转)c. 如果需要将两个样片重叠,为使用【套取样片】做准备时,【定位及旋转样片】工具十分有用。

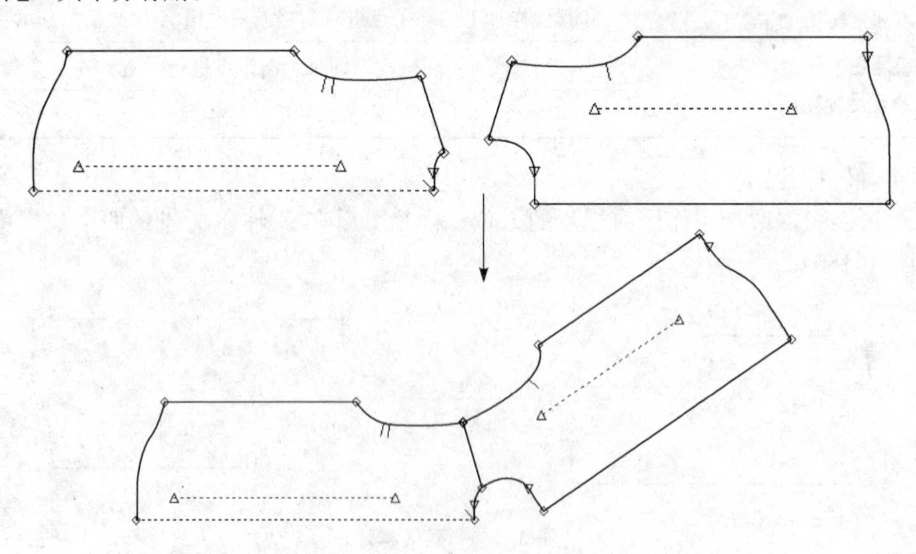

图 3-187 定位及旋转样片

(5) 比并线条:

① 功能:用来检查缝份的长度和曲线(图 3-188)。

② 操作方法:a. 在【样片】菜单中选择【修改样片】,然后选择【比并线条】工具;b. 在固定

样片上选择比并路径，并使用鼠标右键设定比并的方向；c. 在移动样片上选择比并路径，使用鼠标右键设定比并的方向；d. 当定义两条比并路径后，移动样片会根据静止样片进行快速的移动，沿着比并路径方向移动光标，可以促进比并的进行；e. 若要控制样片的比并，点击鼠标右键，然后选择【改变方向】，改变原来样片比并的方向（相反方向）；f. 右键【确定】，完成操作。

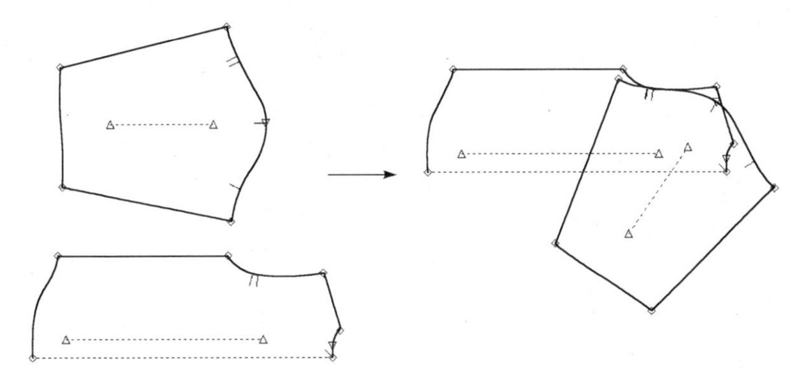

图 3-188　比并样片

（6）恢复样片原位置：

① 功能：将样片按照原来设定的方位显示在屏幕上。

② 操作方法：a. 在【样片】菜单中选择【修改样片】，再选择【恢复样片原位置】工具；b. 在位置名称中，使用下拉式列表选择需要的位置名称；c. 如果不希望被选中的所有样片都移动，可手动选择需要移动的样片；d. 右键【确定】，系统就会自动定位样片。

（7）设定样片原位置：

① 功能：设定和储存屏幕上选中样片的位置。

② 操作方法：a. 在【样片】菜单中选择【修改样片】，再选择【设定样片原位置】工具；b. 在位置名称中，输入该位置名称；c. 选择需要储存位置的样片；d. 右键【确定】，结束选择，系统就会记录和储存该位置。

（8）删除位置：

① 功能：删除以前使用【设定样片新位置】工具所定义的样片位置文件。

② 操作方法：a. 在【样片】菜单中选择【修改样片】，然后选择【删除位置】工具；b. 在位置名称中，选择要删除的位置文件名称；c. 右键【确定】，系统就会自动删除样片的位置文件。

（9）调对水平：

① 功能：可将一个样片恢复至其原来的方位；或者在样片的方位发生变化后，重新将“布纹/放缩参考线”按照水平轴进行调对（图 3-189）。

② 操作方法：a. 在【样片】菜单中选择【修改样片】，然后选择【调对水平】工具。b. 按照表3-27中的复选项进行选择。c. 如果选择“调正样片”，只需选择需

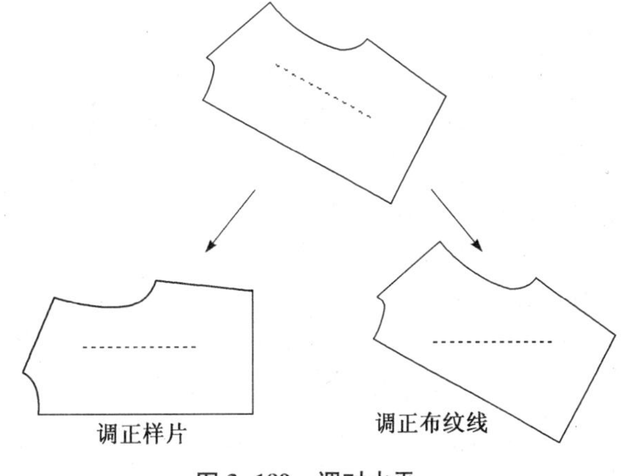

图 3-189　调对水平

要调对的布纹线，放缩规则进行相应的调整，以保持几何形状；如果选择“调正布纹/放缩参考线”，只需点击样片上的任何部分，即可使其恢复至原来的方位。d. 右键【确定】，完成操作。

表 3-27 【调对水平】的复选项

○调正样片 (P)	将样片恢复至原来的方位
⊙调正布纹/放缩参考线	重新调对布纹线或者放缩参照线至水平，而不影响样片目前的方位

例题 23：在实际打版中，常常需要按照图 3-190 所示方法进行调正。具体步骤操作如下：

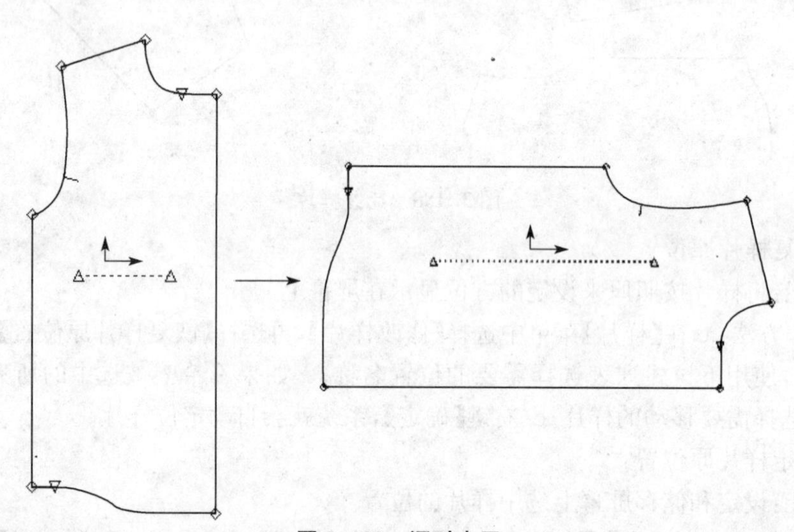

图 3-190 调对水平

① 在【样片】菜单中选择【修改样片】，然后选择【旋转样片】，将样片顺时针旋转 90°。具体操作方法可参考【旋转样片】工具。

② 在【样片】菜单中选择【修改样片】，然后选择【调对水平】；

③ 在复选项中选择“调正布纹/放缩参考线”；

④ 点击样片上的布纹方向，则样片转化成图 3-190 中的右图所示。

(10) 样片定位于格线上：

① 功能：类似于【移动样片】(图 3-191)。

② 操作方法：a. 在【样片】菜单中选择【修改样片】，选择【样片定位于格线上】；b. 选择需要移动的样片；c. 选择复选项，以及要移动样片上的参考点；d. 移动样片到新位置；e. 右键【确定】，完成操作。

【样片定位于格线上】工具的复选项见表 3-28。

表 3-28 【样片定位于格线上】的复选项

○放置于样片上或X/Y移动	将样片移动到另外一个样片上，或者任意 X/Y 坐标
⊙锁定在格线上	将样片按照工作区内的格线进行移动
□锁定后旋转样片	将样片锁定到某点后进行旋转

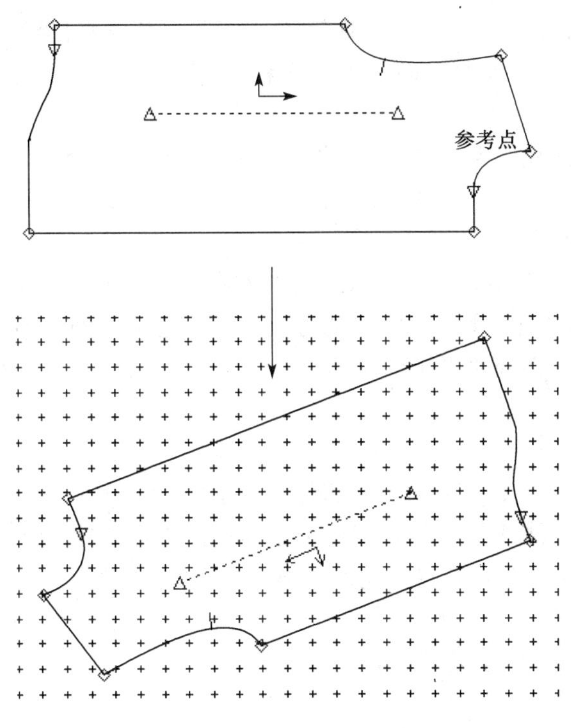

图 3-191　样片定位于格线上

(11) 定位/不定位:

① 功能:在工作区内暂时定位一个样片,以防止该样片被移动。

② 操作方法:a. 在【样片】菜单中选择【修改样片】,选择【定位/不定位】工具;b. 选择工作区内被定位或不定位的样片;c. 右键【确定】,完成操作。

10. 样片——分割样片

【样片】菜单中【分割样片】各工具图标见图 3-192。

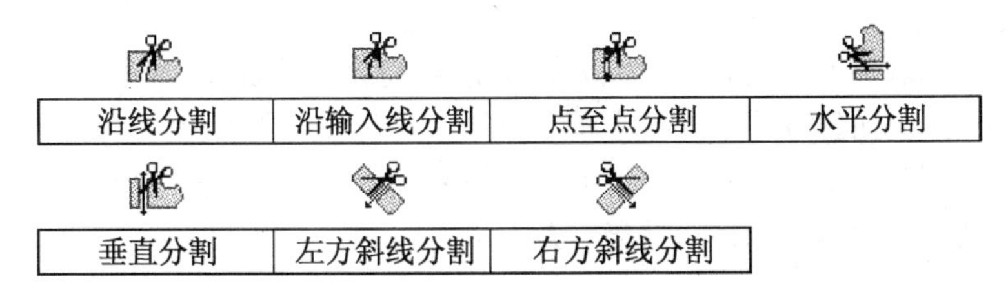

图 3-192　分割样片

(1) 沿线分割:

① 功能:沿着现有的一条内部线段,将样片分割成为两个较小的样片(图 3-193)。

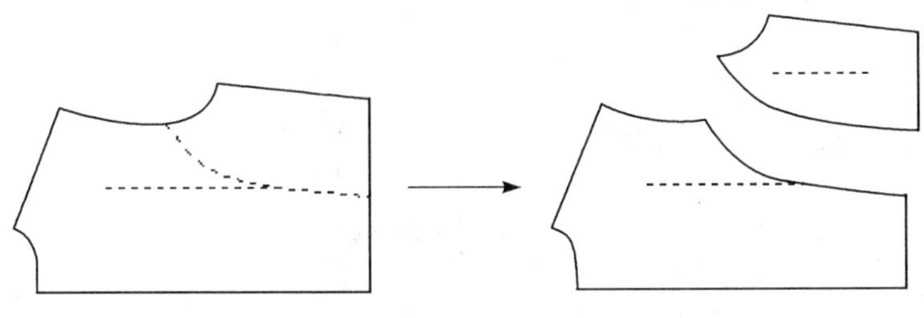

图 3-193　沿线分割

② 操作方法：a. 在【样片】菜单中选择【分割样片】，然后选择【沿线分割】工具；b. 选择分割样片的内部线；c. 为每一个样片输入新的名称，输入每一个名称后按回车键；d. 右键【确定】，完成操作。

③ 注意：选择内部线作为分割线，该线将延伸至与样片相交。此线可为一条布纹线或者一条内部线。

(2) 沿输入线分割：

① 功能：先输入一条线段，然后用该线段作为分割线，将样片分割。

② 操作方法：a. 在【样片】菜单中选择【分割样片】，选择【沿输入线分割】工具；b. 输入分割线，【确定】后继续；c. 系统使用印章方式显示被选中的部分，提示输入新样片的名称；d. 右键【确定】，完成操作。

(3) 点至点分割：

① 功能：通过两点定义一条分割线，将样片分割(图 3-194)。

② 操作方法：a. 在【样片】菜单中选择【分割样片】，然后选择【点至点分割】工具；b. 选择复选项，与【沿线分割】相同；c. 选择分割线的第一个点(可用光标模式或数值模式进行点的确定)；d. 选择分割线的第二个点，当前的样片被分割；e. 为每一个样片输入新的名称，输入每一个名称后按回车键；f. 右键【确定】，完成操作。

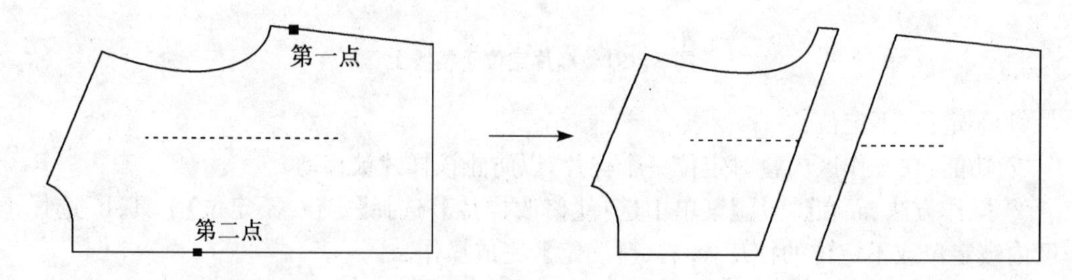

图 3-194　点至点分割

(4) 水平分割：

① 功能：根据选择的点建立一条水平的分割线，将样片分割(图 3-195)。

② 操作方法：a. 在【样片】菜单中选择【分割样片】，然后选择【水平分割】工具；b. 选择复选项(同上)；c. 选择分割线的一点，当前的样片被水平分割；d. 为每一个样片输入新的名称，输入每一个名称后按回车键；e. 右键【确定】，完成操作。

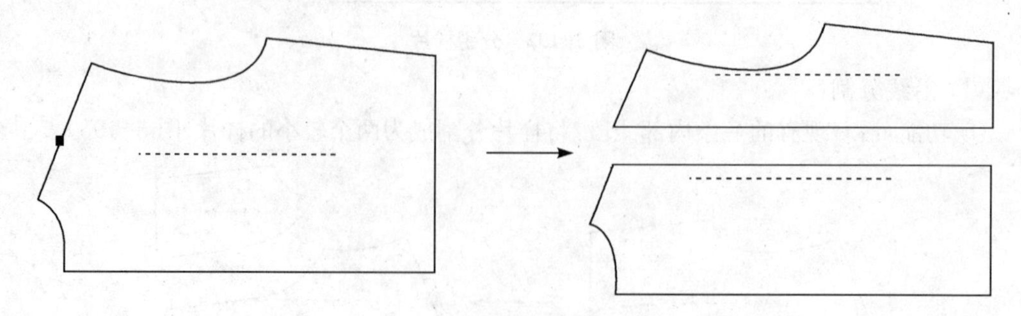

图 3-195　水平分割

（5）垂直分割：

① 功能：根据选定的点建立一条垂直的分割线，将样片分割（图 3-196）。

② 操作方法：a. 在【样片】菜单中选择【分割样片】，然后选择【垂直分割】工具；b. 选择复选项同上；c. 选择分割线的一点，当前的样片被垂直分割；d. 为每一个样片输入新的名称，输入每一个名称后按回车键；e. 右键【确定】，完成操作。

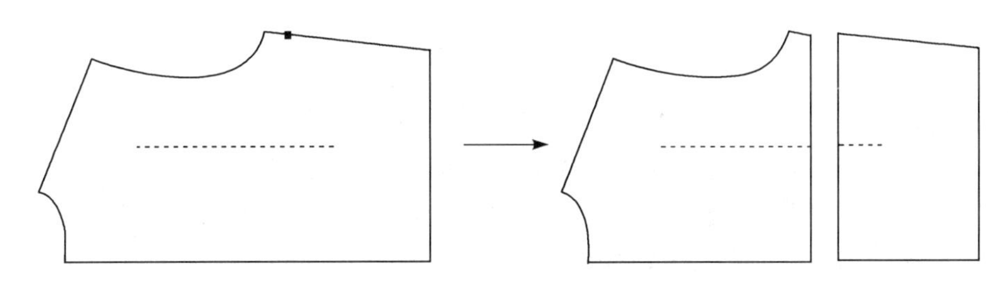

图 3-196　垂直分割

（6）左方斜线分割：

① 功能：根据选定的点生成一条自右上角向左下角为 45°的对角分割线（图 3-197）。

② 操作方法：a. 在【样片】菜单中选择【分割样片】，然后选择【左方斜线分割】工具；b. 选择复选项同上；c. 选择分割线的一点，当前的样片被左方斜线分割；d. 为每一个样片输入新的名称，输入每一个名称后按回车键；e. 右键【确定】，完成操作。

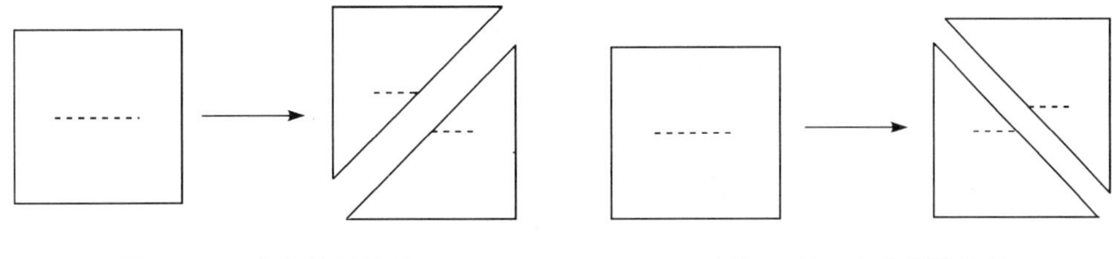

图 3-197　左方斜线分割　　　　图 3-198　右方斜线分割

（8）右方斜线分割：

① 功能：根据选定的点生成一条自左上角向右下角为 45°的对角分割线（图 3-198）。

② 操作方法：a. 在【样片】菜单中选择【分割样片】，然后选择【右方斜线分割】工具；b. 选择复选项同上；c. 选择分割线的一点，当前的样片被右方斜线分割；d. 为每一个样片输入新的名称，输入每一个名称后按回车键；e. 右键【确定】，完成操作。

11. 样片——合并样片

① 功能：将两个不同的样片合并成为一个新的样片（图 3-199）。

② 操作方法：a. 在【样片】菜单中选择【合并样片】工具；b. 选择第一个样片上的合并线，此线是第二个样片合并到第一个样片时的结合线；c. 选择第二个样片上的目标线，此线将在两个样片合并的时候被合并到前一步骤中被选中的结合线上；d. 如果选中的合并线和目标线的长度不相同，则在系统提示以后，需要在定位样片和目标样片上选择对位点，这两个对位点在合并的过程中会进行匹配；e. 当光标移动的时候，新的样片会一起移动，将样片移动到目标位置后，点击鼠标左键，将样片定位；f. 为新建立的样片输入一个名称，或者接受系统设定的缺省名称；g. 右键【确定】，完成操作。

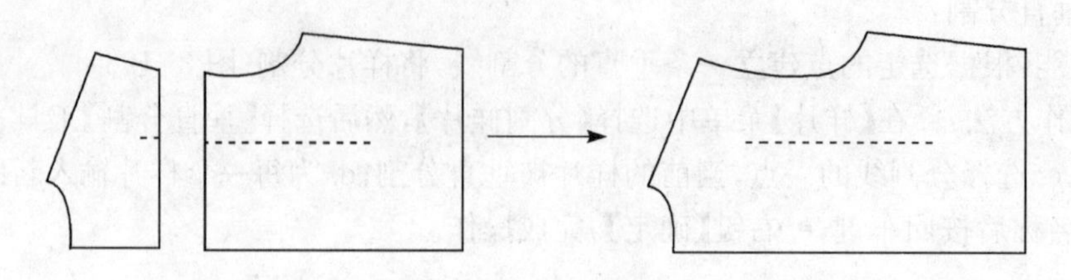

图 3-199　合并样片

12. 样片——比例缩放

① 功能:用指定的百分比或输入 X/Y 的线性值来放大或缩小样片(图 3-200)。

② 操作方法:a. 在【样片】菜单中选择【比例缩放】工具;b. 在复选项中选择【长度】,使用线性的量度来应用比例缩放容限,【百分比】根据整个样片尺寸的百分比来应用比例缩放的容限;c. 输入数值;d. 右键【确定】,完成操作。

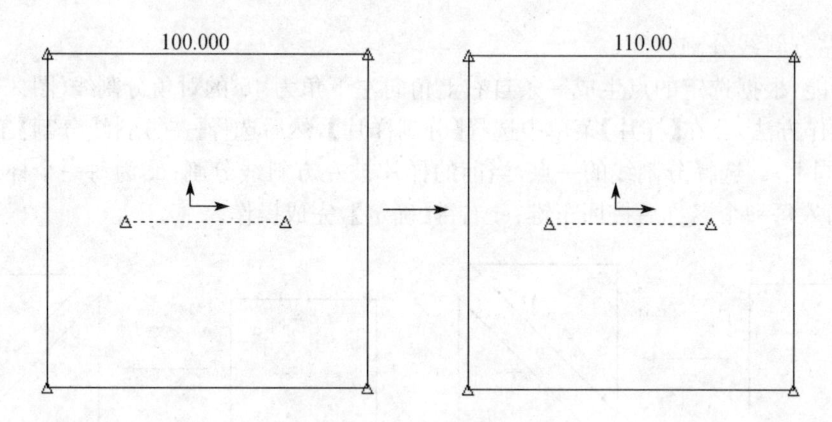

图 3-200　比例缩放

③ 注意:进行复选项选择时,要注意对应比例值的填写方法(表 3-29)。

表 3-29　【比例缩放】的复选项

方法 ◉长度 ○百分比 比例值 X: 110.00 Y: 100.00	长度	对应比例值中的 X/Y 值为增加值或减少值,其中"+"表示增加,"-"表示减少
	百分比	对应比例值中的 X/Y 值必须为大于零的数值,且输入数值为缩放后的数值,如增加"10%",则输入"110"

13. 样片——长宽伸缩

① 功能:为样片设定收缩或拉伸的容限量。系统会根据设定预先增加或者减小样片的尺码,为可能的收缩或拉伸做准备。

② 操作方法:a. 在【样片】菜单中选择【长宽伸缩】工具;b. 进行复选项选择(表 3-30);c. 选择样片应用长宽收缩的容限;d. 输入所需要的 X 和 Y 轴的值;e. 右键【确定】,完成操作。

表 3-30 【长宽伸缩】的复选项

长度 / 百分比 / 移除 / 清除符号；缩短(-)/加长(+)量 X: -10.00 Y: 0.000	长度	使用线性的量度来应用长宽伸缩容限
	百分比	根据整个样片尺寸的百分比来应用长宽伸缩的容限
	移除	移除已经应用的任何长宽收缩容限，将样片恢复原状。此命令只有在应用长宽伸缩功能后才有效
	清除符号	在不改变样片尺寸的前提下，清除在样片图标上的长宽伸缩符号

在进行复选项的长度或百分比选择时，对应“缩短/加长量”的填写方法通过以下实例进行介绍：

例题 24：若衣片水洗后的经向长度为 100 cm，经向缩水率为 10%，则衣片加入缩水率的打版尺寸应该为多少？

具体操作方法如下：

① 在【样片】菜单中选择【长宽伸缩】；

② 复选项选择“百分比”，在“缩短/加长量”的 X 值处输入“—10”（因为是缩水率，故加“—”），Y 值处输入“0”（因纬向无变化）；

③ 在工作区内选择样片，右键【确定】，完成操作。如图 3-201 所示，样片经向尺寸变为“111.111”，其中包含缩水的量。

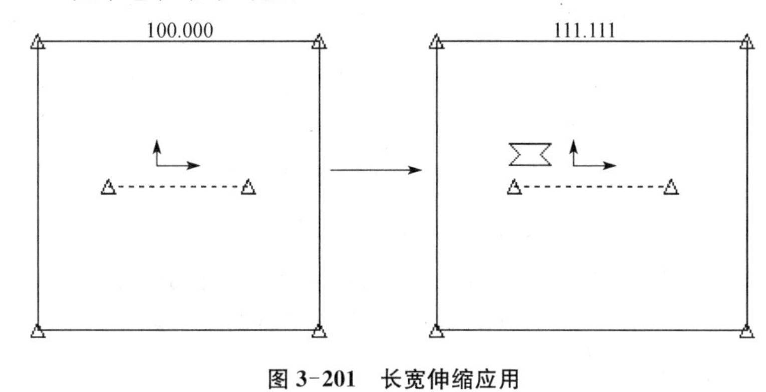

图 3-201 长宽伸缩应用

14. 样片——产生对称片

① 功能：利用样片的一半来生成一个完整的样片（图 3-202）。

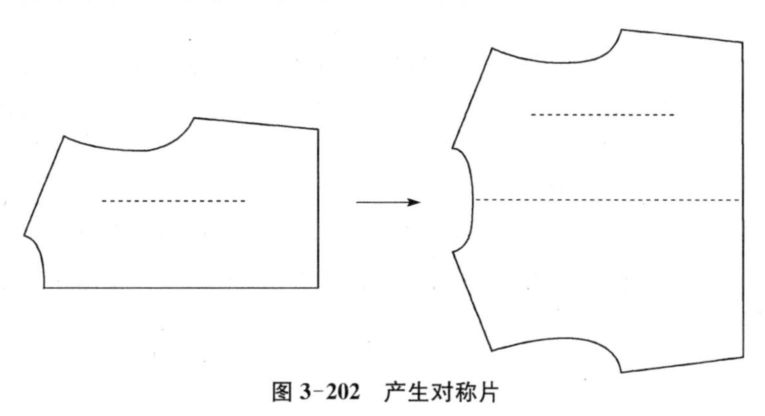

图 3-202 产生对称片

② 操作方法：a. 在【样片】菜单中选择【产生对称片】工具；b. 选择成为对称线的周边线/裁缝线，其他几何体都会按照这条线进行影射；c. 右键【确定】，完成操作。

③ 注意：该工具可同时进行多个样片的对称操作，样片显示成为没有折叠的对称样片。

15. 样片——折叠对称片

① 功能：折叠一个对称样片然后显示其一半。样片将保持折叠状态，并且对称线段显示为虚线。

② 操作方法：a. 在【样片】菜单中选择【折叠对称片】工具；b. 选择对称样片进行折叠，可以用选取框一次选中多个样片；c. 右键【确定】，完成操作。

16. 样片——打开对称片

① 功能：打开一个对称的样片(图 3-203)。

② 操作方法：a. 在【样片】菜单中选择【打开对称片】工具；b. 选择对称样片进行打开，可以用选取框一次选中多个样片；c. 右键【确定】，完成操作。

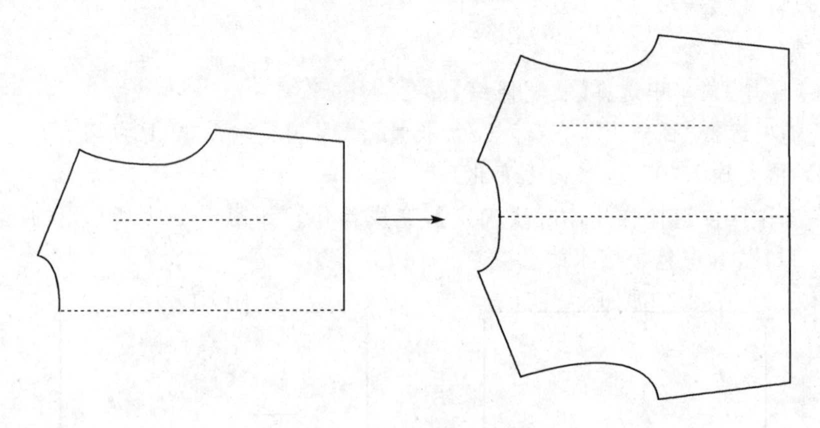

图 3-203　打开对称片

17. 样片——解除对称片的关系

① 功能：将对称样片转化为样片两侧可进行独立操作的非对称样片。

② 操作方法：a. 在【样片】菜单中选择【解除对称样片的关系】工具；b. 选择对称样片解除其对称关系；c. 右键【确定】，完成操作。

③ 注意：系统开启样片，并且显示样片的两侧，该样片则不再是对称样片。

18. 样片——样片注解

① 功能：可以直接在样片中输入新的注解，还可用于注解的编辑、移动、复制等操作(图 3-204)。

② 操作方法：a. 在【样片】菜单中选择【样片注解】工具；b. 将光标放置在理想区域，单击左键选择新注解的位置，显示一个新样片注解对话框；c. 输入所需注解；d. 点击“确定”，接受注解。

19. 样片——样片退回图像单

① 功能：将工作区内新创建的样片或编辑过的原有样片移回图像单。

② 操作方法：a. 在【样片】菜单中选择【样片调回图像单】工具；b. 选择要退回图像单的样片；c. 右键【确定】，完成操作。

(a)

(b)

图 3-204 样片注解

第四节 系统样版放码功能

一、放缩设计流程

在服装 CAD 中对样版进行放缩,一般按照图 3-205 所示流程。在每个环节找到相应的操作工具进行设计即可。

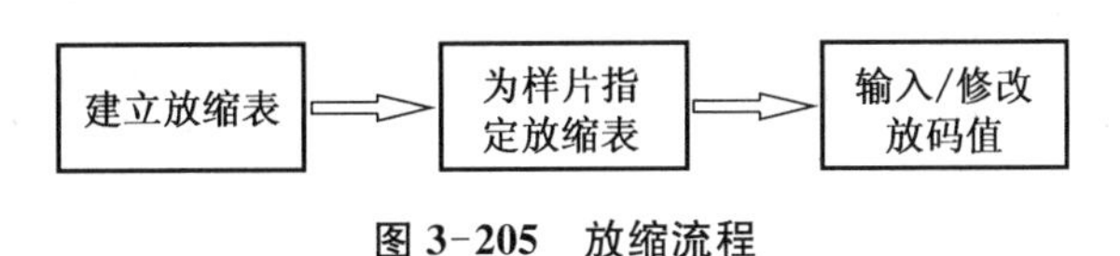

图 3-205 放缩流程

二、放缩菜单

【放缩】菜单各工具图标见图 3-206。

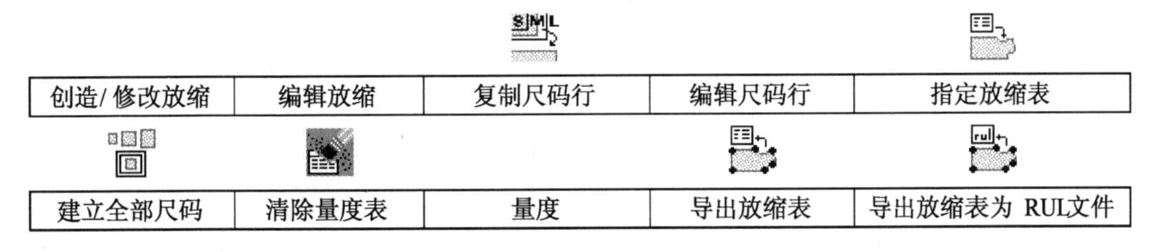

创造/修改放缩	编辑放缩	复制尺码行	编辑尺码行	指定放缩表
建立全部尺码	清除量度表	量度	导出放缩表	导出放缩表为 RUL文件

图 3-206 放缩菜单

1. 放缩——创造/修改放缩

【放缩】菜单中【创造/修改放缩】各工具图标见图 3-207。

(1) 修改 *X*/*Y* 放缩值:

① 功能:修改样片上的一个或多个尺码组,但不会影响其他尺码组。可以通过输入 *X* 和 *Y* 的修改值进行编辑,或者用鼠标手动移动点的位置。

修改 X / Y 放缩值	创造 X / Y 放缩值	修改平行放缩值	创造平行放缩值	对应线长/调校X值	对应线长/调校Y值
放缩点保持角度	保持角度边/调校X值	保持角度边/调校Y值	保持角度边线延伸	平行放缩/调校X值	平行放缩/调校Y值
平行延伸	指定距离	交接/调校X值	交接/调校Y值	平行交接/参考点	平行交接/定距离
内线相交放缩	周边线相交比例放缩	平均分布	顺滑放缩		

图 3-207　创造/修改放缩

② 操作方法：a. 在【放缩】菜单中选择【创造/修改放缩】，然后选择【修改 X/Y 放缩值】工具；b. 选择需要编辑放缩规则的样片；c. 选择放缩点、中间点或需要编辑的位置，系统弹出的修改 X/Y 放缩值档案见图 3-208(b)，显示样片所有尺码中当前点的放缩信息；d. 使用该档案进行编辑，如需要对档案做大量修改，点击【清除 X】或【清除 Y】按钮，清除相应域中所有的值；e. 继续编辑当前点，或者选择另外的点进行编辑（在选择其他点之前，点击"更新"）；f. 如果系统提供了多条布纹线的选择，需要为以上的点选择一条布纹线；g. 点击"确定"，关闭档案，然后右键【确定】，完成操作（图 3-208）。

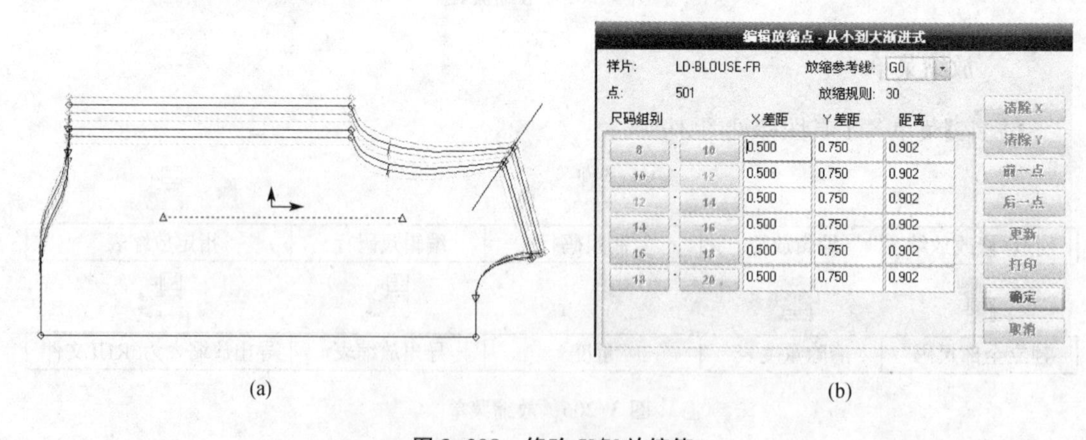

图 3-208　修改 X/Y 放缩值

③ 注意：选择需要修改的放缩点时，可选择去除基准样版外其他任意尺码上的点。

（2）创造 X/Y 放缩值：

① 功能：可以在一个放缩的或没有放缩的样片中创建放缩规则，而无需使用放缩规格表中的放缩规则。

② 操作方法：a. 在【放缩】菜单中选择【创造/修改放缩】，然后选择【创造 X/Y 放缩值】工具；b. 选择需要创造放缩点的位置；c. 使用创造 X/Y 放缩值[图 3-209(b)]进行编辑，选择增量发生变化的组别，在 X 或 Y 的放缩值域输入数值；d. 继续编辑当前点或选择另一个点(在选择另一个点之前，要选择“更新”)；e. 点击“确定”，关闭档案，然后右键【确定】，完成操作(图 3-209)。

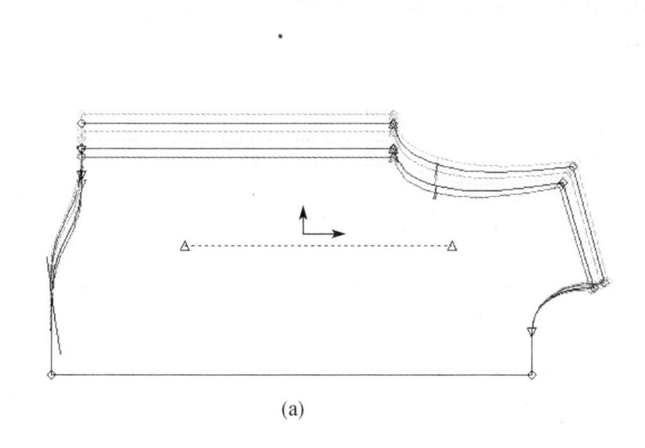
(a)

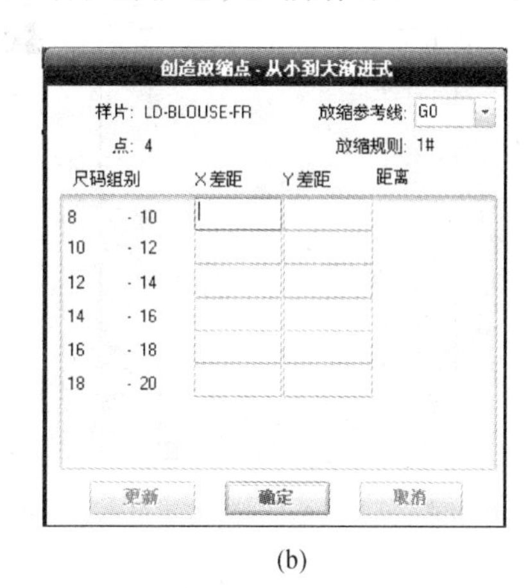

(b)

图 3-209　创造 X/Y 放缩值

(3) 修改平行放缩值：

① 功能：根据周边线而不是放缩点的 X 和 Y 增量来编辑放缩规则数值。

② 操作方法：a. 在【放缩】菜单中选择【创造/修改放缩】，然后选择【修改平行放缩值】工具；b. 选择需要编辑放缩规则的样片；c. 根据需要选择复选项(表 3-31)，点击非基准码中需要编辑的点；d. 使用修改平行放缩值进行编辑，在组别中选择一个域进行编辑；e. 如需要对档案做大量修改，点击【清除平行放缩】按钮，清除相应域中所有的值；f. 继续编辑当前点，或者选择另外的点进行编辑(在选择其他点之前，点击“更新”)； g. 点击“确定”，关闭档案，然后右键【确定】，完成操作。

表 3-31　【修改平行放缩值】的复选项

应用平行数值于端点上 ○单端 (MK/V8) (I) ◉前一个/下一个 ○全部于两端 (A)	单端	X 放缩值或 Y 放缩值赋予构成放缩点的其中一条线段端点上
	前一个/下一个	为构成放缩点的两条线段的端点分别赋予 X 放缩值和 Y 放缩值
	全部于两端	将 X 放缩值或 Y 放缩值同时赋予构成放缩点的两条线段的端点

(4) 创造平行放缩值：

① 功能：根据周边线而不是放缩点的 X 和 Y 增量来编辑放缩规则数值。

② 操作方法：a. 在【放缩】菜单中选择【创造/修改放缩】，然后选择【创造平行放缩值】工具；b. 根据需要选择复选项(表 3-31)，在基准码中选择需要编辑放缩规则的点；c. 使用创造平行放缩值[图 3-210(c)]进行编辑，选择每一个组别，并按规则输入增量；d. 在组别中选择一个域进行编辑；e. 继续编辑当前点，或者选择另外的点进行编辑(在选择其他点之前，点击“更新”)；f. 点击“确定”，关闭档案，然后右键【确定】，完成操作。

例题 25：若对图 3-210 所示矩形样片的四个放码点 A、B、C、D 进行推版，放码量分别为(0, 1)、(1, 1)、(1, 0)、(0, 0)，因放码后的网状样片周边线相互平行，所以可用【创造平行放缩值】对其推版。

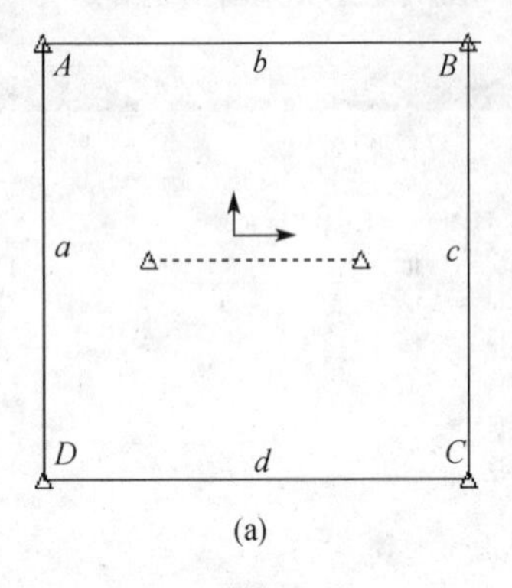

(a)

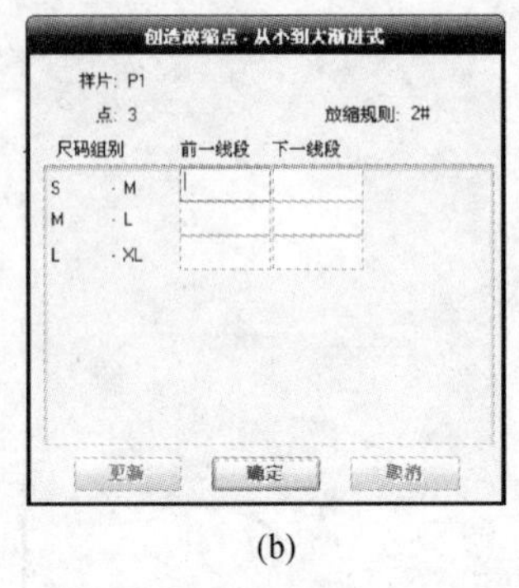

(b)

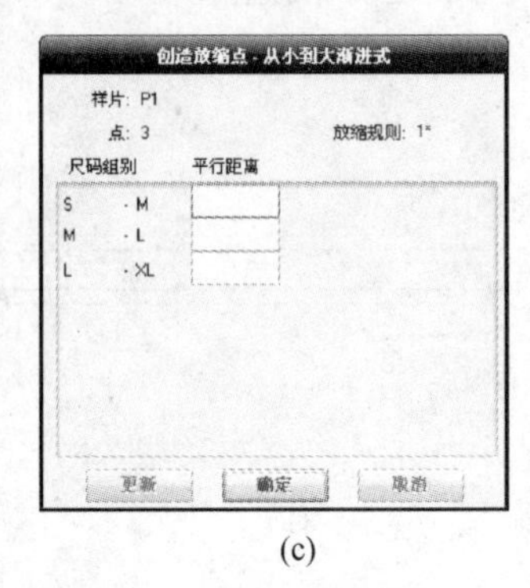

(c)

图 3-210　创造平行放缩值

具体操作步骤如下：

① 在【放缩】菜单中选择【创造/修改放缩】，然后选择【创造平行放缩值】；

② 选择复选项“前一个/下一个”，用鼠标在线段 a 上选中点 A，如图 3-210(a)所示；

③ 构成放码点 A 的两条线段 a、b，按照顺时针方向，线段 a 为前一条线段，线段 b 为后一条线段，在档案[图 3-210(b)]的“前一线段”栏中输入 X 值“0”，在“下一线段”栏中输入 Y 值“1”；

④ 点击档案中的“更新”，然后“确定”，完成点 A 的操作；

⑤ 选择复选项“全部于两端”，用鼠标选中点 B；

⑥ 在档案[图 3-210(c)]中的“平行距离”栏中输入数值“1”；

⑦ 点击档案中的“更新”，然后“确定”，完成点 B 的操作；

⑧ 选择复选项“单端”，用鼠标在线段 d 上选中点 C；

⑨ 在档案的“平行距离”栏中输入 X 值“1”，点击档案中的“更新”，然后“确定”；

⑩ 用鼠标在线段 c 上选中点 C，在档案的“平行距离”栏中输入 Y 值“0”，点击档案中的“更新”，然后“确定”，完成点 C 的操作；

⑪ 选择复选项“全部于两端”，用鼠标选中点 D；

⑫ 在档案的“平行距离”栏中输入数值“0”；

⑬ 点击档案中的“更新”，然后“确定”，完成点 D 的操作。

(5) 对应线长/调校 X 值：

① 功能：创建一个与缝合样片的线段长度匹配的放缩线段长度(图 3-211)。

② 操作方法：a. 在【放缩】菜单中选择【创造/修改放缩】，然后选择【对应线长/调校 X 值】工具；b. 选择需要放缩的目标样片；c. 在目标样片上选择应用新的放缩规则的线段端点；d. 在参考样片上选择线段，和目标样片上的线段建立对应关系；e. 右键【确定】，完成操作。

(6) 对应线长/调校 Y 值：

① 功能：创建一个与缝合样片的线段长度匹配的放缩线段长度(图 3-212)。

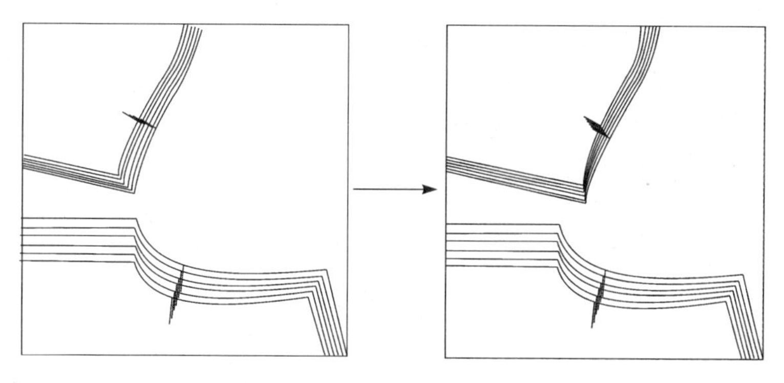

图 3-211　对应线长/调校 X 值

② 操作方法：a. 在【放缩】菜单中选择【创造/修改放缩】，然后选择【对应线长/调校 Y 值】工具；b. 选择需要放缩的目标样片；c. 在目标样片上选择应用新的放缩规则的线段端点；d. 在参考样片上选择线段，和目标样片上的线段长建立对应关系；e. 右键【确定】，完成操作。

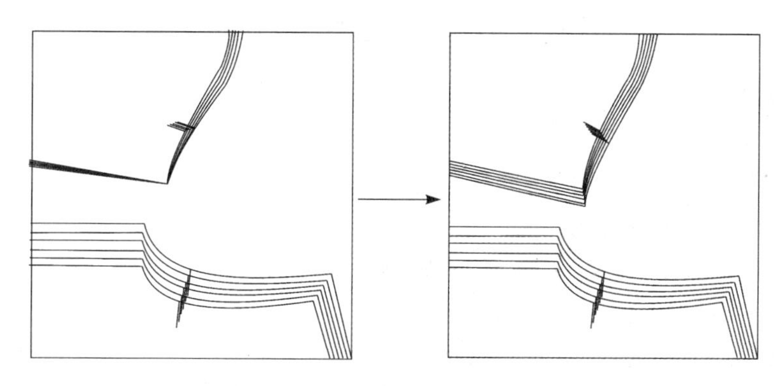

图 3-212　对应线长/调校 Y 值

（7）放缩点保持角度：

① 功能：在一个点上创造一个放缩规则，使此点在基准码中的角度在所有尺码中被保留（图 3-213）。

② 操作方法：a. 在【放缩】菜单中选择【创造/修改放缩】，然后选择【放缩点保持角度】工具；b. 选择放缩点，以保持该点的角度；c. 右键【确定】，完成操作。

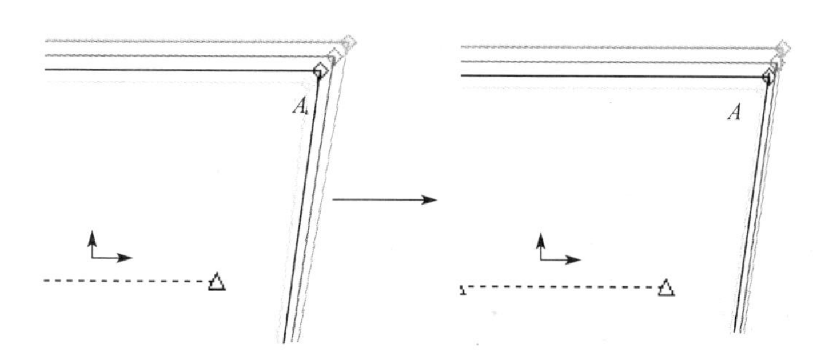

图 3-213　放缩点保持角度

（8）保持角度边/调校 *X* 值：

① 功能：在一个点上创造一个放缩规则，使该点在基准码中的角度在所有尺码中被保

留。该工具只在 X 轴方向创造一个增量值(图 3-214)。

② 操作方法:a. 在【放缩】菜单中选择【创造/修改放缩】,然后选择【保持角度边/调校 X 值】工具;b. 选择需要保持角度的边线上的一点进行放缩;c. 选择需要保持角度的端点;d. 选择需要保持角度的边线上的另一点;e. 右键【确定】,完成操作。

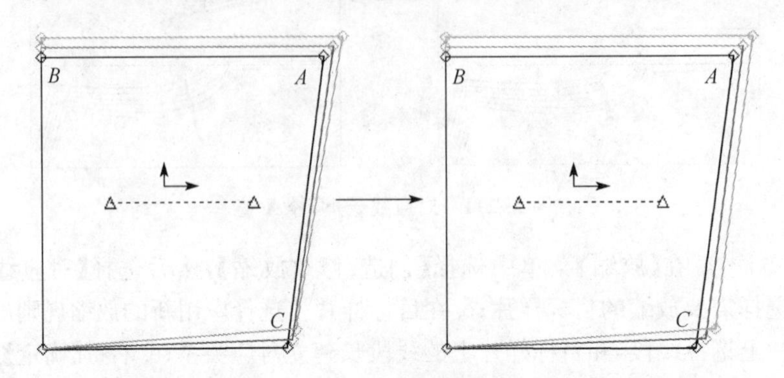

图 3-214 保持角度边/调校 X 值

如图 3-214 所示,选择需要保持角度的边线上的一点进行放缩,这里选择点 C,需要保持角度的端点为 A,选择需要保持角度的边线上的另一点为 B。通过这些操作后,点 C 的 X 放缩值自动变化,以保证点 A 的角度在各尺码中相等。

(9) 保持角度边/调校 Y 值:

① 功能:在一个点上创造一个放缩规则,使该点在基准码中的角度在所有尺码中被保留。这个工具只在 Y 轴方向创造一个增量值。

② 操作方法:a. 在【放缩】菜单中选择【创造/修改放缩】,然后选择【保持角度边/调校 Y 值】工具;b. 选择需要保持角度的边线上的一点进行放缩;c. 选择需要保持角度的端点;d. 选择需要保持角度的边线上的另一点;e. 右键【确定】,完成操作。

(10) 保持角度边线延伸:

① 功能:在一个点上创造一个放缩规则,使该点在基准码中的角度在所有尺码中被保留。通过调整线段的长度对所有尺码进行放缩,从而使端点角度在各尺码中相等(图 3-215)。

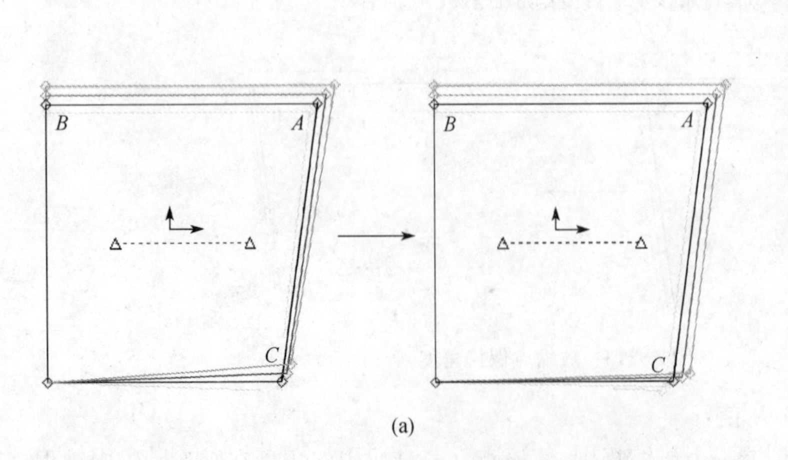

(a)

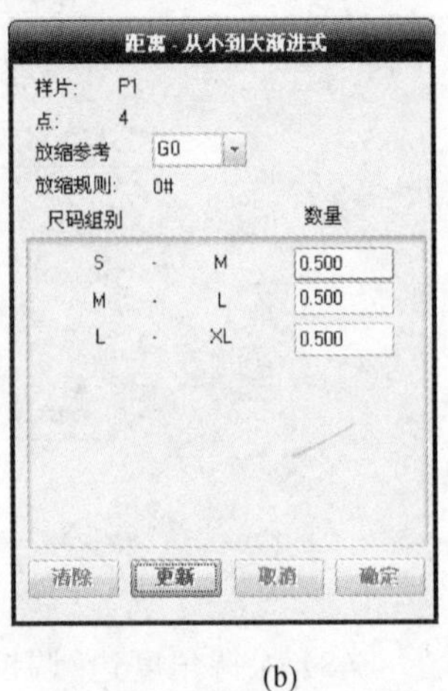

(b)

图 3-215 保持角度边线延伸

② 操作方法：a. 在【放缩】菜单中选择【创造/修改放缩】，然后选择【保持角度边线延伸】工具；b. 选择需要保持角度的边线上的一点进行放缩；c. 选择需要保持角度的端点；d. 选择需要保持角度的边线上的另一点，且显示一个距离放缩档案；e. 使用该档案进行编辑，输入对线段进行放缩的数值；f. 点击“更新”和“确定”按钮，结束档案编辑；g. 右键【确定】，完成操作。

(11) 平行放缩/调校 X 值：

① 功能：在一个点上创造一个放缩规则，使组成交点的两条线段中的一条在所有尺码中互相平行。该工具只在 X 轴方向创造一个增量值(图 3-216)。

② 操作方法：a. 在【放缩】菜单中选择【创造/修改放缩】，然后选择【平行放缩/调校 X 值】工具；b. 选择需要保持角度的边线上的一点进行放缩；c. 选择需要保持角度的端点；d. 选择需要保持角度的边线上的另一点；e. 右键【确定】，完成操作。

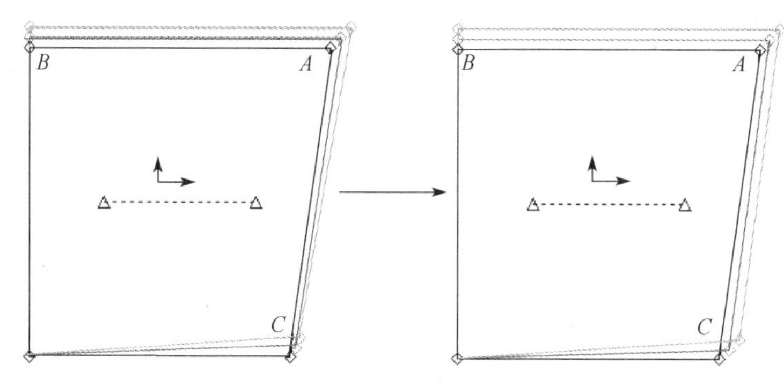

图 3-216 平行放缩/调校 X 值

(12) 平行放缩/调校 Y 值：

① 功能：在一个点上创造一个放缩规则，使交叉点的两条线段中的一条在所有尺码中互相平行。这个工具只在 Y 轴方向创造一个增量值(图 3-217)。

② 操作方法：a. 在【放缩】菜单中选择【创造/修改放缩】，然后选择【平行放缩/调校 Y 值】工具；b. 选择需要保持角度的边线上的一点进行放缩；c. 选择需要保持角度的端点；d. 选择需要保持角度的边线上的另一点；e. 右键【确定】，完成操作。

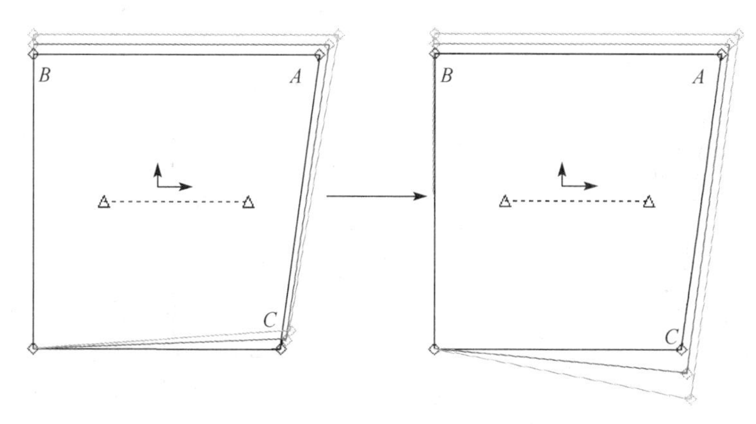

图 3-217 平行放缩/调校 Y 值

(13) 平行延伸：

① 功能：通过调整线段长度，对所有号型进行放缩，从而使各号型中的对应线段以基准

码为参考相互平行(图 3-218)。

② 操作方法:a. 在【放缩】菜单中选择【创造/修改放缩】,然后选择【平行延伸】工具;b. 选择需要放缩的点;c. 选择线段的另一个端点以形成平行线,且显示一个距离放缩档案;d. 使用距离放缩[图 3-218(b)]档案进行编辑,输入对线段进行放缩的数值;e. 点击"更新"按钮;f. 点击"确定",结束档案编辑;g. 右键【确定】,完成操作。

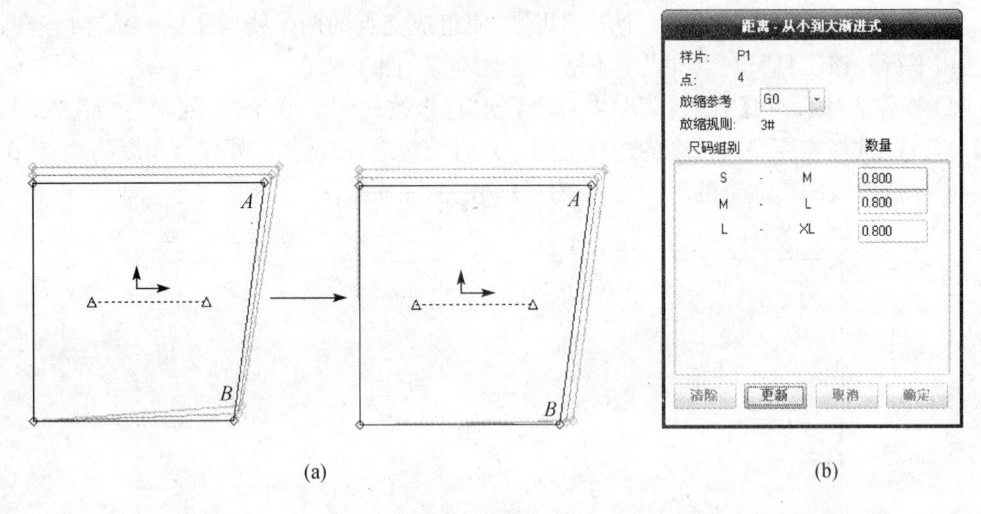

(a) (b)

图 3-218 平行延伸

如图 3-218 所示,选择需要放缩的点,此时选择点 B;选择线段的另一个端点以形成平行线,此时选择端点 A,在距离放缩档案中输入线段变化值,"更新"→"确定"后样片尺寸发生变化,线段 AB 在各号型中相互平行。

(14) 指定距离:

① 功能:使剪口的位置沿着线段的方向,以指定的距离进行放缩(图 3-219)。

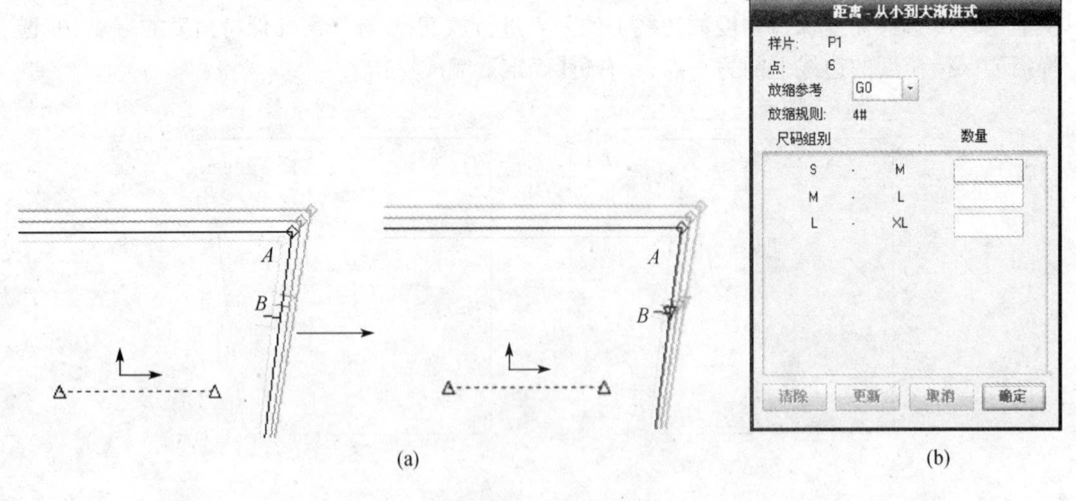

(a) (b)

图 3-219 指定距离

② 操作方法:a. 在【放缩】菜单中选择【创造/修改放缩】,然后选择【指定距离】工具;b. 选择应用新的放缩点的位置;c. 选择放缩点以量度距离,且显示一个距离放缩档案;d. 使

用指定距离档案进行编辑，输入对线段进行放缩的数值；e. 点击“更新”按钮，点击“确定”，结束档案编辑；g. 右键【确定】，完成操作。

(15) 交接/调校 X 值：

① 功能：通过一条内部线端点的 X 值，使内部线在已知 Y 值的情况下与放缩后的尺码中的周边线相交(图 3-220)。

② 操作方法：a. 在【放缩】菜单中选择【创造/修改放缩】，然后选择【交接/调校 X 值】工具；b. 选择需要放缩的点；c. 右键【确定】，完成操作。

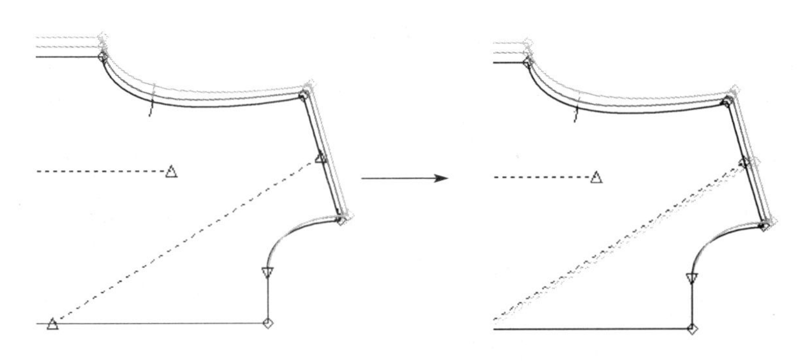

图 3-220　交接/调校 X 值

(16) 交接/调校 Y 值：

① 功能：通过一条内部线端点的 Y 值，使内部线在已知 X 值的情况下与放缩后的尺码中的周边线相交(图 3-221)。

② 操作方法：a. 在【放缩】菜单中选择【创造/修改放缩】，然后选择【交接/调校 Y 值】工具；b. 选择需要放缩的点；c. 右键【确定】，完成操作。

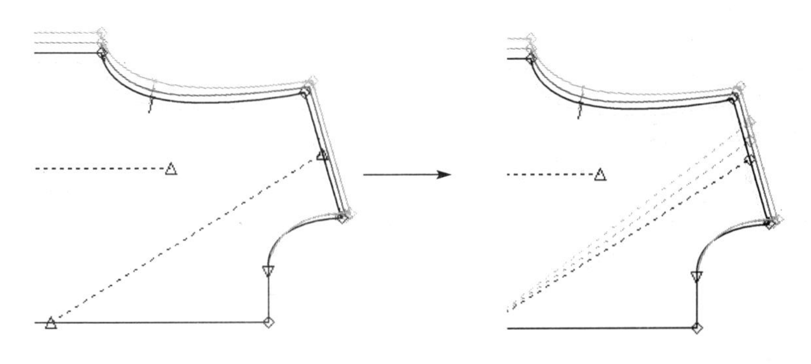

图 3-221　交接/调校 Y 值

(17) 平行交接/参考点：

① 功能：内部线一端点经放缩后，使用该工具找到内部线另一个端点的 X 和 Y 放缩值，使该内部线在所有号型中保持平行，并与周边线相交(图 3-222)。

② 操作方法：a. 在【放缩】菜单中选择【创造/修改放缩】，然后【平行交接/参考点】工具；b. 选择需要放缩的点；c. 选择一个有放缩值的点作为平行放缩的参考点；d. 右键【确定】，完成操作。

如图 3-222 所示，选择需要放缩的点，此时选择点 A；选择一个有放缩值的点作为平行

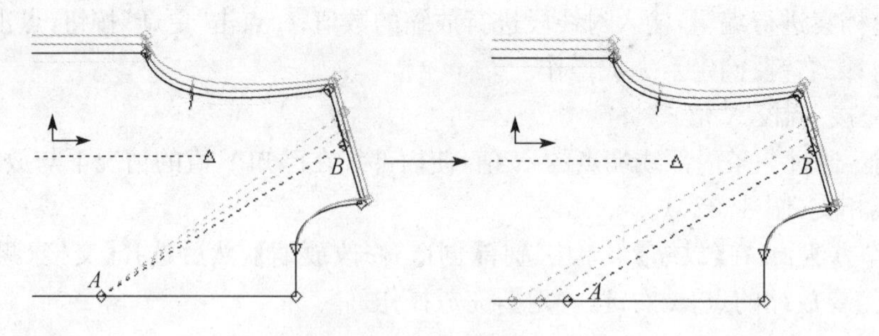

图 3-222 平行交接/参考点

放缩的参考点,此时选择端点 B。操作后系统根据参考点 B 的放缩值自动调节点 A 的放缩值,使内部线在各号型中平行。

(18) 平行交接/定距离:

① 功能:在指定移位量后,使用该工具找到内部线另一个端点的 X 和 Y 放缩值,使该内部线在所有号型中保持平行,并与周边线相交(图 3-223)。

② 操作方法:a. 在【放缩】菜单中选择【创造/修改放缩】,然后【平行交接/定距离】工具;b. 选择需要放缩的点;c. 使用档案进行编辑,输入对线段进行放缩的数值;d. 点击"确定",结束档案编辑,右键【确定】,完成操作。

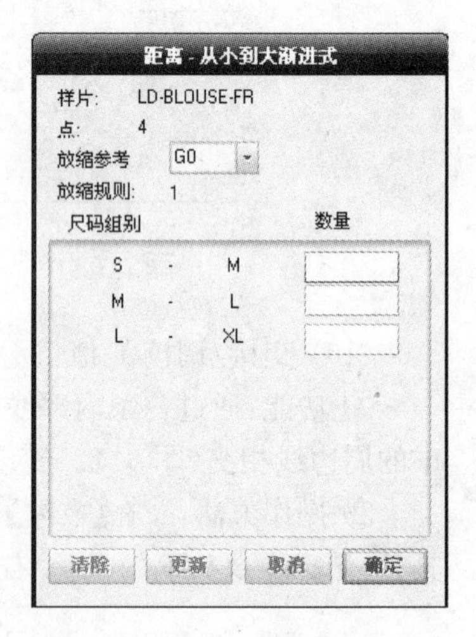

图 3-223 平行交接/定距离

(19) 内线相交放缩:

① 功能:为两条放缩后的内部线的交叉点创造一个新的放缩规则。

② 操作方法:a. 在【放缩】菜单中选择【创造/修改放缩】,然后选择【内线相交放缩】工具;b. 选择需要放缩的点,放缩第一条内部线;c. 在第二条内部线上选出需要放缩的点,放缩第二条内部线;d. 右键【确定】,完成操作。

如图 3-224 所示,选择需要放缩的点,此时选择点 A;在第二条内部线上选出需要放缩的点,此时选择端点 B。操作后,系统产生两条内部线的交点 C,并自动放缩。

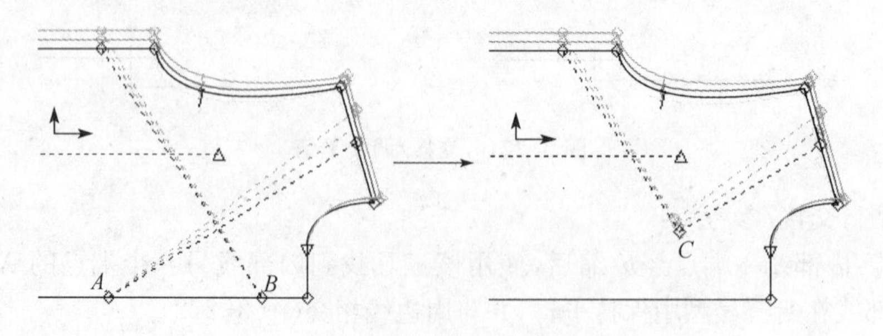

图 3-224 内线相交放缩

(20) 周边线相交比例放缩:

① 功能:为一条内部线和另一条周边线的交叉点创造一个比例放缩规则。系统自动创

造放缩规则，并应用于内部线的端点(图 3-225)。

② 操作方法：a. 在【放缩】菜单中选择【创造/修改放缩】，然后选择【周边线相交比例放缩】工具；b. 选择复选项“规则应用于两端点”；c. 选择内部线上需要放缩的点；d. 选择另一条放缩后的周边线上与内部线交叉的点；e. 右键【确定】，完成操作。

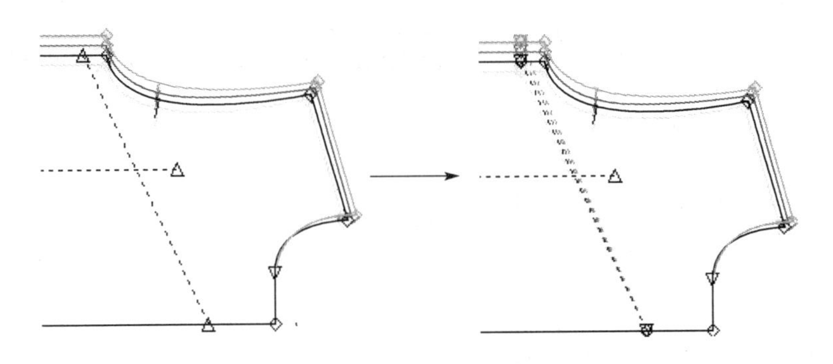

图 3-225 周边线相交比例放缩

(21) 平均分布：

① 功能：在最小尺码和基准尺码之间、最大尺码和基准尺码之间自动分布放缩值。

② 操作方法：a. 在【放缩】菜单中选择【创造/修改放缩】，选择【平均分布】工具；b. 选择复选项(表 3-32)；c. 选择点进行平均分布；d. 右键【确定】，完成操作。

表 3-32 【平均分布】的复选项

选项	说明
◉全部尺码	全部尺码：自动平分选中点在所有尺码中的放缩
○从基准码至所选尺码	基准尺码到所选尺码：只平分基准尺码和所选尺码之间的尺码

(22) 顺滑放缩：

① 功能：沿着弧线自动创造更顺滑的放缩。

② 操作方法：a. 在【放缩】菜单中选择【创造/修改放缩】，选择【顺滑放缩】工具；b. 选择点进行顺滑放缩；c. 右键【确定】，完成操作。

2. 放缩——编辑放缩

【放缩】菜单中【编辑放缩】各工具图标见图 3-226。

更改放缩规则	增加放缩点	复制放缩表规则	复制放缩资料	复制 X 放缩值	复制 Y 放缩值
复制网点放缩	复制叠合后 X 值	复制叠合后 Y 值	更改正负 X 值	更改正负 Y 值	旋转 90 度

图 3-226 编辑放缩

(1) 更改放缩规则：

① 功能：修改当前工作区内显示的点的放缩规则。

② 操作方法：a. 在【放缩】菜单中选择【修改放缩】，然后选择【更改放缩规则】工具；系统

显示“编辑点资料”对话框，如图 3-227(a)所示；b. 用左键选择要进行修改的点；c. 在放缩域中输入新的放缩规则的编号，点击“确定”；d. 右键【确定】，完成操作。

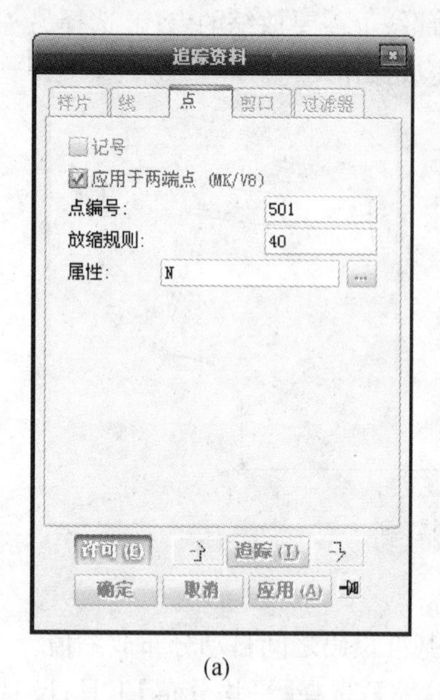

(a)

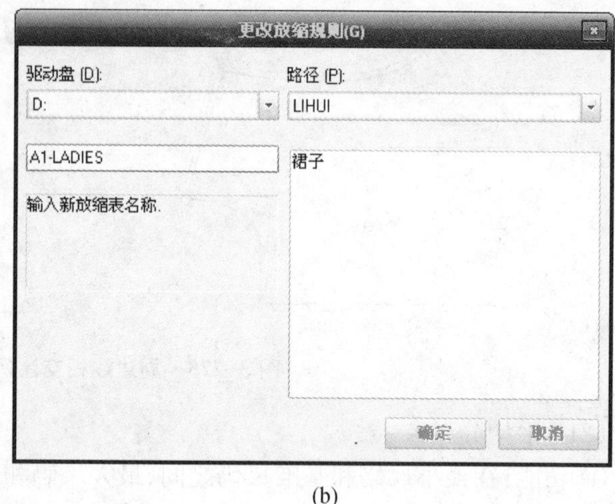

(b)

图 3-227　更改放缩规则

③ 注意：a. 该工具更改的放缩规则的编号必须已经在放缩表中列出；b. 如果所修改的放缩使用了该样片中还没有使用过的放缩规则，则通过系统显示的“更改放缩规则”对话框[图 3-227(b)]找到该放缩规则所属的放缩规则表名称。

(2) 增加放缩点：

① 功能：建立一个中间点，同时将其转化为一个放缩点。

② 操作方法：a. 在【放缩】菜单中选择【编辑放缩】，然后选择【更改放缩规则】工具；b. 选择复选项；c. 选择中间点或一个想要建立放缩点的位置；d. 右键【确定】，完成操作。

(3) 复制放缩表规则：

① 功能：将一个现有的放缩表中的指定放缩规则赋予某个样片。

② 操作方法：a. 在【放缩】菜单中选择【修改放缩】，然后选择【复制放缩表规则】工具；b. 选择需要放缩的点，右键【确定】后继续下一步；c. 在用户输入框中输入赋予该点的放缩规则编号，点击“确定”，系统从规则表中复制规则，并将该规则赋予指定的点；d. 右键【确定】，完成操作。

③ 注意：输入的放缩规则编号是该样片指定放缩表中已经规定的放缩规则。

(4) 复制放缩资料：

① 功能：复制同一样片上或不同样片之间的放缩规则。

② 操作方法：a. 在【放缩】菜单中选择【编辑放缩】，然后选择【复制放缩资料】工具；b. 在用户输入区的复选项中选【全部于两边】(推荐)；c. 选择点做单独的放缩复制，或选择样片做整个样片的放缩复制；d. 右键【确定】，完成操作。

如图 3-228(a)所示，在同一样片上，选择参考点 A，选择目标点 B，操作结束后点 B 获得与点 A 相同的放缩规则。如图 3-228(b)所示，选择参考样片(1)上的第一点 A，选择目标

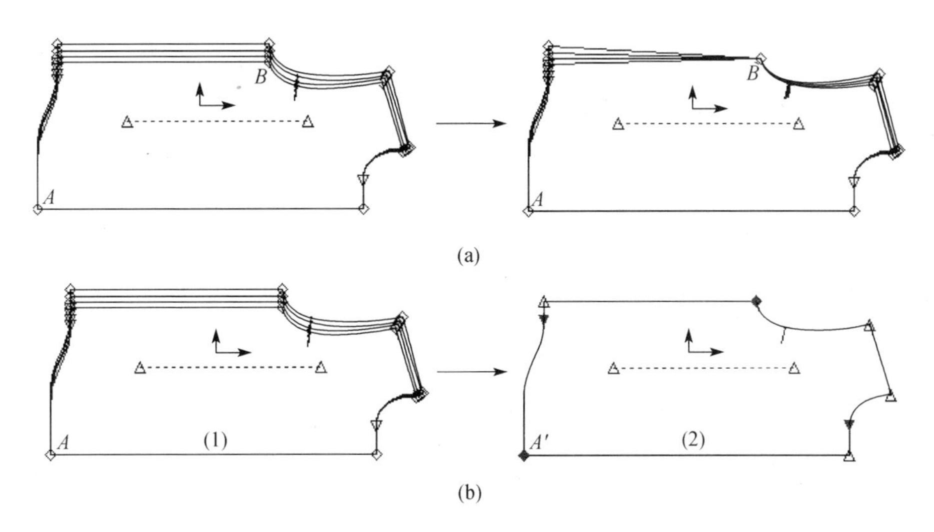

图 3-228　更改放缩资料

样片(2)上的第一点 A'，此时目标样片(2)上有放缩规则的点显示为红色，系统提示选择参考样片上的四个点不做放缩复制处理，因目标样片(2)中有四个具有放缩规则的点；右键“确定”，目标样片(2)上，除四个红色放码点外，其他点都被赋予与参考样片(1)对应的点相同的放缩规则。

(5) 复制 X 放缩值：

① 功能：将一个放缩点的放缩规则的 X 增量复制给另一个点，作为其放缩规则的 X 增量。

② 操作方法：a. 在【放缩】菜单中选择【编辑放缩】，选择【复制 X 放缩值】工具；b. 在样片上选择需要复制 X 值的参照点；c. 选择目标点，参照点上的增量应用于该目标点；d. 右键【确定】，完成操作。

(6) 复制 Y 放缩值：

① 功能：将一个放缩点的放缩规则的 Y 增量复制给另一个点，作为其放缩规则的 Y 增量。

② 操作方法：a. 在【放缩】菜单中选择【编辑放缩】，选择【复制 Y 放缩值】工具；b. 在样片上选择需要复制 Y 值的参照点；c. 选择目标点，参照点上的增量应用于该目标点；d. 右键【确定】，完成操作。

(7) 复制网点放缩：

① 功能：将一个网点的放缩规则所显示的增量复制到另一个点上(图 3-229)。

② 操作方法：a. 在【放缩】菜单中选择【编辑放缩】，选择【复制网点放缩】工具；b. 在样片上选择需要复制网点规则的参照点；c. 选择目标点，参照点上的增量应用于该目标点；d. 右键【确定】，完成操作。

③ 注意：【复制网点放缩】与【复制放缩资料】的区别是，【复制网点放缩】将样片旋转后的新放缩规则复制给另一点。

如图 3-229 所示，(a)中样片未旋转前点 A 的放缩规则为(0, 1.25)，(b)中样片逆时针旋转后点 A 的放缩规则为(－1.25, 0)。如果要将未旋转前的放缩规则复制给另一点，则使用【复制放缩资料】工具；要将旋转后的放缩规则复制给另一点，则使用【复制网点放缩】工具。

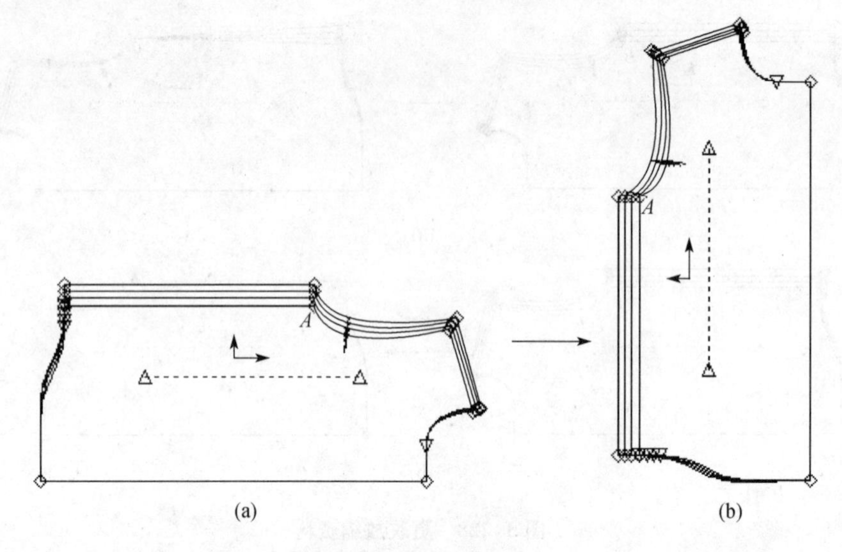

图 3-229　复制网点放缩

(8) 复制叠合后 X 值：

① 功能：将一个网点的放缩规则所显示的 X 增量复制到另一个点上。

② 操作方法：a. 在【放缩】菜单中选择【编辑放缩】，选择【复制叠合后 X 值】工具；b. 在样片上选择需要复制网点规则的参照点；c. 选择目标点，参照点上的增量应用于该目标点；d. 右键【确定】，完成操作。

(9) 复制叠合后 Y 值：

① 功能：将一个网点的放缩规则所显示的 Y 增量复制到另一个点上。

② 操作方法：a. 在【放缩】菜单中选择【编辑放缩】，选择【复制叠合后 Y 值】工具；b. 在样片上选择需要复制网点规则的参照点；c. 选择目标点，参照点上的增量应用于该目标点；d. 右键【确定】，完成操作。

(10) 更改正负 X 值：

① 功能：更改放缩规则 X 值的正负符号(图 3-230)。

② 操作方法：a. 在【放缩】菜单中选择【编辑放缩】，选择【更改正负 X 值】工具；b. 在基准尺码上选择需要更改的放缩点；c. 右键【确定】，完成操作。

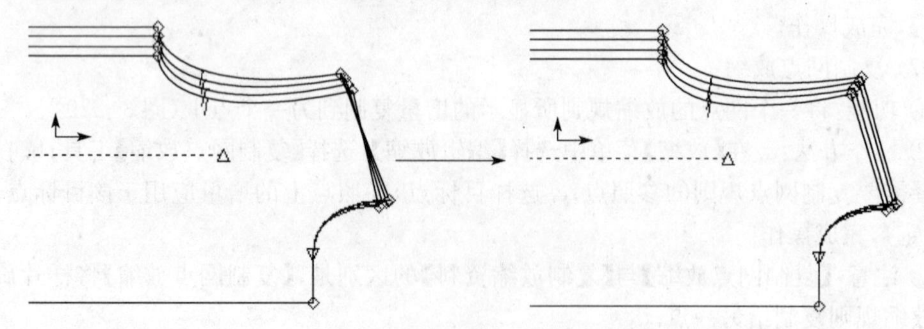

图 3-230　更改正负 X 值

(11) 更改正负 Y 值：

① 功能：更改放缩规则 Y 值的正负符号。

② 操作方法：a. 在【放缩】菜单中选择【编辑放缩】，然后选择【更改正负 Y 值】工具；b. 在基准尺码上选择需要更改的放缩点；c. 右键【确定】，完成操作。

（12）旋转 90°：

① 功能：通过将放缩点的增量顺时针旋转 90°来更改放缩规则（图 3-231）。

② 操作方法：a. 在【放缩】菜单中选择【编辑放缩】，然后选择【旋转 90 度】工具；b. 在基准尺码上选择需要更改的放缩点；c. 右键【确定】，完成操作。

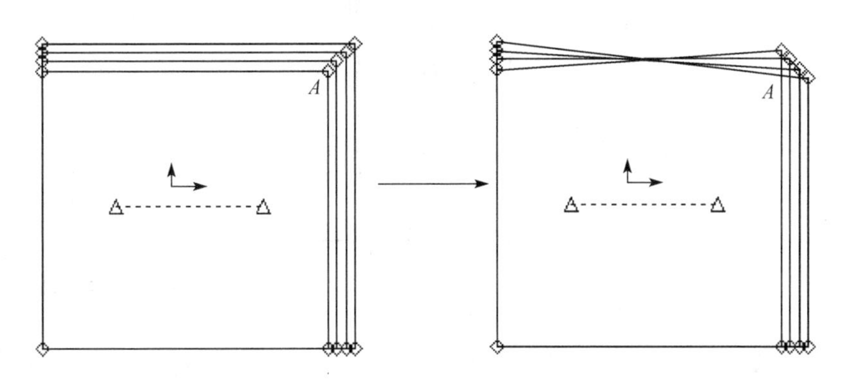

图 3-231　旋转 90 度

如图 3-231 所示，样片上点 A 的原放缩规则为（1，1），使用【旋转 90 度】工具后，放缩规则顺时针旋转 90°，则点 A 的放缩规则变为（1，－1）。

3. 放缩——复制尺码行

① 功能：将尺码行从一个样片复制到另一个样片上。

② 操作方法：a. 在【放缩】菜单中选择【复制尺码行】工具；b. 选择要被复制尺码行的参考样片；c. 选择目标样片；d. 右键【确定】，完成操作。

4. 放缩——编辑尺码行

【放缩】菜单中【编辑尺码行】各工具图标见图 3-232。

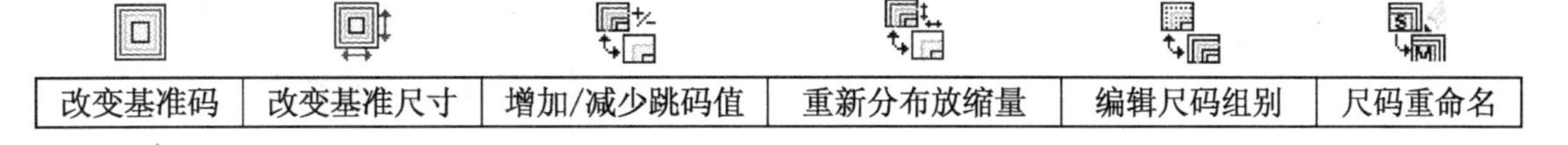

图 3-232　编辑尺码行

（1）改变基准码：

① 功能：改变样片的基准码，但只是基准码的码数发生变化，并不改变各尺码的尺寸。

② 操作方法：a. 在【放缩】菜单中选择【改变基准码】工具；b. 选择基准码需要进行修改的样片，系统显示【改变基准码】对话框（图 3-233），对话框中显示的基准码为当前尺码设定；c. 选择更改后的基准码，点击“确定”；d. 右键【确定】，完成操作。

（2）改变基准尺寸：

① 功能：将样片放缩尺码的某个尺寸作为样片的基准码尺寸。

② 操作方法：a. 在【放缩】菜单中选择【编辑尺码行】，然后选择【改变基准尺寸】工具；

b. 选择需要建立新的基准码尺寸的样片；c. 选择新的基准码；d. 右键【确定】，完成操作。

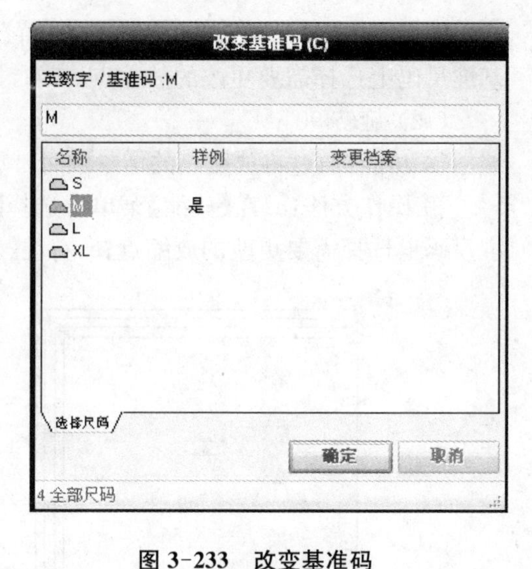

图 3-233　改变基准码

（3）增加/减少跳码值：

① 功能：为尺码行增加或减少跳码值。

② 操作方法：a. 在【放缩】菜单中选择【编辑尺码行】，再选择【增加/减少跳码值】工具；b. 选择样片；c. 选择一个不同的尺码跳码值，放缩尺码的原有尺寸不会随之改变；d. 右键【确定】，完成操作。

③ 注意：此工具只对数字类型尺码组有效。

（4）重新分布放缩量：

① 功能：将原有的 X/Y 放缩量改变为另外一个跳码值。

② 操作方法：a. 在【放缩】菜单中选择【编辑尺码行】，再选择【重新分布放缩量】工具；b. 选择样片；c. 选择一个不同的尺码跳码值，除基准码保持不变外，其他尺码的尺寸都发生改变；d. 右键【确定】，完成操作。

③ 注意：【增加/减少跳码值】和【重新分布放缩量】的区别是，前者操作后放缩尺码的原有尺寸不发生改变；而后者操作后除基准尺码保持不变外，其他尺码的尺寸都发生改变。

（5）编辑尺码组别：

① 功能：增加或者删除尺码组别。

② 操作方法：a. 在【放缩】菜单中选择【编辑尺码行】，再选择【编辑尺码组别】工具；b. 系统显示【编辑尺码组别】对话框（图 3-234），选择样片；c. 选择一个尺码，可以将它增加为一个尺码组，或者从尺码组中删除；d. 右键【确定】，完成操作。

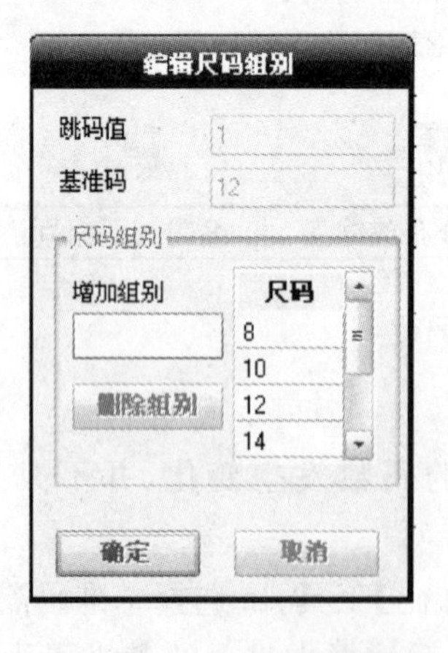

图 3-234　编辑尺码组别

图 3-235　尺码组重命名

（6）尺码组重命名：

① 功能：重新命名尺码组别名称。

② 操作方法：a. 在【放缩】菜单中选择【编辑尺码行】，再选择【尺码组重命名】工具；b. 系统显示【尺码组重命名】对话框（图 3-235），选择样片；c. 选择一个尺码，可以将它增加为一

个尺码组，或者从尺码组中删除；d. 右键【确定】，完成操作。

③ 注意：该工具只对英/数字类型尺码组有效，如 S、M、L 等英文字母类型的尺码组，以及 6、8、10 等数字类型的尺码组。

5. 放缩——指定放缩表

① 功能：为样片指定一个新的放缩表。

② 操作方法：a. 在【放缩】菜单中选择【指定放缩表】工具；b. 选择样片，系统显示指定放缩表对话框（图 3-236）；c. 选择要指定的放缩表，点击“确定”；d. 右键【确定】，完成操作。

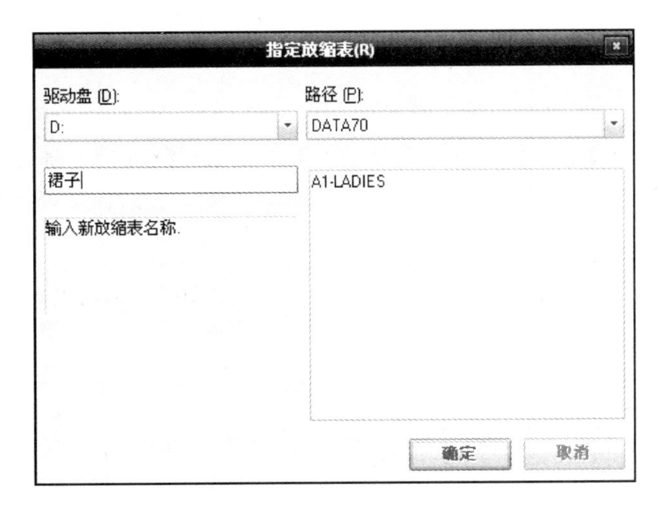

图 3-236　指定放缩表

6. 放缩——建立全部尺码

① 功能：将不同尺码的多个样片建立网状显示（图 3-237）。

② 操作方法：a. 在【放缩】菜单中选择【建立全部尺码】工具；b. 选择作为基准码的样片；c. 从最小码到最大码依次选择各尺码样片上的相应点（每个样片上的点要对应）；d. 在基准码上选择其他要进行放码的点；e. 右键【确定】，完成操作。

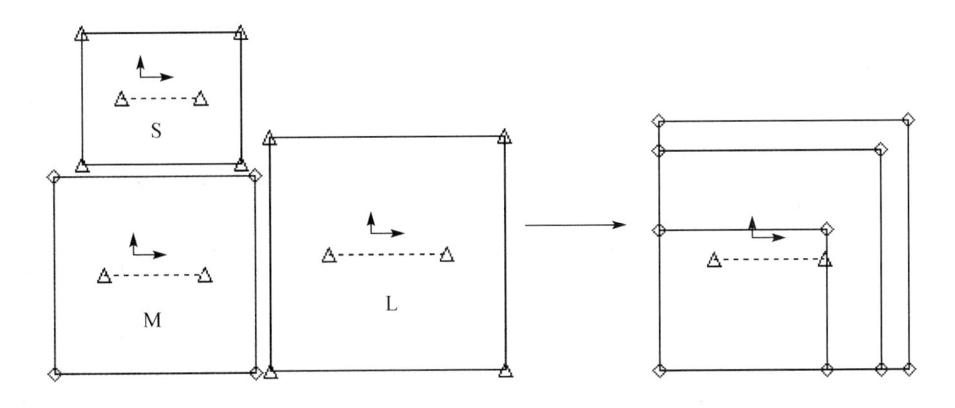

图 3-237　建立全部尺码

7. 放缩——清除量度表

① 功能：清除所有使用量度线段以后显示的图表。

② 操作方法：a. 在【放缩】菜单中选择【清除量度表】工具；b. 右键【确定】，完成操作。

8. 放缩——量度

【放缩】菜单中【量度】各工具图标见图 3-238。

线段	两点距离/沿周边量	与剪口距离/沿周边量	两点距离/直线量	两点距离/净版量

图 3-238　量度

(1) 线段：

① 功能：量取一个或多个放缩样片的每一个尺码中指定的线段长度(图 3-239)。

② 操作方法：a. 在【放缩】菜单中选择【量度】，然后选择【线段】工具；b. 选择希望比较量度的线段，右键【确定】，继续操作，系统显示线段的量度图表；c. 右键【确定】，完成操作。

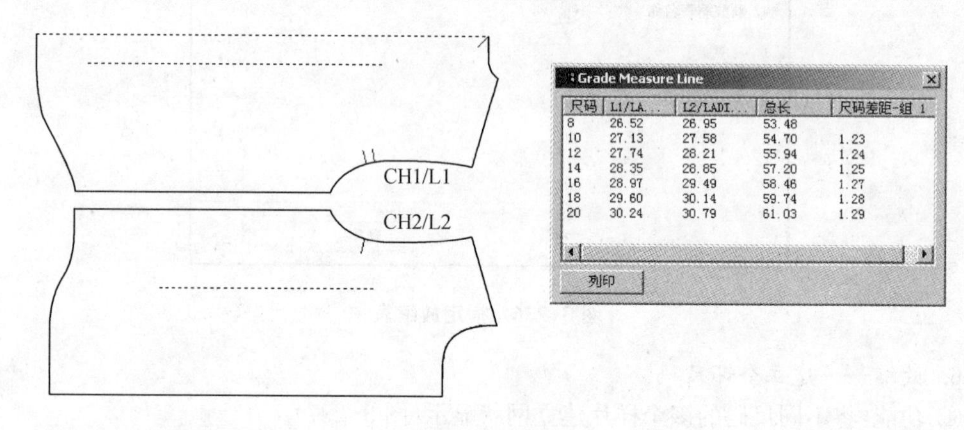

尺码	L1/LA...	L2/LADI...	总长	尺码差距-組 1
8	26.52	26.95	53.48	
10	27.13	27.58	54.70	1.23
12	27.74	28.21	55.94	1.24
14	28.35	28.85	57.20	1.25
16	28.97	29.49	58.46	1.27
18	29.60	30.14	59.74	1.28
20	30.24	30.79	61.03	1.29

图 3-239　线段

(2) 两点距离/沿周边量：

① 功能：量取一个或多个放缩样片的每一个尺码中两点的周边距离(图 3-240)。

② 操作方法：a. 在【放缩】菜单中选择【量度】，然后选择【两点距离/延周边量】工具；b. 选择希望量取范围的两点，系统显示周边线段的量度图表；c. 右键【确定】，完成操作。

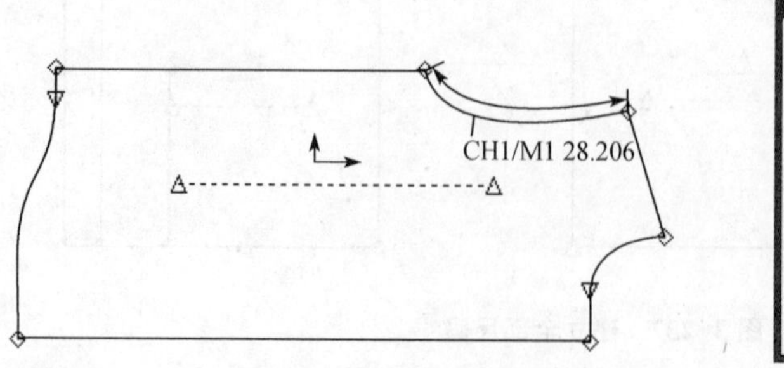

两点距离/沿周边量

尺码	长度	总长	尺...
8	26.951	26.951	
10	27.575	27.575	0.624
12	28.206	28.206	0.631
14	28.844	28.844	0.638
16	29.487	29.487	0.644
18	30.137	30.137	0.649
20	30.792	30.792	0.655

打印

图 3-240　两点距离/沿周边量

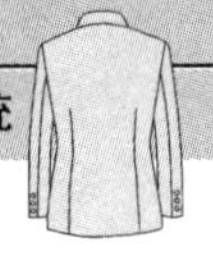

(3) 与剪口距离/沿周边量:

① 功能:量取一个或多个剪口之间以及剪口和线段端点之间的距离(图 3-241)。

② 操作方法:a. 在【放缩】菜单中选择【量度】,再选择【与剪口距离/沿周边量】工具;b. 选择样片上的剪口;c. 右键【确定】,完成操作。

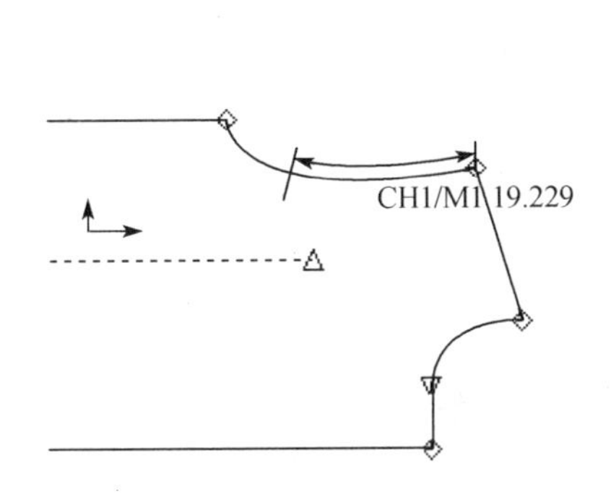

与剪口距离/沿周边量

尺码	长度	总长	尺...
8	18.374	18.374	
10	18.799	18.799	0.425
12	19.229	19.229	0.430
14	19.664	19.664	0.435
16	20.103	20.103	0.439
18	20.546	20.546	0.443
20	20.992	20.992	0.446

打印

图 3-241　两点距离/延周边量

(4) 两点距离/直线量:

① 功能:量取一个或多个放缩样片的每一个尺码中两点的直线距离(图3-242)。

② 操作方法:a. 在【放缩】菜单中选择【量度】,然后选择【两点距离/直线量】工具;b. 选择希望量取直线距离的两点,系统显示两点直线的量度图表;c. 右键【确定】,完成操作。

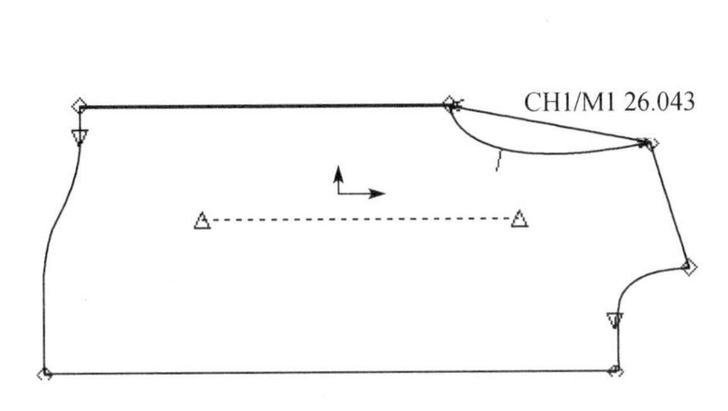

两点距离/直线量

尺码	长度	总长	尺...
8	24.885	24.885	
10	25.461	25.461	0.576
12	26.043	26.043	0.583
14	26.632	26.632	0.589
16	27.226	27.226	0.594
18	27.826	27.826	0.600
20	28.430	28.430	0.605

打印

图 3-242　两点距离/直线量

(5) 两点距离/净版量:

① 功能:量取一个或多个放缩样片的每一个尺码中缝制线之间的两点直线距离。

② 操作方法:a. 在【放缩】菜单中选择【量度】,再选择【两点距离/净版量】工具;b. 选择样片上的第一个点;c. 选择样片上的第二个点;d. 右键【确定】,完成操作。

9. 放缩——导出放缩表

① 功能:从样片上将放缩规则导入一个现有的放缩表中。

② 操作方法:a. 在【放缩】菜单中选择【导出放缩表】工具;b. 显示【导出放缩表】对话框(图3-243),选择或输入放缩表的名称;c. 选择样片或点以输出放缩规则(表 3-33);d. 选择要输出规则的款式或样片及样片上的点;e. 右键【确定】,完成操作。

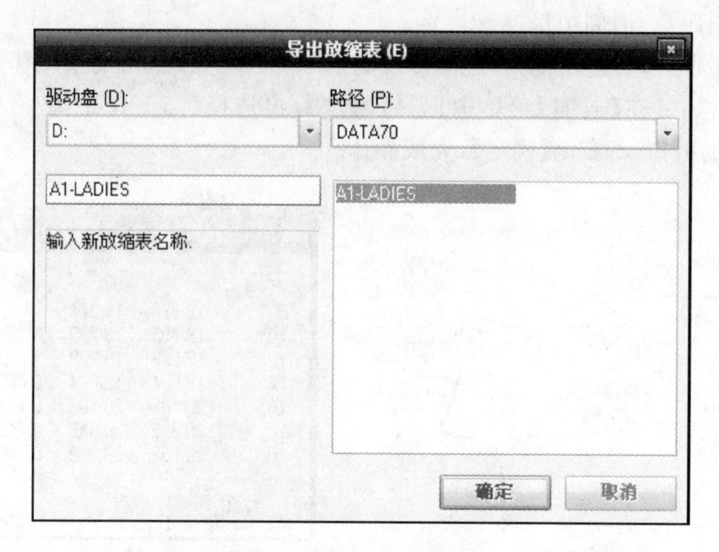

图 3-243 导出放缩表

表 3-33 【导出放缩表】的复选项

选取 ○款式 (S) ⊙样片/点 (P) ☑指定放缩表	款式	所选款式的所有样片上的规则都被导出
	样片/点	可以导出单个点和样片的放缩规则
	指定放缩表	为样片或款式指定某个规则表

三、量度菜单

【量度】菜单中各工具图标见图 3-244。

线段长	两线距离	两点距离/沿周边量	与剪口距离/沿周边量	两点距离/直线量	两点距离/净版量
样片周边长	样片面积	角度	清除所有量度	清除量度	隐藏/显示尺寸

图 3-244 量度菜单

1. 线段长

① 功能:量度样片周边线/裁缝线或内部线的长度(图3-245)。

② 操作方法:a. 在【量度】菜单中选择【线段长】工具;b. 选择需要测量长度的线段(这些线段可以在相同或不同的样片上);c. 右键【确定】,完成操作。

2. 两线距离

① 功能:测量一个样片上两条线段之间的距离(图 3-246)。

② 操作方法:a. 在【量度】菜单中选择【两线距离】工具;b. 选择表 3-34 中的复选项;c. 选择需要量度的限度;d. 右键【确定】,完成操作。

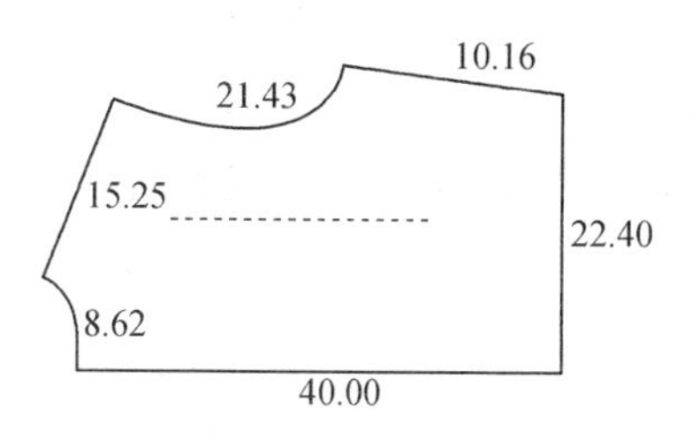

图 3-245　线段长

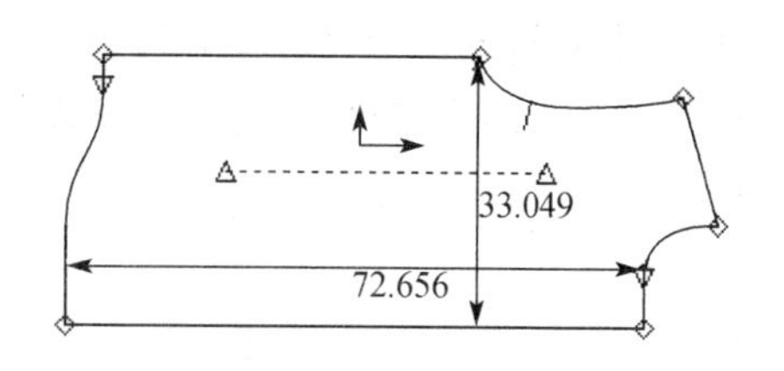

图 3-246　两线距离

表 3-34　【两线距离】的复选项

选项	名称	说明
◉垂直 ○水平 ○与布纹线垂直 ○与布纹线平行	垂直	在垂直方向上进行量度
	水平	在水平方向上进行量度
	与布纹线垂直	在与布纹线垂直的方向上进行量度
	与布纹线平行	在与布纹线平行的方向上进行量度

3. 两点距离/沿周边量

① 功能：测量两条周边线/裁缝线点之间的距离（图 3-247）。

② 操作方法：a. 在【量度】菜单中选择【两点距离/沿周边量】工具；b. 依次选择周边线/裁缝线上量度距离的两个点（该线段将被点亮，并且显示量度）；c. 右键【确定】，完成操作。

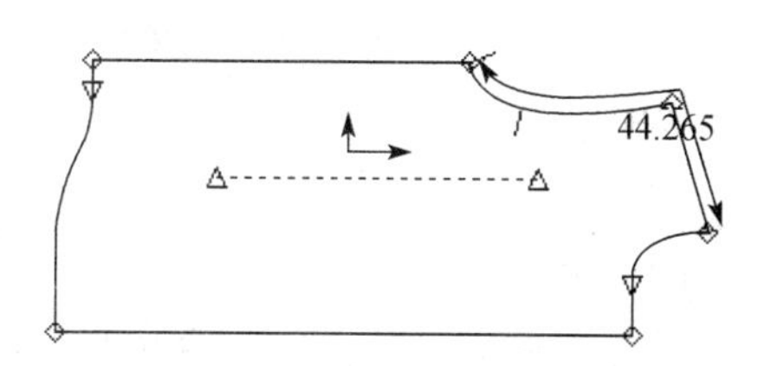

图 3-247　两点距离/沿周边量

4. 与剪口距离/沿周边量

① 功能：量取一个或多个剪口之间，以及剪口和线段端点之间的周边线距离。

② 操作方法：a. 在【量度】菜单中选择【与剪口距离/沿周边量】工具；b. 选择样片上的剪口；c. 右键【确定】，完成操作。

5. 两点距离/直线量

① 功能：测量任何两点之间的直线距离（图 3-248）。

② 操作方法：a. 在【量度】菜单中选择【两点距离/直线量】工具；b. 依次选择测量直线距离的两个点（这两个点之间显示一条直线，同时显示量度）；c. 如果需要测量选中的第一个点和其他点之间的直线距离，则点击选择不同的点；d. 右键【确定】，完成操作。

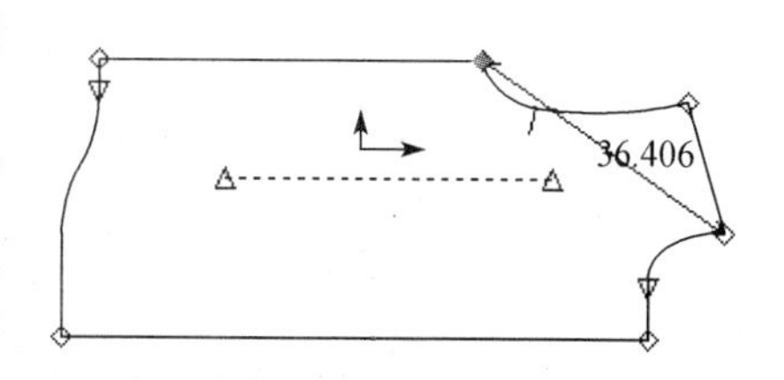

图 3-248　两点距离/直线量

③ 注意：这些点可以是周边线/裁缝线上的点，或者是布纹线上的点。

6. 两点距离/净版量

① 功能：量取样片上缝制线之间的两点的直线距离。

② 操作方法：a. 在【量度】菜单中选择【两点距离/直线量】工具；b. 依次选择测量距离的两个点（这两个点之间显示一条直线，同时显示量度）；c. 如果需要测量选中的第一个点和其他点之间的直线距离，则点击选择不同的点；d. 右键【确定】，完成操作。

7. 周边长

① 功能:测量样片的周边线的长度(图 3-249)。

② 操作方法:a. 在【量度】菜单中选择【周边长】工具;b. 选择需要测量周边长的样片;c. 右键【确定】,完成操作。

8. 样片面积

① 功能:量度一个样片的面积(图 3-250)。

② 操作方法:a. 在【量度】菜单中选择【样片面积】工具;b. 选择需要测量面积的样片;c. 右键【确定】,完成操作。

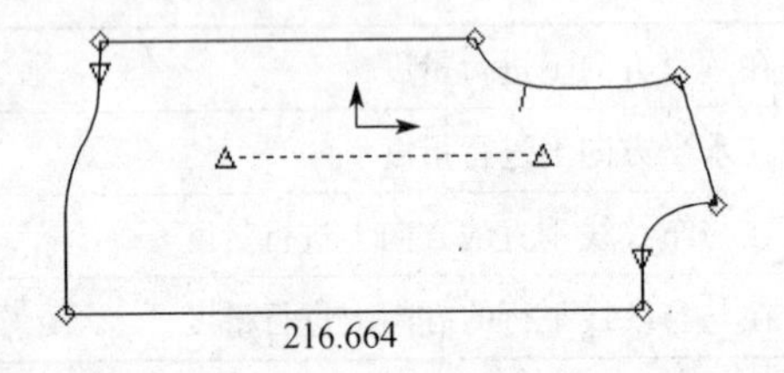

图 3-249 周边长

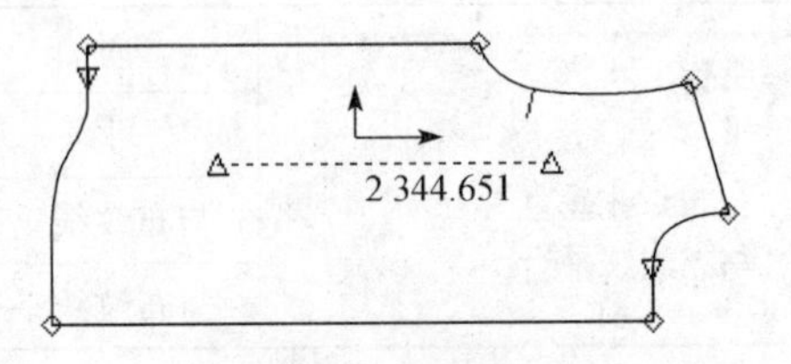

图 3-250 样片面积

9. 角度

① 功能:量度两条线之间的夹角(图 3-251)。

② 操作方法:a. 在【量度】菜单中选择【角度】工具;b. 选择需要测量角度的两条线,在用户输入框的角度域显示该角度的量度;c. 右键【确定】,完成操作。

③ 注意:在用户输入框的角度域显示的角度是一个暂时的显示,当选择其他项目的时候,该显示会消失。

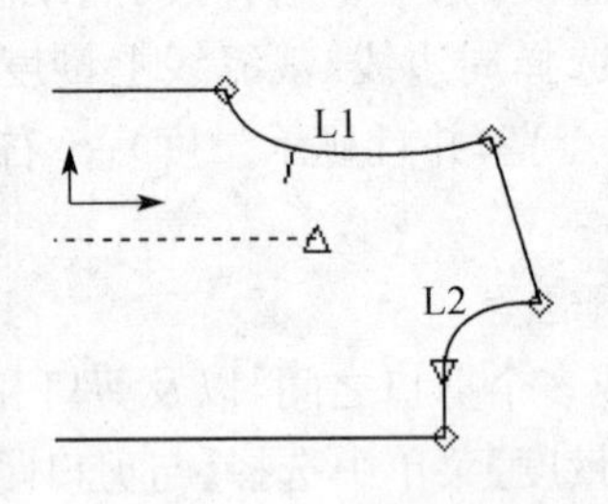

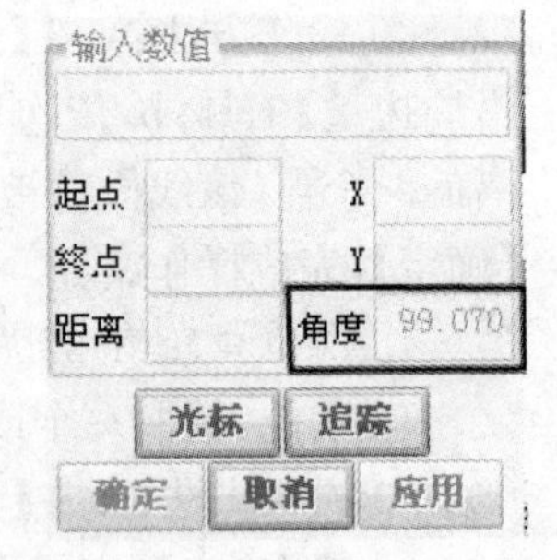

图 3-251 角度

10. 清除所有量度

① 功能:清除工作区内所有的量度。

② 操作方法:a. 在【量度】菜单中选择【清除所有量度】工具;b. 右键【确定】,完成操作。

11. 清除量度

① 功能:清除样片上选定的量度。

② 操作方法:a. 在【量度】菜单中选择【清除量度】工具;b. 选择希望清除的量度;c. 右键【确定】,完成操作。

12. 隐藏/显示尺寸

① 功能:暂时显示或者隐藏工作区内可视的量度尺寸。

② 操作方法:a. 在【量度】菜单中选择【隐藏/显示尺寸】工具;b. 右键【确定】,完成操作。

第四章 排 料 系 统

本章主要介绍获得网状样片后，如何通过格伯(Gerber)排料系统进行排料设计，具体包括生产排料图前的文件设置、产生排料图，以及使用排料工具进行排料设计等内容。

第一节 排料图的准备

一、排料系统介绍

(一) 系统功能介绍

点击 AccuMark LaunchPad 的第二个按钮，进入排料系统的相关内容(图 4-1)。

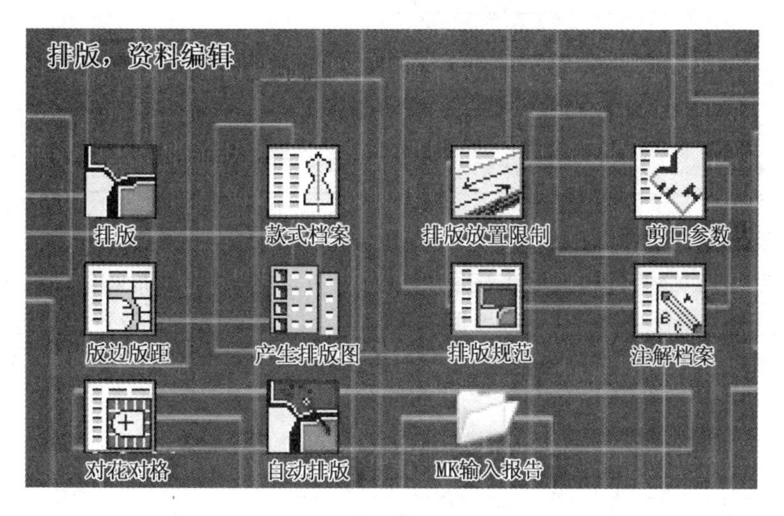

图 4-1 排料系统内容

各工具图标的名称和具体功能见表 4-1。

表 4-1 各工具图标和功能

序号	图标	名称	功能
1		排料	点击图标进入排料档案，对样片进行排料设计
2		自动排料	点击图标进入自动排料对话框，对样片进行自动排料

续表

序号	图标	档案名称	功　能
3		款式档案	设定一个款式中所需的样片及每件样片所需的数
4		注解档案	设定排料图和样片上需要标注的内容
5		排版放置限制	说明排版时面料在裁床上的铺布形式，以及样片在面料上的摆放方式等
6		排版规范	说明一个排版图所需的选择，如注解、排版放置、限制版边、版距、对花、对格及布宽、尺码搭配等
7		剪口	设定各种不同形状、大小的剪口
8		版边/版距	设定各种版边、版距尺寸
9		对花对格	设定对花对格的条件
10		产生排版区	可执行多个排版规范档案，产生排料图
11		MK 输入报告	输入排料报告

(二) 排料设计流程

格伯服装 CAD 中的排料设计需按照图 4-2 所示的各环节进行，其中第一环节的五个主要档案设置无先后次序要求，并且根据需要可增加对花对格档案设置。另外，剪口档案设置一般在样片设计环节已经设置完成。

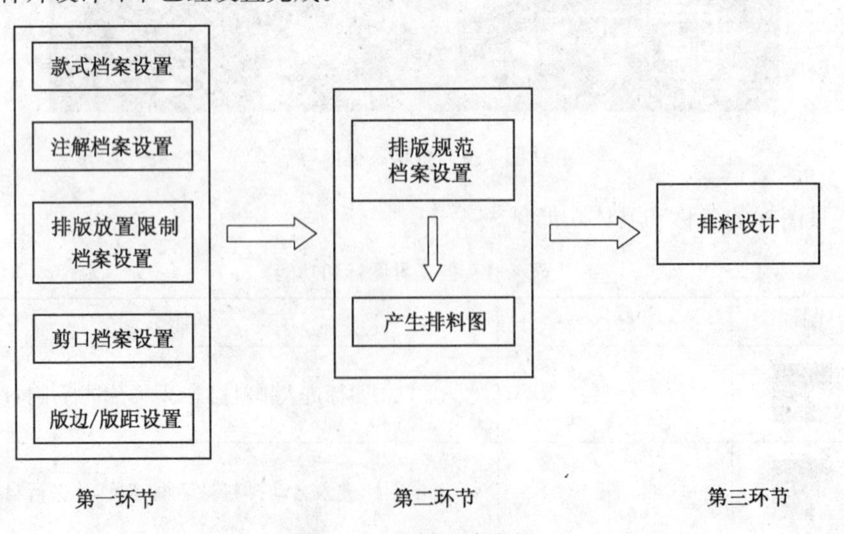

图 4-2　排料设计流程

二、档案设置

(一) 款式档案

款式文件是用来规定一个款式包括的所有样片名称、数量等内容,如图 4-3 所示。

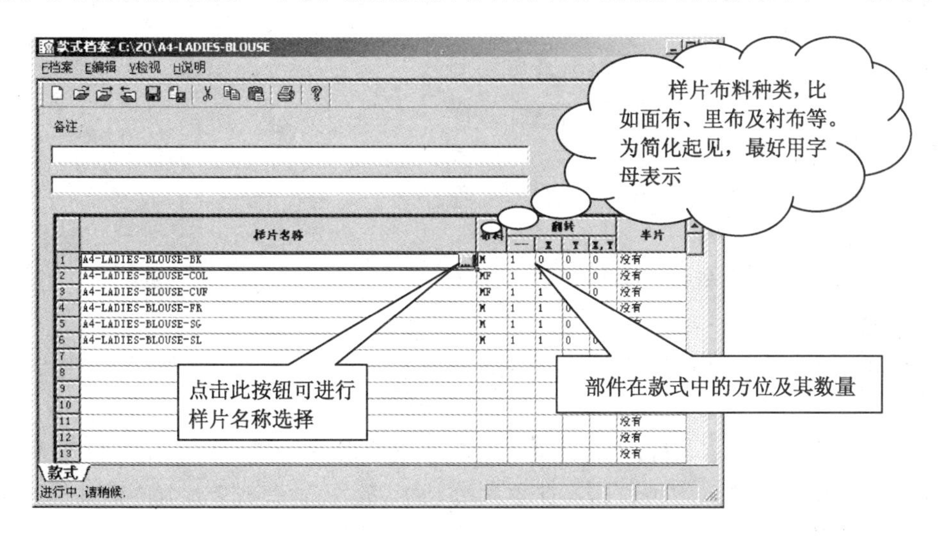

图 4-3　款式档案

款式档案具体说明如下:

1. 款式档案名称

设定好的款式档案名称将在表格顶部的标题栏中出现。设定方法为:在工具栏中的【档案】菜单中选择【新建】,即可产生一个新款式(通常与相应的衣服或产品项同名)。

2. 备注

完成对当前款式的进一步说明和解释(可选择不填写任何内容)。

3. 样片名称

输入或选择整件衣服包括的所有样片名,也可去除样片。

4. 样片图像

输入或选择样片后会显示出该样片的图形。

5. 样片类别

设定样片的类别,可以通过输入单字符和用户定义的代码来作为样片的类别。注意:同一个款式档案中,各样片的类别不能相同。

6. 布料

规定每个样片裁割的布料类型。这是一个可选择域。可以通过输入单字符和用户定义的代码来设定样片裁剪面料的类型,以便对样片进行相应的归类。在相同的排料图中,使用相同布料代码的样片可以一起生成。样片可以拥有多种衣料的代码,这样相同的衣服便可以使用不同的衣料类型。如果没有明确指定衣料代码,系统假定款式中的所有样片将使用相同的布料类型。

7. 翻转(图 4-4)

——入样状态:需要和读入方向保持一致的样片数量。

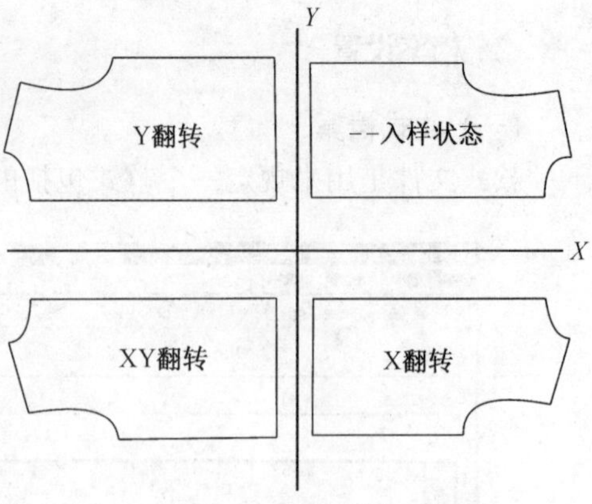

X 翻转：按 X 轴翻转后的位置的样片数量。

Y 翻转：按 Y 轴翻转后的位置的样片数量。

XY 翻转：按 X 轴和 Y 轴翻转后的位置的样片数量。

图 4-4　翻转

（二）注解档案

注解档案用来规定在绘制过程中希望绘制在排料图或者样片上而显示的所有信息，如样片名称、尺码、排料图名称、幅宽、长度、利用率等，以及内部线、缝份线、钻空位等在绘图过程中常用的处理。

1. 注解档案具体编辑说明

（1）备注：

一个可以选择进行填写的域，所创建的注解库的所有备注信息都包括在这里。

（2）类别：

“优先”总是显示在第一行，而且用户无法删除或者替换该词。所有用户输入到“优先”所对应的注解域中的信息将被打印在所有的样片上，除非在类别设定中特别进行设定。在剩下的域中，可以进行以下多种设定：

① 在类别空白域中输入某个样片的类别名称时，所有样片在款式档案中已经设定类别名称，在相应注解域中的信息只打印在该样片上；

② 在类别空白域中输入排料图时，在相应注解域中的信息将打印在排料图边界上。

（3）注解：

在对应的域中输入注解代号。可以手工输入这些注解代号，或者用该域右边的“查找”按钮显示注解格式屏幕。在注解格式屏幕上可以选择相应的注解代号。

2. 样片注解

（1）样片注解方法：

样片注解主要包括优先样片注解、排料图注解和内部资料注解，如“LABELx”（“x”代表读图时的内部线标记）表示使用注解代号来绘制对应的钻孔符号和内线种类。其方法见图 4-5～图 4-7。

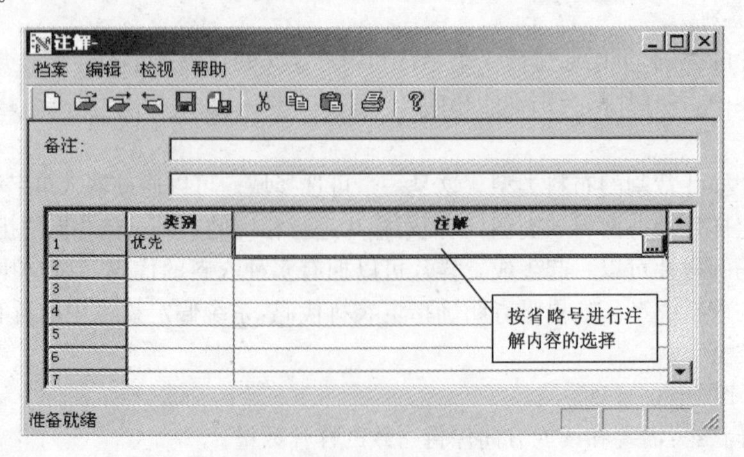

图 4-5　优先样片注解

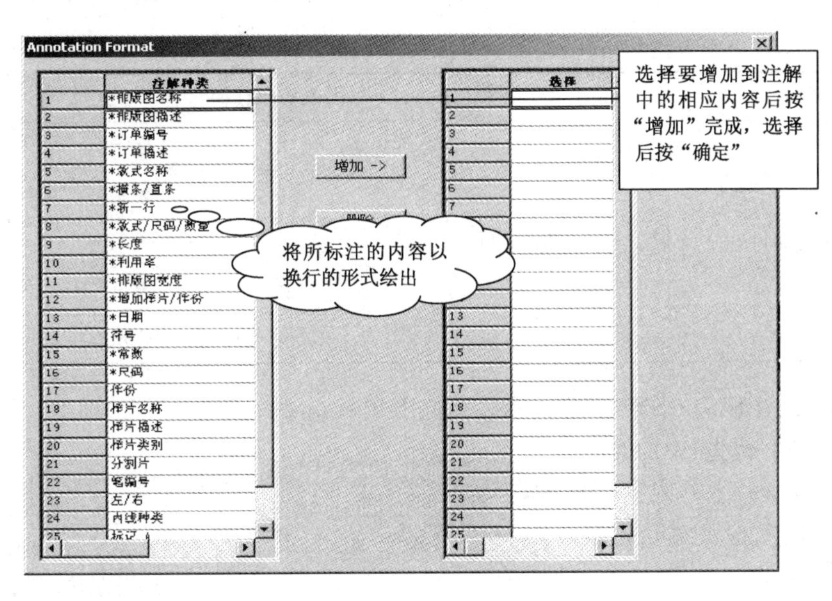

图 4-6　排料图注解

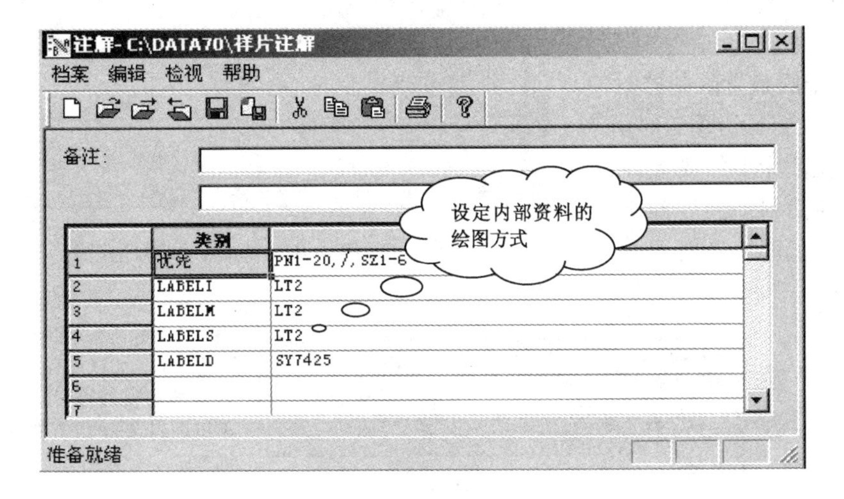

图 4-7　内部资料注解

(2) 样片内部资料设定说明：

常用的样片内部资料设定说明见表 4-2。

表 4-2　样片内部资料设定说明

名称	内部资料代码	
样片内部线	LABELI	LT0 不需要绘制
		LT1 用实线绘出
		LT2 用虚线绘出
样片内部对称线	LABELM	—
样片内部子口线	LABELS	—

续表

名称	内部资料代码	
样片内部点	LABELD	SY74 表示“＋”
		SY69 表示“＊”
		SY88 表示“○”
		SY89 表示“□”
		SY90 表示“◇”

例如：“LABELD　SY7425”表示袋孔位用2.5mm的“＋”(十字形)画出。

注意:类别“优先”中的对应注解是绘制在样片上的内容;而“排料图”中的对应注解是排料图的版头信息。

3. 排料图注解

常用的排料图注解方法如图4-8所示。

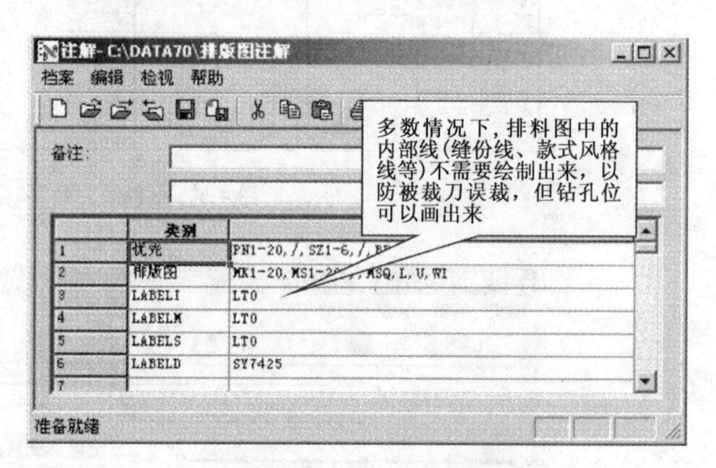

图4-8　排料图注解方法

(三) 排版放置限制档案

【排版放置限制】文件用来设定面料在裁床上的放置方式，以及样片在面料上的放置要求。其设置内容如图4-9所示。

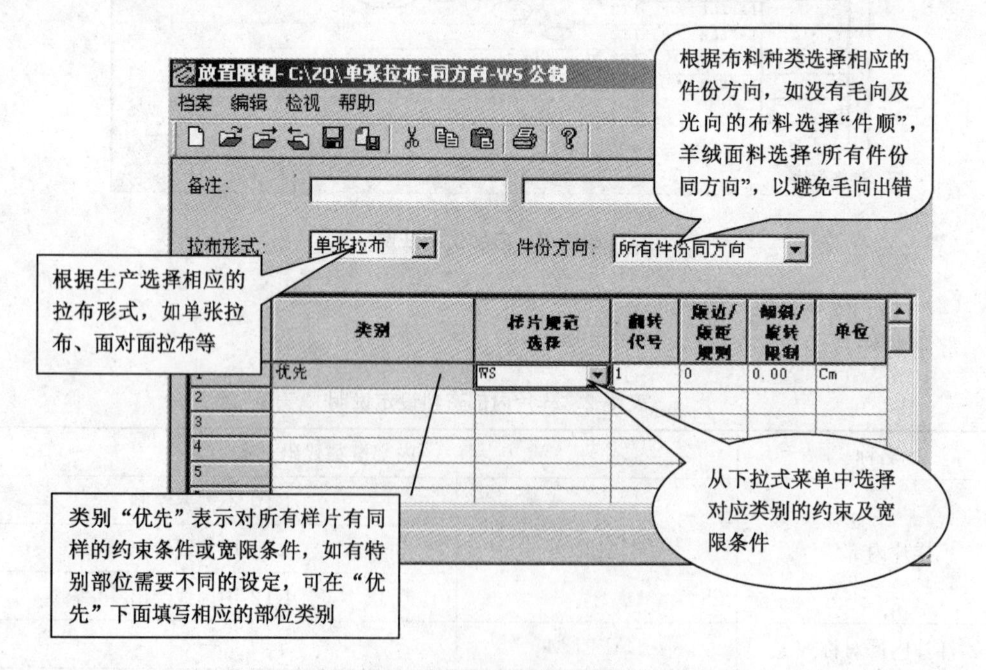

图4-9　排版放置限制设置内容

排版放置限制档案的具体说明如下：

（1）备注：

可以选择进行填写的区域，而且创建排版放置限制档案过程中的所有备注信息都包括在此。

（2）拉布形式：

拉布形式即布料的放置形式，主要包括单张拉布、圆筒拉布、对折拉布或面对面拉布（图4-10）。

① 单张拉布是指正面朝同一方向，如图 4-10(a)所示。

② 面对面拉布（合掌拉布）如图 4-10(b)所示。

③ 对折拉布是指先将布料沿布宽方向对折，然后再按照面对面拉布的形式铺布，多用于西装单量单裁。

④ 圆筒拉布多用于针织面料的铺布方式。

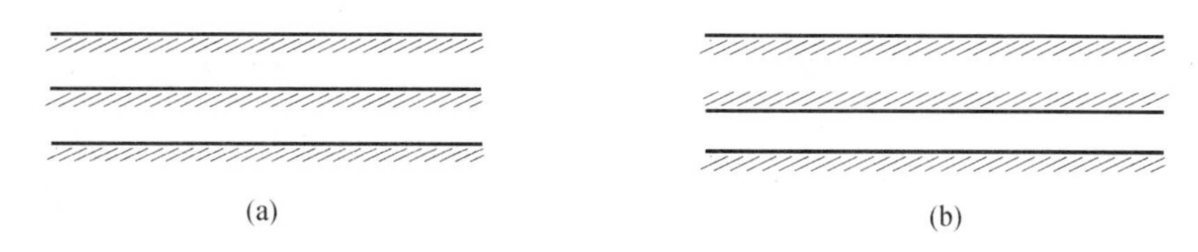

图 4-10　拉布形式

（3）件份方向：

件份是指构成一件服装的全套样片。件份方向是指样片在面料上摆放的方向。选择以下方式来定义排料系统中件份设置方向：

① “所有件份同方向”是指所有打开的件份的方向相同，一般用于起绒织物或者裁样方向很重要的操作中。

② “件顺”是指交替打开的件份采用交替的方向。由于衣料原因，当裁样的方向不是很重要的时候，会使用这种方式。交替打开的件份在排料图中旋转 180°。

③ “同尺码同方向”是指相同尺码的件份在打开的时候保持相同的方向，即：所有相同尺码的件份在同一个排料图中的定位方向相同，不同尺码的件份的定位方向有可能相差 180°。

（4）类别：

输入某个样片或者一组样片的类别名称，对其设定特别的限制条件或者允许条件。输入“优先”则表示系统将相应的限制条件应用到所有没有特别列出的样片上。可以通过样片【类别】或者【样片规范选择】，有选择性地指定相应的样片，并分别将不同的放置规则应用到所指定的样片上。

（5）样片规范选择：

在下拉式列表中选择希望应用到相应类别上的特征和限制条件。点击“样片规范选择”右边的查找按钮就可以进入下拉式列表，点击列表中的选项进行选择。“样片规范选择”可以控制样片在排版图制作过程中的方向和定位。具体选项的含义如下：

① M：主片。如果没有特别选择“M”，系统将认为该类别的样片是小片。对于所有的小片，可以使用裁割机参数表中“首先裁割小片”和“慢速裁割小片”的设定。该设定命令裁

割机首先裁割所有的小片，然后再裁割所有的主片；或者命令裁割机慢速裁割小片。

② W：一顺向样片。允许沿 X 轴进行翻转，但是不可以旋转。

③ S：允许 180°旋转，但是不能翻转。

④ SW：不允许翻转或旋转。

⑤ 9：允许 90°旋转。

⑥ 4：允许 45°旋转。

⑦ F：允许对称片折叠。需要使用这个设定时，必须在放置限制表中同时选择“对折拉布”或者“圆筒拉布”的方式。

⑧ O：额外片，可以不放置在排料图内。

⑨ N：此片不用绘制。

⑩ X：此片不用裁割。

⑪ U：面积不计算在排料图内。

(6) 翻转代号：

在下拉式列表中选择一种代号来指定从排料图的图像单中打开样片的时候，如何对样片的朝向进行调整。点击【翻转代号】右边的按钮进入该列表，点击列表中的选项进行相应的选择。样片在图像单中保持原来的读图位置。【翻转代号】可以在排料图中使用不同的朝向来定位样片。具体选项的含义如下：

① 1：原本读图位置。这是“翻转代号”域不选时的缺省选项。

② 2：顺时针方向旋转 180°。

③ 3：沿 Y 轴方向进行翻转。

④ 4：沿 X 轴方向进行翻转。

⑤ 5：逆时针方向旋转 90°，并沿 X 轴方向进行翻转。

⑥ 6：逆时针方向旋转 90°。

⑦ 7：顺时针方向旋转 90°。

⑧ 8：顺时针方向旋转 90°，并沿 X 轴方向进行翻转。

⑨ 9：逆时针方向旋转 45°，并沿 X 轴方向进行翻转。

⑩ 10：逆时针方向旋转 45°。

⑪ 11：顺时针方向旋转 45°。

⑫ 12：顺时针方向旋转 45°，并沿 X 轴方向进行翻转。

(7) 版边/版距规则：

输入希望应用于每一个样片的版边或版距规则号（与版边/版距表中设定的一样）。

(8) 倾斜/旋转限制：

输入排料图制作过程中每一个样片可以倾斜或旋转的最大限制值。该值可以是一个角度或一段距离。缺省值是“0”，即不允许进行倾斜。

(9) 单位：

点击该设定项来指定【倾斜/旋转限制】域的单位。“I”表示英寸，“C” 表示厘米，“D”表示角度。

(四) 剪口参数表

在服装打版过程中经常使用的剪口类型分别为直剪口、T 型剪口、V 型剪口和 U 型剪

口，根据需要自行选择。每种剪口在布料边缘的形式如图 4-11 所示。

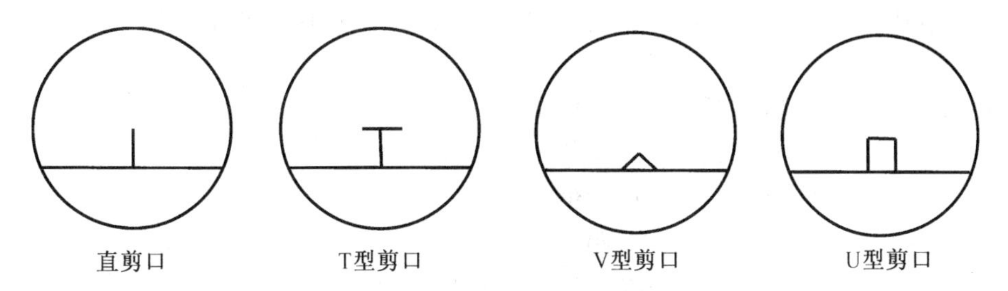

图 4-11 剪口形式

剪口参数表中需要设置的参数主要有周边线宽度、内部宽度和剪口深度，如图 4-12 所示。

剪口的三个参数在剪口中的位置以 T 型剪口为例，如图 4-13 所示。

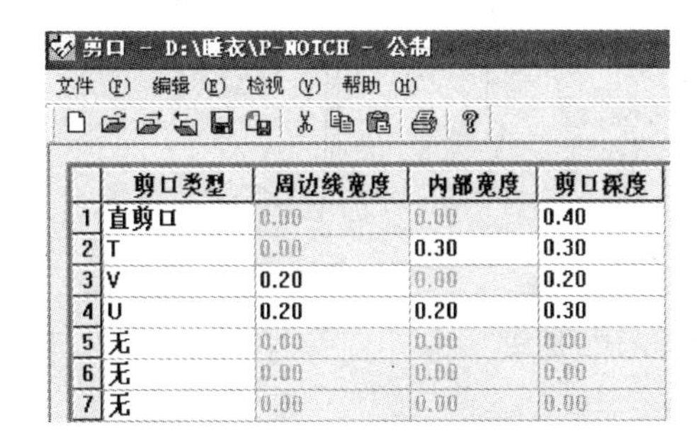

剪口 - D:\睡衣\P-NOTCH - 公制

文件(F) 编辑(E) 检视(V) 帮助(H)

	剪口类型	周边线宽度	内部宽度	剪口深度
1	直剪口	0.00	0.00	0.40
2	T	0.00	0.30	0.30
3	V	0.20	0.00	0.20
4	U	0.20	0.20	0.30
5	无	0.00	0.00	0.00
6	无	0.00	0.00	0.00
7	无	0.00	0.00	0.00

图 4-12 剪口参数表

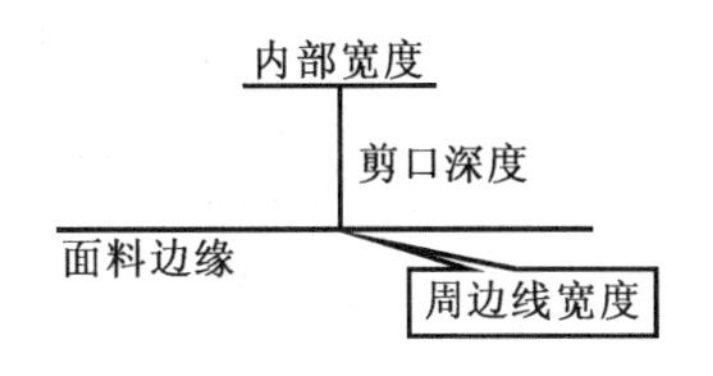

图 4-13 剪口参数

(五) 版边/版距档案

版边/版距档案是用来设定每个样片的版边和版距规则的文件(图 4-14)。

图 4-14 版边/版距档案

版边/版距档案具体说明如下：

(1) 备注：可选域。可以将所有在建立版边/版距过程中的记录和备注信息包括在该域内。

(2) 编号：为所建立的版边/版距规则设定的编号。

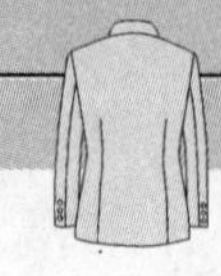

(3) 规则:在该域滚动选择版边或者版距,说明正在建立的是版边规则还是版距规则。其中:版边多用于样片精裁或裁床,相当于样片放大;版距多用于针织布排料,也可用与样片之间留出距离(图 4-15)。

(4) 左:输入样片左侧的版边/版距值。

(5) 上:输入样片上侧的版边/版距值。

(6) 右:输入样片右侧的版边/版距值。

(7) 下:输入样片下侧的版边/版距值。

(8) 线段式:输入某个样片特定线段的版边/版距。

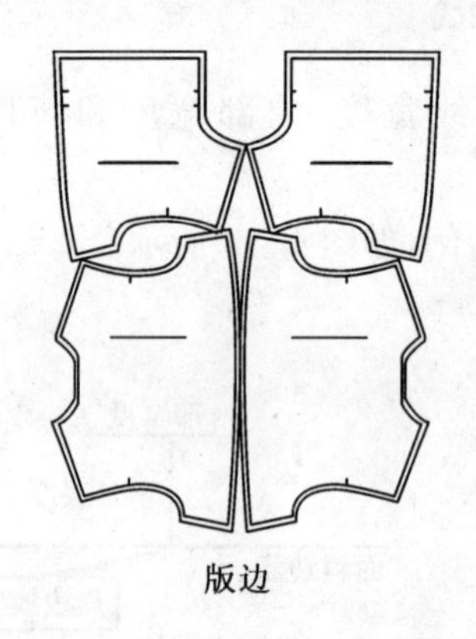

版边

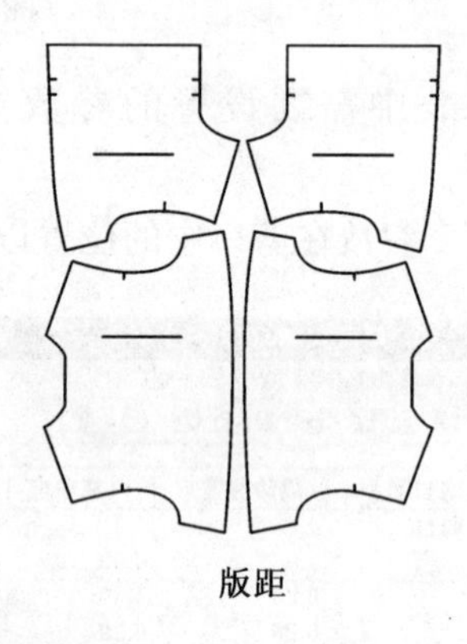

版距

图 4-15 版边/版距

(六) 对花对格档案

对花对格档案是对图案或条格面料进行裁剪时对花对格设定的文件。下面以衬衫款为例进行对花对格档案的讲解,步骤为:

(1) 通过【样片设计】中【编辑点资料】来设定需要对花对格部位点的编号,编号可以是三位或更高位数的数值,以避免相互之间重复,如图 4-16 中 508 和 506 等数值。

(2) 款式档案中各样片的类别,同一款式中的样片类别不能重复,如图 4-16 中的后片、前片等。

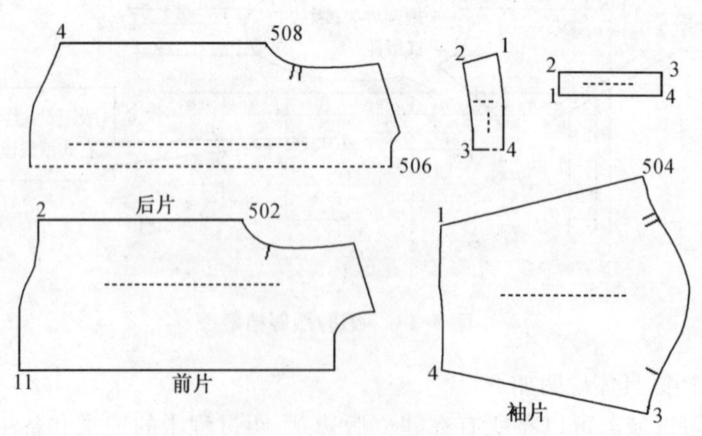

图 4-16 衬衫样片

(3) 确定哪些部位需要对花对格。如图 4-16 和图 4-17 所示,后片的 508 点与前片的

502 点横条匹对；后片的 506 点对布料的主条中央；前片的 502 点与自身横条匹对，直条两边左右对称；袖片的 504 点与自身横条匹对，直条点子两边左右对称；领和袖口不做对花对格处理。

布料条格说明如图 4-17 所示。

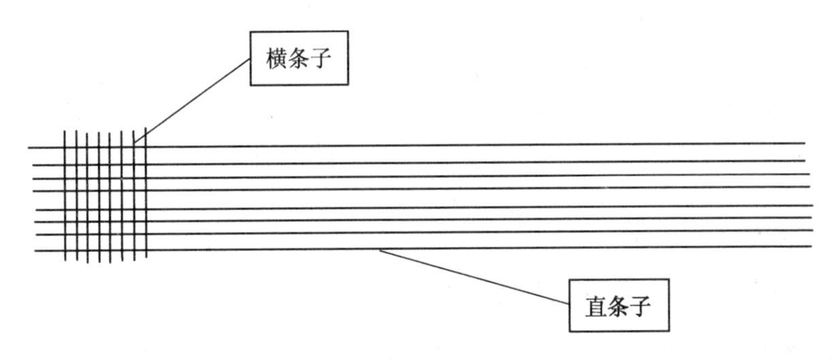

图 4-17　条格面料

(4) 打开【对花对格】档案(图 4-18)，进行“档案”编辑(图 4-18)。

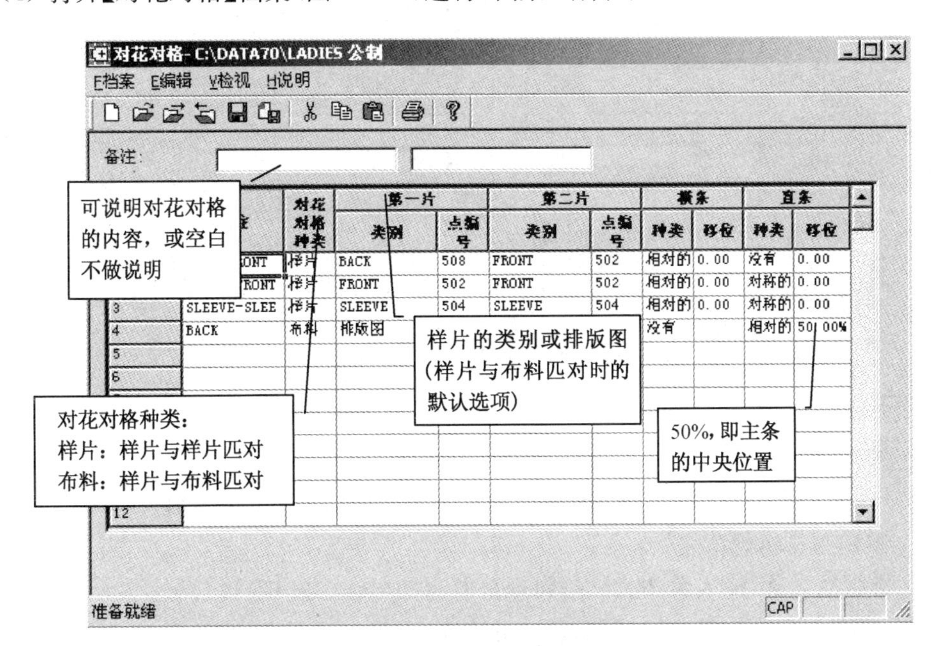

图 4-18　对花对格档案

对花对格档案具体说明如下：

(1) 备注：可以对建立的对花对格规则表进行备注信息填写。

(2) 对花对格种类：点击该域选择以下一种——

① 布料：为样片和布料的对应关系建立规则。

② 样片：为样片和样片的对应关系建立规则。

(3) 第一片类别：样片到布料对花对格或者样片到样片对花对格，输入所建立规则对应的第一个样片所属的类别。

(4) 第一片点编号：样片到布料对花对格或者样片到样片对花对格，输入所建立规则对应的样片上的点编号。

(5) 第二片类别:样片到布料对花对格或者样片到样片对花对格,输入所建立规则对应的第二个样片所属的类别。

(6) 第二片点编号:样片到布料对花对格或者样片到样片对花对格,输入所建立规则对应的样片上的点编号。

(7) 横条种类:选择相对的、没有、相同的或者对称的横条种类。

(8) 横条移位:选择一个 X 坐标值。

(9) 直条种类:选择相对的、没有、相同的或者对称的直条种类。

(10) 直条移位:选择一个 Y 坐标值。

(七) 排版规范档案

排版规范档案主要进行排料规范的设定,并由此产生排料图文件(图 4-19)。

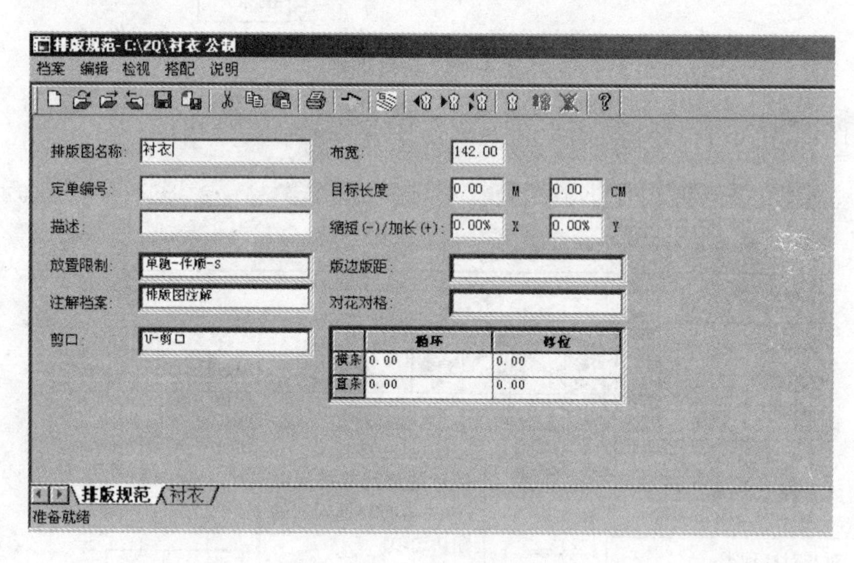

图 4-19 排版规范档案

图 4-19 中,排料图名称、放置限制、注解档案、剪口和布宽为必须填写的内容。具体可按以下步骤填写排料规范表格:

(1) 排版图名称:输入希望为该排料规范所起的名称(必填项)。

(2) 订单编号:输入客户的订单编号(可选项)。

(3) 描述:输入该排料图的相关描述(可选项)。

(4) 放置限制:选择一个排料放置限制表(必填项)。

(5) 注解档案:选择一个该排料图使用的注解档案表(必填项)。

(6) 剪口:选择该排料图所使用的剪口参数表(必填项)。

(7) 布宽:设定布料的宽度(必填项)。

(8) 目标长度:可以通过在主菜单上选择"检视"来设定排版图的目标长度或目标利用率,然后在相应的域内输入选择。

(9) 缩短/加长:输入缩小(-)或拉伸(+)量(可选项)。

(10) 版边/版距:选择希望使用的版边和版距档案(可选项)。

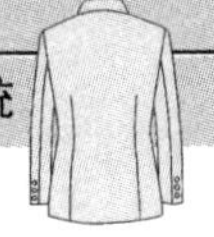

(11) 对花对格:在对花对格域中可以设定希望系统参照的对花对格规则表的名称。

(12) 横条循环:在整个织物的宽度范围内,横条循环将不断延伸,从织物的一边到达织物的另外一边,并且在排料图屏幕上垂直显示。如果需要,输入排料图中使用的织物横条的循环值。该值表示横条循环之间的间隔距离。

(13) 横条移位:如果有必要,输入排料图使用的织物横条的移位值。

(14) 直条循环:在整个织物的长度范围内,直条循环将不断延伸,从织物的一边到达织物的另外一边,并且在排料图屏幕上水平显示。如果需要,输入排料图中使用的织物直条的循环值。该值表示直条循环之间的间隔距离。

(15) 直条移位:如果有必要,输入排料图使用的织物直条的移位值。

一旦该档案完成,则继续点击位于排版规范底部的款式 Tab 键(必填项),如图 4-20 所示。

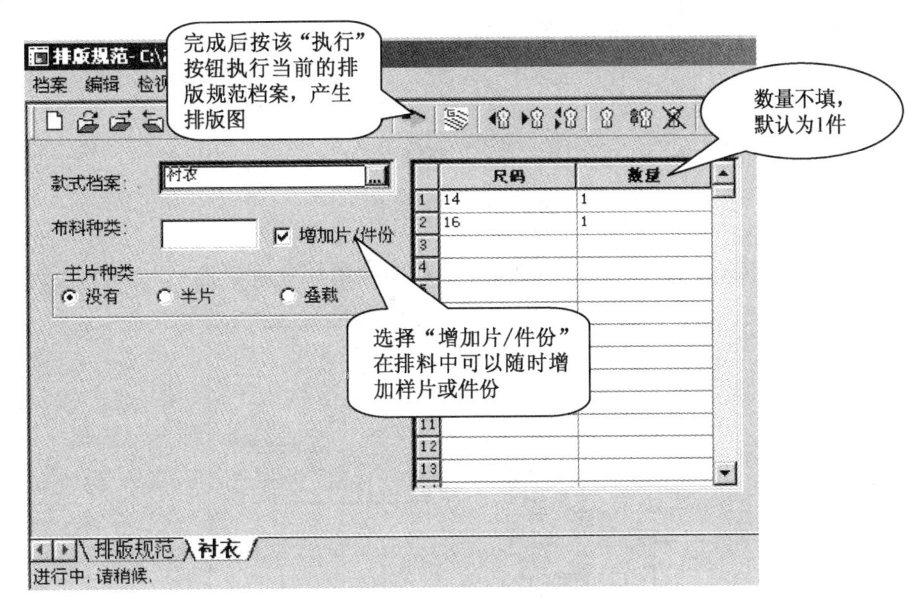

图 4-20 排版规范档案款式内容

一般按以下步骤来定义排料图中的相应款式内容:

(1) 款式档案:选择当前排版规范中包括的款式名称。

(2) 布料类型:输入布料代号来确定款式中每一个样片的裁割布料类型。

注意:此选项中的布料类型要与款式档案中所设定的一致。

(3) 增加样片/件份:若勾选此项,则在排料图制作过程中可以增加样片或者件份;反之,则禁止增加样片或者件份。

(4) 选择尺码:输入当前款式中相应的尺码。

注意:所输入的尺码必须和放缩规则表中列出的尺码相一致。

(5) 数量:输入每一种尺寸需要生成的件份的数量。

(6) 选择储存来保存该排版规范,并点击 执行工具产生排料图。

状态显示为“执行完成”,说明已成功将排料图信息发送到排料模块中。

状态显示为“错误”,说明未能成功产生排料图,需要查找错误原因。

(八) 自动排料

双击自动排料功能图标，进入自动排料，设置要求如图 4-21 所示。

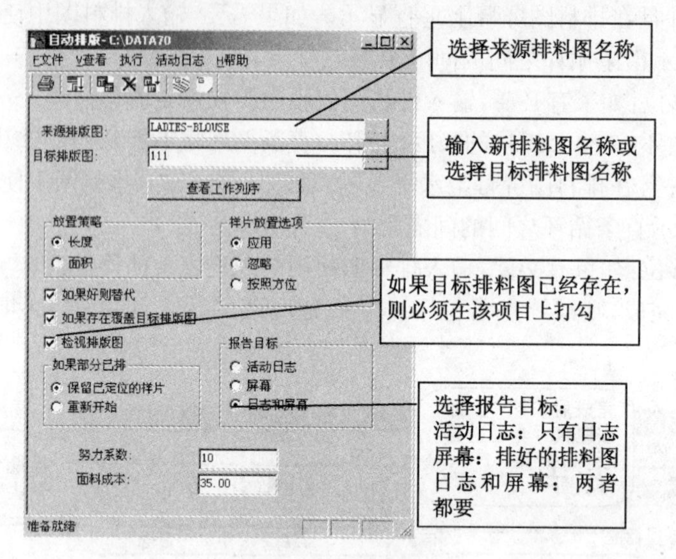

图 4-21　自动排料

点击【菜单】→【执行】工具后，排好的目标排料图即出现在屏幕上，如图 4-22 所示。

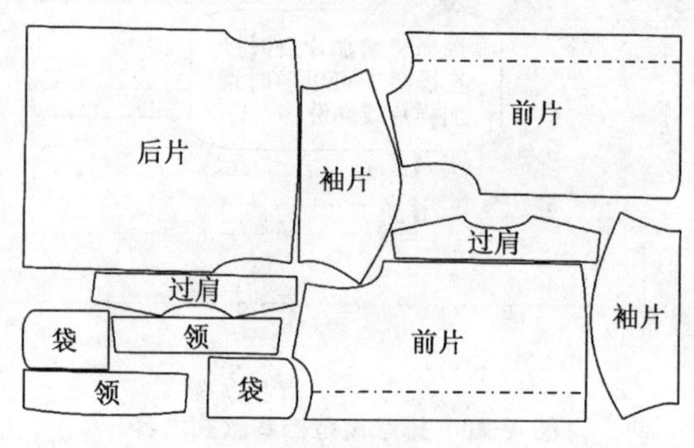

图 4-22　目标排料图

(九) 注意事项

(1) 通过【检视】→【用户环境】可以设定单位制度：公制或英制(图 4-23)。

(2) 通过【检视】→【用户环境】可以设定当排料图出现重名，产生排料图时是否覆盖原有排料图，一般应该设定为“提示”；同时可以设定在排料过程中分割样片时所加的缝份量(图 4-24)。

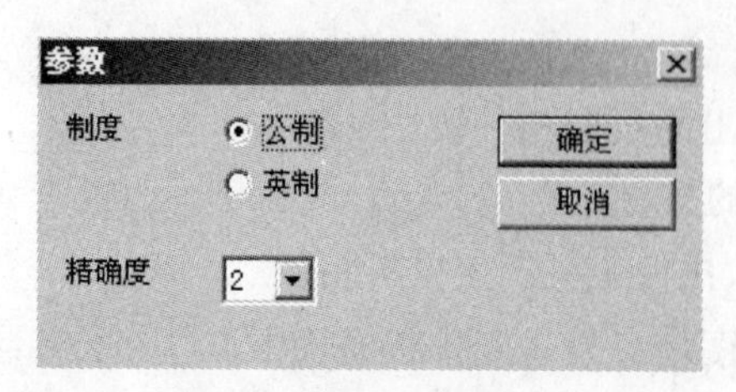

图 4-23　单位设置

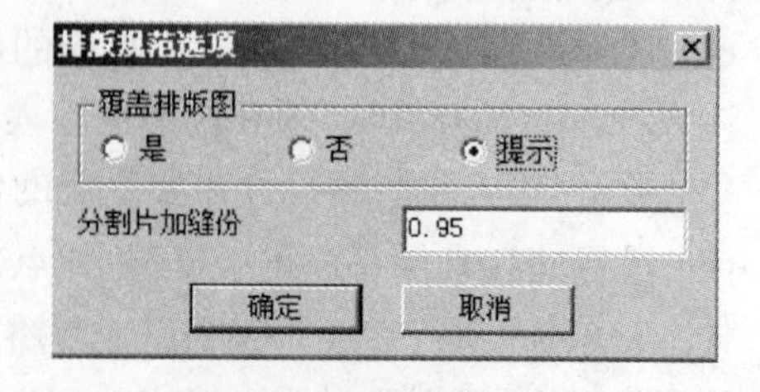

图 4-24　覆盖和缝份量设置

（3）通过【检视】→【活动讯息记录】记录系统的每一步操作，并且在出现错误时提示错误原因（图 4-25）。

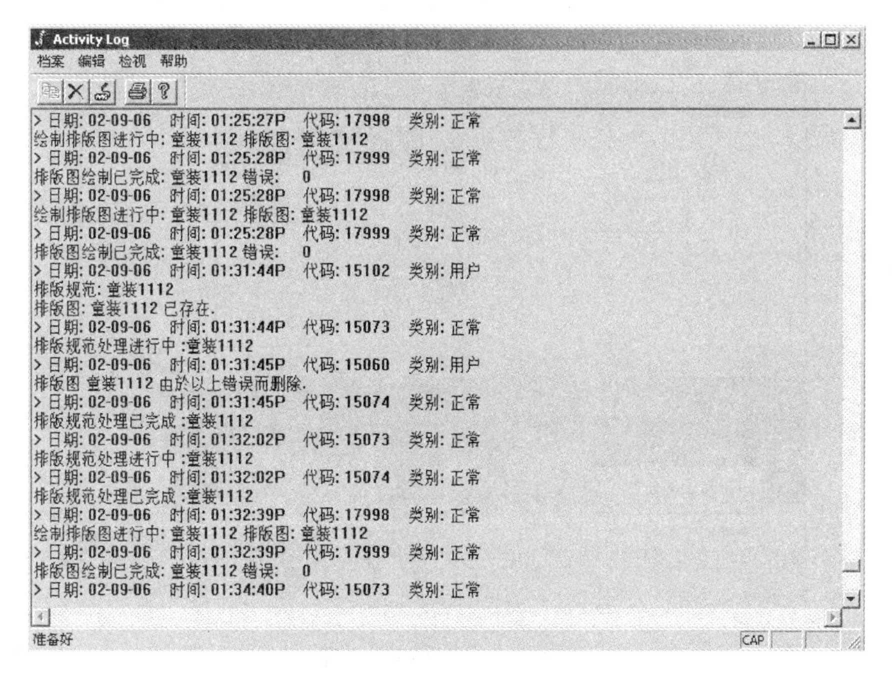

图 4-25 活动讯息记录

产生排料图时如出现错误，通常可归纳为以下原因：

（1）同一排料图中样片的类别重复。

解决方法：在款式档案中查看各样片的类别是否相同。

（2）在排版规范中输入的尺码与所选款式样片的实际尺码不匹配。

解决方法：查看款式档案中样片的实际尺码与放缩表中的尺码、排版规范中的尺码三者是否相同。

（3）找不到排版规范中所需要的款式档案或样片。

解决方法：重新设置款式档案或在款式档案中重新设置样片。

（4）如果重复产生同一排料图，而且在排版规范选项中选择“否”，则无法产生排料图，如图 4-26 所示状态。

解决方法：在【检视】→【用户环境】中的“覆盖排版图选项”中选择“提示”。

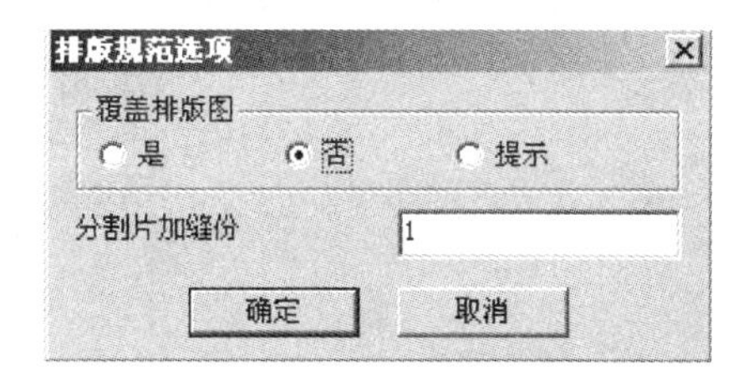

图 4-26 覆盖选项

第二节 排 料 系 统

产生排料图成功后，就可以进入 Launch Pad 第二个按钮中的排版系统进行排料设计。

双击排版系统图标，进入排料操作界面。

排料系统界面显示如图 4-27 所示。各菜单详细功能如下：

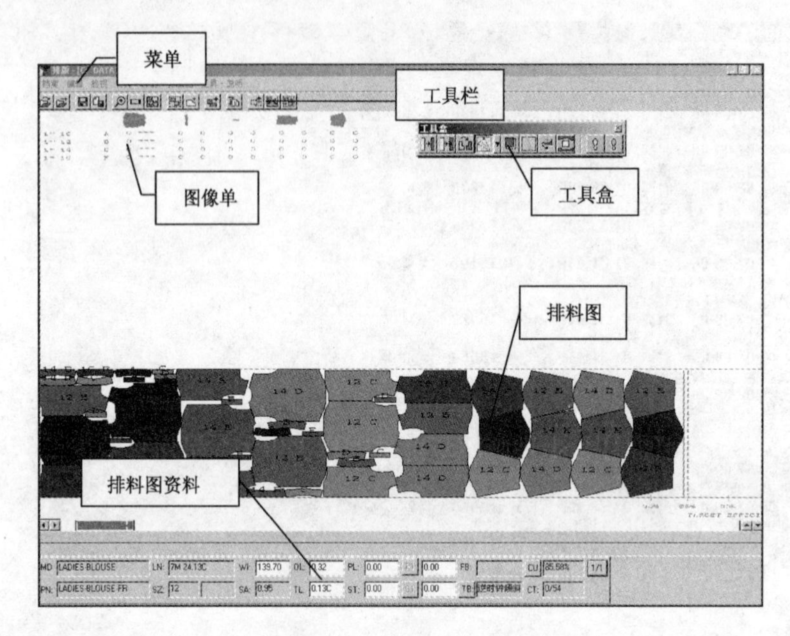

图 4-27　排料系统界面

一、菜单功能

（一）文件

1. 开启

① 功能：开启一个已存在的排料图文件。

② 操作方法：a. 选择【打开】工具；b. 选择存放排版图的储存区名称；c. 选择排版图名称；d. 点击“开启”完成操作（图 4-28）。

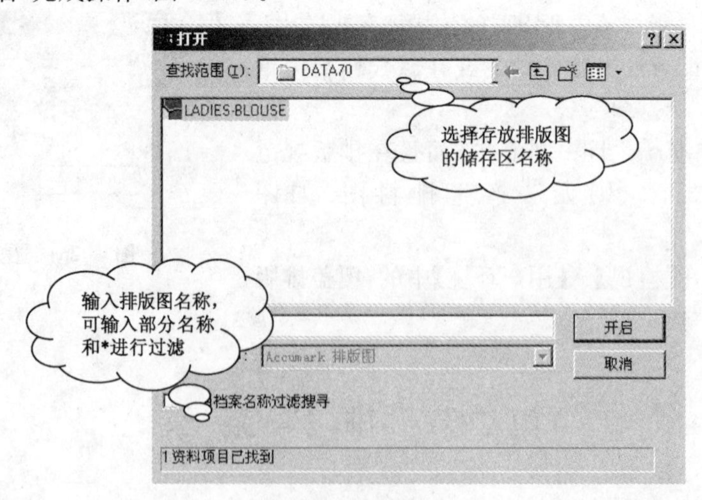

图 4-28　打开功能

2. 打开下一个未完成

① 功能:系统在目前的储存区内,按照文字数字的顺序查找并显示下一个未完成的排料图。储存区内下一个未完成的排料图将在图像单中显示,并且取代刚才开启的前一个排料图的位置。

② 操作方法:同【打开】工具。

3. 打开下一个已完成

① 功能:系统在目前的储存区内,按照文字数字的顺序查找并显示下一个已完成的排料图。储存区内下一个已完成的排料图将在图像单中显示,并且取代刚才开启的前一个排料图的位置。

② 操作方法:同【打开】工具。

4. 打开下一个

① 功能:从储存区内开启下一个排料图,而不管该排料图处于什么状态(完成、需要批准、部分完成或者未完成)。

② 操作方法:同【打开】工具。

5. 打开前一个

① 功能:开启储存区排料图列表中排在目前正在使用的排料图前面的一个排料图文件。

② 操作方法:同【打开】工具。

6. 打开原图

① 功能:开启正在显示的排料图的最后一个储存版本。

② 操作方法:点击【打开原图】工具即可。

7. 默认目标储存区

① 功能:设定排版图的默认储存区,则点击【保存】按钮后系统自动将文件保存在该储存区内。

② 操作方法:a. 选择【默认目标储存区】工具;b. 选择存放排版图的储存区名称。

8. 保存

① 功能:将当前显示的排版图文件保存在默认储存区。

② 操作方法:点击【保存】按钮即可。

9. 另存为

① 功能:将当前显示的排版图文件保存到默认储存区之外的储存区中。

② 操作方法:a. 选择【另存为】工具;b. 选择存放排料图的储存区名称;c. 输入排料图名称;d. 点击“保存”完成操作。

10. 暂时性储存

① 功能:暂时性地将当前排版图保存到默认的储存区中。

② 操作方法:同【保存】按钮。

11. 打印

① 功能:将当前显示的排版图用打印机进行打印。

② 操作方法:a. 选择【打印】工具;b. 进行打印机的常规选择;c. 点击“打印”完成操作。

12. 绘图

① 功能:将当前显示的排料图用绘图仪进行 1∶1 打印。

② 操作方法：a. 选择【绘图】工具；b. 进行“绘图排料图”的常规设置；c. 点击“打印”完成操作。

13. 自动排版

① 功能：对当前排料图进行自动排料设计。

② 操作方法：a. 选择【自动排版】工具；b. 进行自动排版设置，方法见本章第一节中自动排版内容；c. 点击【执行】工具，完成操作。

14. 退出

① 功能：退出排料系统。

② 操作方法：点击【退出】工具即可。

(二) 编辑

1. 重叠量

① 功能：编辑排料图中样片与样片、样片与布边每次重叠的量，即排料图资料栏（图 4-27）中“OL”的量（图 4-29）。

② 操作方法：a. 选择【重叠量】工具；b. 输入重叠量数值；c. 点击“确定”完成操作。

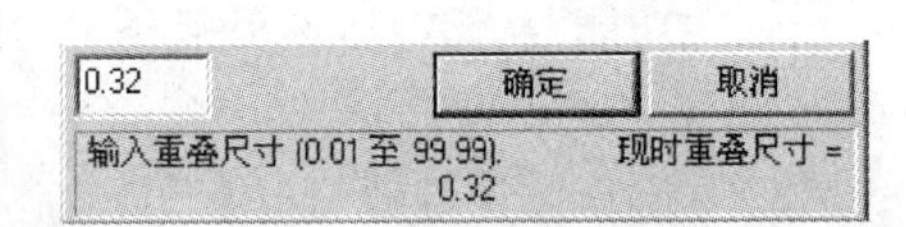

图 4-29 重叠量设置

2. 倾斜量

① 功能：编辑排料图中样片每次倾斜的量，即排料图资料栏（图 4-27）中“TL”的量（图 4-30）。

② 操作方法：a. 选择【倾斜量】工具；b. 输入倾斜量数值；c. 点击“确定”完成操作。

图 4-30 倾斜量设置

3. 设定

① 功能：对排料系统进行参数、样片和排料图显示等内容设定，具体如图 4-31 所示。

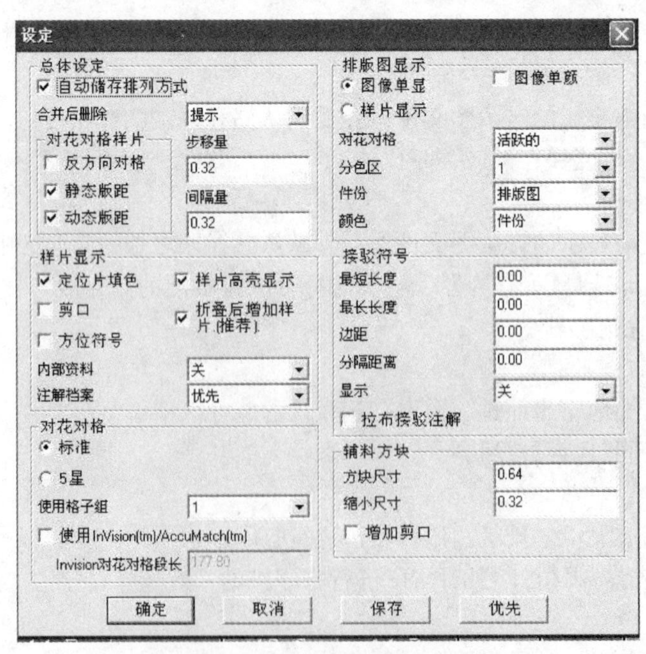

图 4-31 排料系统设定

(1) 总体设定：

① 自动储存排列方式：如果选中，则储存排料的时候会自动储存排列方式，并且名称和排料图名称一致。如果排料图另存为新的排料图，则不会覆盖原有的排列方式。

② 合并后删除：当一个或多个排料图进行合并时，对原有的排料图所做的选择。选择项目有“是”“否”“提示”，建议选择“提示”。

(2) 对花对格样片：

① 反方向对格：选择此选项，当样片进行 180°旋转或翻转后，系统会自动保持样片原有的对花对格规则。此功能只对均匀的横条或直条样片有效。

② 静态版距/动态版距：此设置可开启或关闭对带有版距的样片的对花对格操作。

(3) 步移量：

设定排料时样片的每次移动量。

(4) 间隔量：

间隔量是指容纳样片的间隔距离。

(5) 样片显示：

① 定位样片上色：在选择框中打勾将开启这项设定，系统为排料图区域内的样片上满实色。每一种不同件份都由不同的颜色代表。如果不打勾则关闭这项设定，那么所有的样片都是带轮廓线的白色体，不同的样片之间没有任何颜色差别。

② 剪口：在选择框中打勾将开启这项设定，系统将在排料图的样片上显示剪口。如果样片显示太小，该剪口可能无法看清。当针对某个样片进行放大后，该符号将根据剪口参数表格中的设定按比例反映真实的剪口深度。该设定的缺省值是“关闭”(不打勾)。

③ 方向指示符：在选择框中打勾将开启这项设定，系统将在排料图的样片上显示带有方向指示符(指示翻转或旋转的方向)的布纹线。该设定的缺省值是“关闭”(不打勾)。如果该样片已经超过放置限制的许可，则样片的侧面会显示一个星号。

④ 内部资料：该下拉式列表有三种不同设置，可以用来定义类似钻孔的内部线是否在排料图的样片上进行显示(表 4-3)。

表 4-3 内部资料设置

设置选项	含　　义
优先	在缺省情况下，定位和未定位的样片都会显示内部线；但在样片移动的时候，则不会显示
全部	即便是在样片移动的时候也一直显示所有的内部线
关	无论在什么时候都不显示任何内部线

⑤ 注解：该下拉式列表有三种不同设置，可以用来定义类似件份代号的注解档案是否在排版图的样片上进行显示(表 4-4)。

表 4-4 内部资料设置

设置选项	含　　义
优先	在每一个样片上都显示注解档案的信息
全部	显示半片和叠裁的尺寸。如果样片是共享的，则样片上会显示两个尺寸。布料方块的注解档案也会显示
关	样片上不显示任何的注解档案信息

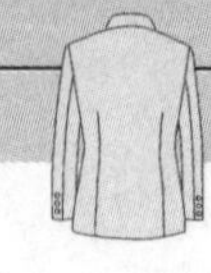

⑥ 高亮周边线选项：选择该项则高亮整个样片，不选择此项则仅高亮样片周边线。

⑦ 折叠后增加样片(推荐)：选择该项，在对称片折叠后，系统会自动增加另外半个样片。

(6) 对花对格：

① 标准：使用水平线和垂直线来确定对花对格的位置。

② 五星：使用类似加号的符号(＋)显示。

③ 使用格子组：设定样片按照哪个格子组进行对花对格，可通过选择“使用格子组”下拉菜单中的“1”“2”“3”设置格子组间距。一般用于阴阳格的布料。

(7) 排料图显示说明：

① 图像单：选择该域，则图像单在工作区的顶部显示所包含的样片(图 4-32)。

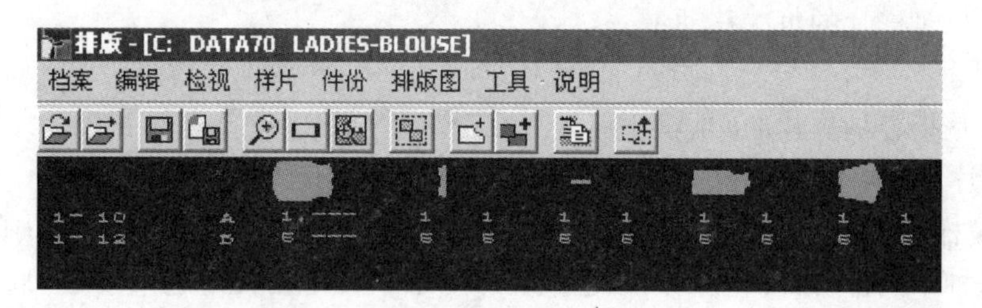

图 4-32　图像单

② 样片检视：选择该域，所有未定位的样片将在排料图边界的上方成排显示。如果样片的数量太多，则无法在这个区域进行显示，这个排料图就会转化成图像单的显示方式(图 4-33)。

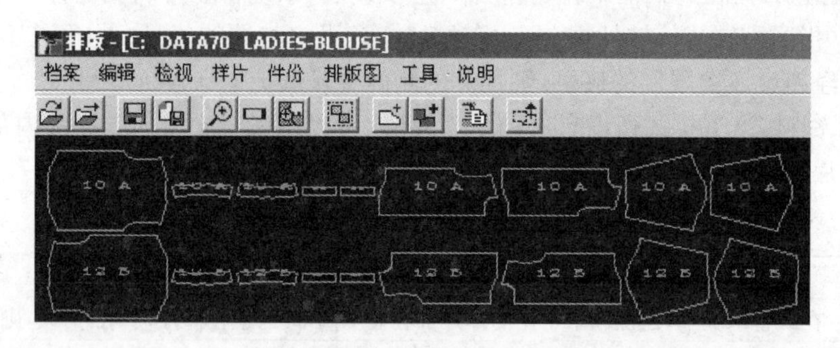

图 4-33　样片检视

③ 对花对格：有三个选项，“关”表示不显示格子，“活跃的”表示只显示【使用格子组】设定的格子，“全部”表示将所有的格子组显示出来。

④ 分色区：一般用于边色差的设定，最多可以设定七个分色区，系统根据设定的分色区数量自动在布宽方向显示分色区的线条。

⑤ 件份：件份编号的依据，可分别依据排料图和款式。

(8) 驳布符号：

主要用于铺布，保证在铺布接驳位置有完整样片：

① 最小长度：驳布符号允许的最小长度。

② 最大长度：驳布符号允许的最大长度。

③ 边距：接驳符号两端增加的距离，即样片距布料分割位置的距离。

④ 分隔距离：排料图边界和驳布符号开始绘制位置之间的距离。

⑤ 显示：设定是否在屏幕上显示驳布符号及显示位置。

⑥ 接驳符号注解：是否在驳布符号上加注解。

(9) 设定移动量：

移动功能键允许在排料时以特定距离移动样片。移动量在排料设置对话框中提前设定，然后使用键盘控制样片方向来使用此功能。各按键功能如表 4-5 所示。

表 4-5　键盘控制样片移动方向表

按键	功能	按键	功能
=	向上移动样片	[	向左移动样片
‘	向下移动样片	]	向右移动样片

(三) 检视

1. 下一页图像单

① 功能：图像单翻页。根据排料图资料对话框中的设定，使用这个工具可以在屏幕最右端的样片图标单按钮(1/2)上显示下一页的图标。

② 操作方法：选择【下一页图像单】工具，完成操作。

2. 局部放大

① 功能：可放大工作区的一部分，获得更好的近视效果。

② 操作方法：a. 选择【局部放大】工具；b. 按下鼠标左键拉框，选择排料图中需要放大的部分后松开左键，完成操作。

3. 整体显示

① 功能：缩小排料图，让整个排版图在屏幕上显示出来。再次选择该工具可以让排版图恢复到正常显示尺寸。

② 操作方法：选择【整体显示】工具即可。

4. 比例切换

① 功能：放大排料图的显示面积。选中一次可以扩大排料图的显示，再选中一次就会让排料图的显示回到原来的尺寸。

② 操作方法：选择【比例切换】工具即可。

5. 刷新显像

① 功能：设计排料图时，在屏幕上移动样片可能会在屏幕上留下不正常的显示。所谓不正常的显示是移动样片的残余以小颗粒的形式显示在屏幕上。要去除这些痕迹，需要选择【刷新显像】。

② 操作方法：选择【刷新显示】工具即可。

6. 工具盒

① 功能：显示或隐藏工具盒。

② 操作方法：选择【工具盒】工具即可。另外，利用排料图资料中的【TB】键进行切换，也可以实现该功能。

7. 排版图资料

① 功能:显示与隐藏排料图资料。排版图资料对话框将显示目前的排料图信息。有些信息直到某个功能被激活后才会显示,其他信息则在排料图制作过程中不断地进行更新。

② 操作方法:选择【排版图资料】工具即可。

8. 排版图描述

① 功能:弹出描述当前排料图订单编号、尺码数量等信息的窗口。

② 操作方法:选择【排版图描述】工具即可。

9. 缩放窗口

① 功能:显示与隐藏缩小的当前排料系统界面。

② 操作方法:选择【缩放窗口】工具即可。

10. 参数

① 功能:弹出用户环境窗口,进行设定长度单位的制度、精密度等内容的设置(图4-34)。

② 操作方法:a. 选择【参数】工具;b. 在用户环境窗口中进行设置后点击"保存",完成操作。

图4-34 参数

11. 排料图活动日志

① 功能:查看活动日志文件。

② 操作方法:直接点击【活动日志】工具即可。

(四) 样片

1. 增加样片

① 功能:在排料过程中增加一个样片。增加的样片将按照顺序,被赋予下一个有效的件份代号,而在其件份代号和尺寸外会有括号显示。

② 操作方法:a. 选择【增加样片】工具,弹出"增加样片"窗口;b. 在排料图内选择要增加的样片(新增加样片出现在排料图上方);c. 选择样片完成后,点击"增加样片"窗口中的【确定】,完成操作。

2. 删除样片

① 功能:从排料图中删除使用【增加样片】或【增加件份】所增加的样片。

② 操作方法:a. 选择【删除样片】工具,弹出"删除样片"窗口;b. 在排料图上方选择要删除的样片;c. 选择样片完成后,点击"删除样片"窗口中的【确定】,完成操作。

3. 退回

(1) 全部:

① 功能:将工作区内(定位或者未定位)的所有样片退回原来的图像单。

② 操作方法:a. 选择【全部】工具;b. 根据提示窗口,点击"是"则将排料图中的样片退回图像单。

(2) 未定位

① 功能:将排料图中所有的未定位的样片退回图像单。

② 操作方法:同【全部】工具。

(3) 件份

① 功能:将排料图中所选中的某件份样片退回图像单。

② 操作方法：同【全部】工具。

（4）一片

① 功能：将排料图中所选择的一个样片退回图像单。

② 操作方法：同【全部】工具。

4. 不定位

（1）全部：

① 功能：改变当前定位在排料图中所有样片的状态。该操作将所有样片的状态改变为“不定位”，但是不会改变它们在排料图中的相对位置。

② 操作方法：选择【全部】工具，即可将排料图中的样片状态改为“不定位”。

（2）小片：

① 功能：将当前排料图中所有小样片的状态改变为不定位状态。

② 操作方法：选择【小片】工具，即可将排料图中的小样片状态改为“不定位”。

5. 结合样片

（1）建立：

① 功能：将排料图中各样片之间建立一种结合。建立结合关系后，可在排料图中以整体的方式来移动这组样片。

② 操作方法：a. 选择【建立】工具；b. 在排料图上方选择要建立组合的样片；c. 点击【确定】，完成操作。

③ 注意：a. 样片结合可以为定位样片间、未定位样片间，以及定位样片和未定位样片之间的组合；b. 该结合的关系将随排版图一起保存，可以使用“删除结合样片”或“删除所有结合样片”命令来删除这种结合关系。

（2）修改：

① 功能：从结合样片内增加或删除样片。

② 操作方法：a. 选择【修改】工具，弹出“修改样片”窗口；b. 在排料图内选择要修改的已经组合的样片，选择要修改的样片；c. 修改样片完成后，点击窗口中的【确定】，完成操作。

（3）删除：

① 功能：取消排料图中某个结合关系后可自由移动原组合中的每一个样片。

② 操作方法：a. 选择【删除】工具；b. 在排料图内点击组合内的任意样片；c. 点击【确定】，完成操作。

（4）删除全部：

① 功能：取消排料图中全部结合关系，从而自由移动任何一个样片。

② 操作方法：选择【删除全部】工具即可取消排料图中的全部结合关系。

6. 版边

（1）全部加版边：

① 功能：为排料图中的所有样片加入版边。

② 操作方法：选择【全部加版边】工具即可。

（2）小片加版边：

① 功能：为排料图中的所有小样片加入版边。

② 操作方法：选择【小片加版边】工具即可。

（3）全部取消版边：

① 功能：取消排料图中所有加入版边的样片的版边。

② 操作方法：选择【全部取消版边】工具即可。

（4）小片取消版边：

① 功能：取消排料图中所有加入版边的小样片的版边。

② 操作方法：选择【小片取消版边】工具即可。

7．版距

（1）全部加版距：

① 功能：为排料图中的所有样片加入版距。

② 操作方法：选择【全部加版距】工具即可。

（2）小片加版距：

① 功能：为排料图中的所有小样片加入版距。

② 操作方法：选择【小片加版距】工具即可。

（3）全部取消版距：

① 功能：取消排料图中所有加入版距的样片的版距。

② 操作方法：选择【全部取消版距】工具即可。

（4）小片取消版距：

① 功能：取消排料图中所有加入版距的小样片的版距。

② 操作方法：选择【小片取消版距】工具即可。

8．使用版边/版距

① 功能：为排料图中的选中样片加入版边/版距。

② 操作方法：a. 选择【使用版边/版距】工具；b. 选择要加入版边/版距的样片；c. 在弹出的版边/版距窗口中进行版边/版距量的设定，点击【确定】，完成操作。

9．动态分割

（1）手动：

① 功能：用手动的方法对排料图中的某个样片进行分割。

② 操作方法：a. 选择【手动】工具；b. 在排料图中手动绘制分割线，对样片进行分割；c. 点击【确定】，完成操作。

（2）从左边量：

① 功能：从样片左边起量取一定距离，自动垂直分割样片。

② 操作方法：a. 选择【从左边量】工具；b. 在排料图内选中要分割的样片；c. 在弹出的窗口中设定分割线位置，点击【确定】，完成分割操作。

（3）从右边量：

① 功能：从样片右边起量取一定距离，自动垂直分割样片。

② 操作方法：a. 选择【从右边量】工具；b. 在排料图内选择要分割的样片；c. 在弹出的窗口中设定分割线位置，点击【确定】，完成分割操作。

（4）从上边量：

① 功能：从样片上边起量取一定距离，自动水平分割样片。

② 操作方法：a. 选择【从上边量】工具；b. 在排料图内选择要分割的样片；c. 在弹出的窗

口中设定分割线位置，点击【确定】，完成分割操作。

(5) 从下边量：

① 功能：从样片下边起量取一定距离，自动水平分割样片。

② 操作方法：a. 选择【从下边量】工具；b. 在排料图内选择要分割的样片；c. 在弹出的窗口中设定分割线位置，点击【确定】，完成分割操作。

(6) 合并：

① 功能：将分割后的样片合并。

② 操作方法：a. 选择【合并】工具；b. 在排料图内选择要合并的样片；c. 点击【确定】，完成合并操作。

(五) 件份

1. 增加件份

① 功能：为排料图增加一个件份。

② 操作方法：a. 选择【增加件份】工具；b. 在排料图内选择要增加件份的样片；c. 点击【确定】，完成操作。

③ 注意：不管使用任何退回图像单的命令，通过这个命令所增加的件份都不会再恢复到图像单。所增加的件份将被保留在排料图上方的工作区内。

2. 增加新尺码

① 功能：为排料图增加一个尺码的样片。

② 操作方法：选择【增加新尺码】工具即可。

3. 删除

① 功能：删除先前使用【增加件份】工具所增加的件份。

② 操作方法：a. 选择【删除】工具；b. 选择要删除的件份；c. 点击【确定】，完成操作。

4. 退回

① 功能：将排料图中增加的件份退回到排料图上方。

② 操作方法：a. 选择【退回】工具；b. 在排料图上方选择要退回的件份；c. 点击【确定】，完成操作。

5. 不定位

① 功能：将排料图中的一个件份设置为不定位状态。

② 操作方法：a. 选择【不定位】工具；b. 在排料图内选择件份；c. 点击【确定】，完成操作。

6. 翻转

① 功能：将排料图中的一个件份沿水平和垂直方向进行翻转，从而使件份中的每一片被翻转。

② 操作方法：a. 选择【翻转】工具；b. 在排料图内选择要翻转的样片；c. 点击【确定】，完成操作。

7. 提取

① 功能：将图像单中的一个件份提取到工作区待排。所提取的件份呈未定位显示。

② 操作方法：a. 选择【提取】工具；b. 在图像单中选择要提取的件份；c. 点击【确定】，完成操作。

8. 翻转至原位

① 功能:将做过翻转的件份中的全部样片恢复至原始位置。

② 操作方法:a. 选择【翻转至原位】工具;b. 在排料图内选择要恢复原位的件份;c. 点击【确定】,完成操作。

(六) 排版图

1. 退回全部样片

① 功能:同【样片】→【退回图像单】→【全部】工具。

② 操作方法:选择【退回全部样片】工具即可。

2. 复制排版图

① 功能:可以将一个相似排料图内的样片定位方式复制到当前的排料图中。

② 操作方法:a. 选择【复制排版图】工具;b. 在弹出窗口中选择要复制的排料图;c. 点击【确定】,完成操作。

3. 合并排版图

① 功能:将多个排料图合并在一起。

② 操作方法:a. 选择【合并排版图】工具;b. 选择要合并的排料图;c. 选择合并后的排料图的保存位置和名称;d. 点击【保存】完成操作。

③ 注意:合并的排料图必须有相同的宽度和对花对格类型。

4. 分割排版图

① 功能:分割排料图后可以移动排料图内的一组样片。

② 操作方法:a. 选择【分割排版图】工具;b. 在排料图内选择分割线处的样片;c. 移动排料图内的一组样片。

③ 注意:选中样片的右边的所有样片状态均转换为未定位状态,可被整体移动。

5. 翻转排版图

(1) 沿 X 轴:

① 功能:将当前排料图沿 X 轴进行翻转。

② 操作方法:选择【沿 X 轴】即可。

(2) 沿 Y 轴:

① 功能:将当前排料图沿 Y 轴进行翻转。

② 操作方法:选择【沿 Y 轴】即可。

(3) X/Y 轴:

① 功能:将当前排料图分别沿 X 轴、Y 轴进行翻转。

② 操作方法:选择【X/Y 轴】即可。

6. 接驳符号

(1) 自动:

① 功能:自动为排料图中的接驳位置增加符号。

② 操作方法:选择【自动】即可。

(2) 删除:

① 功能:将排料图中的接驳符号删除。

② 操作方法：a. 选择【删除】工具；b. 在排版图中选择要删除的符号；c. 点击【确定】，完成操作。

(3) 全部删除：

① 功能：删除排料图中的所有接驳符号。

② 操作方法：选择【全部删除】即可。

7. 布料属性

(1) 宽度：

① 功能：设定排料图的幅宽，即排料图资料中 *WI* 的量。

② 操作方法：a. 选择【宽度】工具；b. 输入排料版图的幅宽；c. 点击【确定】，完成操作。

(2) 横条——循环/移位：

① 功能：设定条格布料中横条及其移位量，即排料图资料中 *PL* 和 *P*1 的量。

② 操作方法：a. 选择【横条】工具；b. 输入横条的循环间隔量和位移量；c. 点击【确定】，完成操作。

(3) 直条——循环/移位：

① 功能：设定条格布料中直条及其移位量，即排料图资料中 *ST* 和 *S*1 的量。

② 操作方法：a. 选择【直条】工具；b. 输入直条的循环间隔量和位移量；c. 点击【确定】，完成操作。

(七) 排列方式

1. 固定排列方式

(1) 搜索：

① 功能：为正在显示的排料图的排列方式选择排列方式搜寻参数表。

② 操作方法：选择【搜索】即可。

(2) 应用：

① 功能：为正在显示的排料图指定排列方式。

② 操作方法：选择【应用】即可。

2. 滑动排列方式

(1) 建立：

① 功能：可以保存样片放置到排料图的运动信息。

② 操作方法：选择【建立】即可。

(2) 修改：

① 功能：对现有的滑动排列方式进行修改。

② 操作方法：选择【修改】，并进行相应修改。

(3) 搜寻：

① 功能：为正在显示的排料图的滑动排列方式选择排列方式搜寻参数。

② 操作方法：选择【搜寻】即可。

(4) 应用：

① 功能：为正在显示的排料图指定滑动排列方式。

② 操作方法：选择【应用】即可。

(八) 工具

1. 并排

此工具经常用于排列比较规则，特别适合小样片比较多的样片排料。

(1) 建立：

① 功能：将需要系统记录定位的样片设定为并排。

② 操作方法：a. 选择【建立】；b. 选择需要记录定位的样片；c. 点击【确定】，完成操作。

(2) 修改：

① 功能：对并排样片进行增加或减少样片。

② 操作方法：a. 选择【修改】；b. 选择要增加或减少的样片；c. 点击【确定】，完成操作。

(3) 删除：

① 功能：取消并排。

② 操作方法：a. 选择【删除】；b. 选择待取消并排的样片。

(4) 应用：

① 功能：将并排的样片定位应用于相应的尺码样片。

② 操作方法：a. 选择【横条】；b. 输入横条的循环间隔量和位移量；c. 点击【确定】，完成操作。

(5) 向上/下/左/右排列：

① 功能：设定使用并排时并排样片放置在排料图的上/下/左/右方位置。

② 操作方法：选择【向上/下/左/右排列】即可。

2. 碰撞线

在排料图上生成垂直或水平的碰撞线来限制样片的滑动位置。

(1) 垂直：

① 功能：在排料图上生成垂直的碰撞线。

② 操作方法：a. 选择【垂直】；b. 输入碰撞线位置；c. 点击【确定】，完成操作。

(2) 水平：

① 功能：在排料图上生成垂直的碰撞线，一般用于面料上有明显边色差的情况。

② 操作方法：a. 选择【水平】；b. 输入碰撞线位置；c. 点击【确定】，完成操作。

(3) 手动：

① 功能：手动确定碰撞线位置，一般用于画出布料的残疵位置。

② 操作方法：a. 选择【手动】；b. 输入碰撞线位置；c. 点击【确定】，完成操作。

(4) 碰撞线上加注解：

① 功能：在碰撞线上标注注解说明。

② 操作方法：a. 选择【碰撞线上加注解】；b. 输入注解，完成操作。

(5) 删除：

① 功能：将不需要的碰撞线删除。

② 操作方法：a. 选择【删除】；b. 选择要删除的碰撞线，完成操作。

3. 辅料方块

此工具特别适用于需要对布料进行热熔黏合的衣片。

(1) 建立:

① 功能:可以根据需要设定长方形,或者为了达到提高利用率的目的,沿样片周边手动设定。

② 操作方法:a. 选择【横条】;b. 输入横条的循环间隔量和位移量;c. 点击【确定】,完成操作。

(2) 修改:

① 功能:可对已有的辅料方块进行修改。

② 操作方法:a. 选择【横条】;b. 输入横条的循环间隔量和位移量;c. 点击【确定】,完成操作。

(3) 复制:

① 功能:对辅料方块进行复制,有两个前提条件,一是复制的样片实际存在,二是系统允许增加样片。

② 操作方法:a. 选择【横条】;b. 输入横条的循环间隔量和位移量;c. 点击【确定】,完成操作。

(4) 删除:

① 功能:取消辅料方块。

② 操作方法:a. 选择【横条】;b. 输入横条的循环间隔量和位移量;c. 点击【确定】,完成操作。

(5) 全部删除:

① 功能:取消排料图中的所有辅料方块。

② 操作方法:a. 选择【横条】;b. 输入横条的循环间隔量和位移量;c. 点击【确定】,完成操作。

(6) 建立辅料排料图:

① 功能:可以将原排料图中使用创建方块命令生成的一组方块复制到辅料排料图中。在生成辅料排料图后,实际的方块尺寸将可能小于原来的辅料方块尺寸。

② 操作方法:a. 选择【横条】;b. 输入横条的循环间隔量和位移量;c. 点击【确定】,完成操作。

4. 量度

(1) 样片至样片:

① 功能:测量排版图/工作区上两个样片之间的距离。

② 操作方法:a. 选择【样片至样片】;b. 依次选择要量度的两个样片,距离显示在排版图资料的上方(图4-35)。

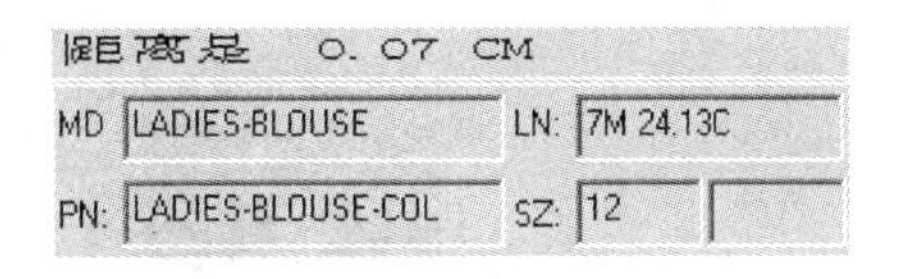

图 4-35 样片至样片

(2) 样片至布边:

① 功能:测量一个样片到选定布料的一边之间的距离。

② 操作方法:a. 选择【样片至布边】;b. 选择样片,完成操作。

(3) 点至点:

① 功能:测量排版图/工作区上两个点之间的距离。

② 操作方法：a. 选择【点至点】；b. 依次选择两点，完成操作。

二、工具盒

在排料系统中用鼠标左键定位样片时，样片只能按照原来的方位进行排版。如果要对样片进行某些特殊的操作，比如旋转、翻转、对齐样片等，必须通过鼠标右键来使用工具列中的相关功能。排料系统中的工具盒如图 4-36 所示。

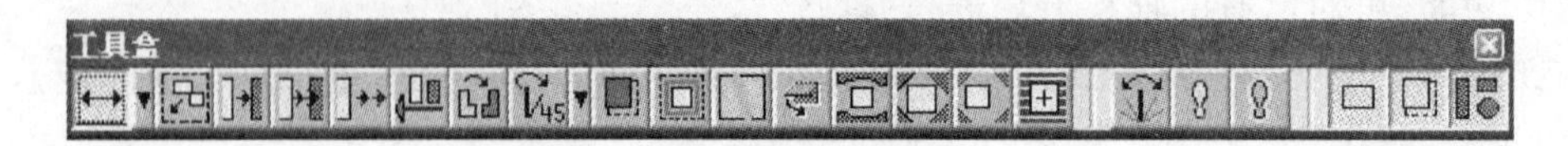

图 4-36　工具盒

用鼠标的左键选择工具列中相应的功能后，在排料图的工作区内使用鼠标右键对定位样片进行各种操作。所选中的功能在排料图的信息对话框的【TB】域中显示。工具盒中各工具的功能介绍如下：

1. 自动排列

① 功能：按照面积、长度、高度等标准，自动对排料图中的样片进行排料。

② 操作方法：a. 选择【自动排列】；b. 鼠标右键框选样片；c. 鼠标选择样片完成后，左键拖动样片到工作区即可。

2. 组合排列

① 功能：将多个样片用鼠标右键框选，使样片成为一个整体。

② 操作方法：a. 选择【组合排列】；b. 鼠标右键框选要组合的样片；c. 鼠标左键拖动样片组合到排料图。

3. 定向滑片

① 功能：将一个样片按照指定的矢量方向进行移动，直到样片接触到另外一个样片或者排料图的边缘。

② 操作方法：a. 选择【定向滑片】；b. 在排料图内用鼠标左键选择要移动的样片；c. 移动鼠标选择定向滑片方向；d. 点击鼠标右键完成操作。

例如，图 4-37 中很难通过鼠标左键将未定位的袖口样片定位在袖山头上。但是，如果用鼠标右键按住袖口片并向袖山方向拉出指示方向线[图中(b)]，然后松开鼠标，就可以轻松地将袖口样片定位在袖山头上[图中(c)]。

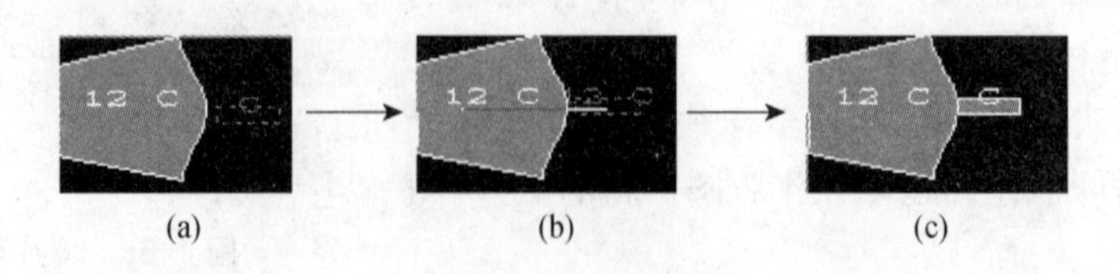

图 4-37　定向滑片

4. 重叠

① 功能：a. 将一个样片的部分重叠在另一个样片的一部分上；b. 将一个样片的部分重叠在排料图的边缘上(图 4-38)。

② 操作方法：a. 选择【重叠】；b. 鼠标右键选择要移动的样片；c. 移动鼠标选定重叠方向；d. 点击鼠标左键完成操作。

③ 注意：样片每次移动的量为设定的重叠量。

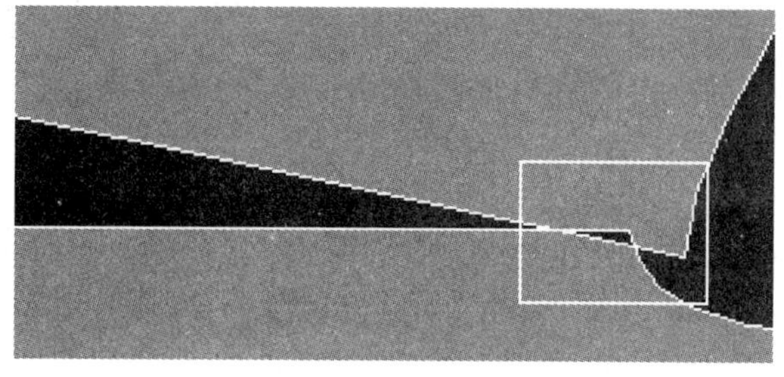

图 4-38　重叠

5. 步移样片

① 功能：样片按照指定的步移量进行移动。

② 操作方法：同【重叠】工具，样片一次步移的量为设定的步移量。如果用键盘进行步移操作，则要求在英文输入模式下，按表 4-5 中的各按键。

6. 对齐

① 功能：将排料图中的两个定位样片进行对齐，一般用于方形样片，以便裁割。

② 操作方法：a. 选择【对齐】；b. 鼠标右键选择要移动的样片；c. 鼠标左键选择要对齐的样片和对齐方向，完成操作。

7. 翻转

① 功能：将一个样片沿 X 轴或 Y 轴进行翻转。

② 操作方法：a. 选择【翻转】；b. 在排料图内用鼠标右键选择要翻转的样片；c. 鼠标右键点击选中的样片，样片发生翻转，完成操作。

③ 注意：如果系统显示“需要解除限制”，则表示对该片不能使用此工具（与所使用的【排版放置限制】档案有关）；如果要忽略此限制，则在工具列中选择【永久解除限制】或【临时解除限制】，否则系统自动将样片转动 180°。

8. 旋转

① 功能：倾斜或者旋转一个样片。旋转程度受到【排版放置限制】中设定的约束。

② 操作方法：a. 选择【旋转】；b. 在排料图内用鼠标右键选择要旋转的样片，样片发生旋转。

45°顺时针　　45°逆时针　　90°顺时针　　90°逆时针

180°旋转　　顺时针倾斜　　逆时针倾斜　　随意旋转

9. 定位/不定位

① 功能：在排料图中对选定的样片完成定位和不定位状态转换的操作。除非在【永久解除限制】或者【暂时解除限制】中进行相应的设定，否则该操作不允许样片发生重叠。

② 操作方法：a. 选择【定位/不定位】；b. 在排料图内用鼠标右键选择要转换状态的样片，每点击一次，样片的状态转换一次。

10. 版边/版距

① 功能：将版边/版距指定给样片。

② 操作方法：a. 选择【版边/版距】；b. 在排料图内用鼠标右键选择要增加版边/版距的样片。

③ 注意：a. 当样片设定版距后，样片的周边线显示为虚线；b. 当样片设定版边后，样片的周边线显示为实线。

11. 分割

① 功能：沿着先前已经输入或者标有内部线标记 P(分割线)的确定线段进行分割。

② 操作方法：a. 选择【分割】；b. 在排料图内选择要分割的样片，样片则沿分割线分为两部分，完成操作。

12. 对折

① 功能：将一个对称样片按照对称线段进行折叠，并放置在与对折布料的折叠边重合的位置。

② 操作方法：a. 选择【对折】；b. 在排料图上选择要对折的样片；c. 选择样片后，样片对折，完成操作。

③ 注意：实现该操作有两个前提，一是所选用的放置限制档案中使用【对折拉布】或【圆筒拉布】，二是所选用的放置限制档案中具有【允许对称片折叠】选项。

13. 中心

① 功能：将一个样片置于排料图上一个开放区域的中间位置。

② 操作方法：a. 选择【中心】；b. 在排料图内用鼠标右键选择要移动的样片，该样片会自动移动到排料图上开放区域的中间位置，完成操作。

14. 填充样片

① 功能：自动将一个样片紧贴放置于样片间的空白区域。此工具可以将样片放入一个十分紧凑而且很难滑入的排料图区域内。

② 操作方法：a. 选择【填充样片】；b. 在排料图内用鼠标右键选择要填充的样片，完成操作。

15. 间隔样片

① 功能：将样片与其他相邻样片移开一定距离。

② 操作方法：a. 选择【间隔样片】；b. 在排料图内用鼠标右键选择样片，完成操作。

③ 注意：间隔量可以通过【编辑】→【设定】进行设定。

16. 自由旋转

① 功能：开启样片是否允许旋转功能。

② 操作方法：选择【自由旋转】即可。

17. 永久解除限制

① 功能：永久解除排版图输入/排版放置限制档案中所设定的限制和约束。

② 操作方法：选择【永久解除限制】即可。

18. 临时解除限制

① 功能：暂时解除排版图放置限制中所设定的限制和约束。对一个样片进行解除限制的操作，当样片定位后，临时解除限制的按钮会自动弹起。

② 操作方法：选择【临时解除限制】即可。

19. 已定位片

① 功能：将样片转化为定位状态。

② 操作方法：a. 选择【已定位片】；b. 选择要定位的样片，样片状态转换为定位，完成

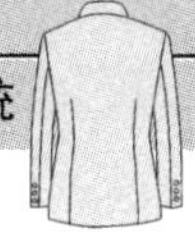

操作。

20. 未定位片

① 功能：将样片转化为未定位状态。

② 操作方法：a. 选择【未定位片】；b. 选择要定位的样片，样片状态转换为未定位，完成操作。

三、排料图资料说明

排料图下方的资料栏见图 4-39。

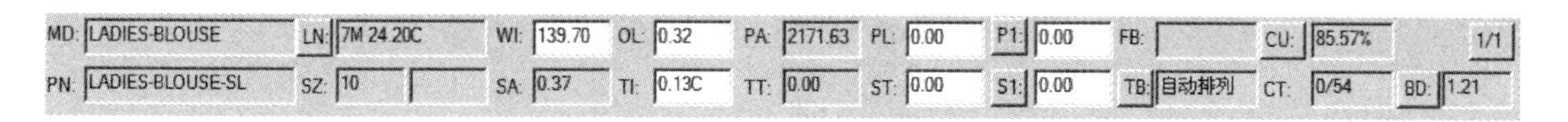

图 4-39　资料栏

各项目的具体内容如下：

(1) MD：款式名称。

(2) PN：所选择样片的名称。

(3) LN：显示排版图当前长度。

(4) SZ：所选择样片的尺码。

(5) WI：排版图的宽度。

(6) SA：分割样片后加上的缝份量。

(7) OL：样片重叠量。

(8) TL：样片倾斜量。

(9) PL：对花对格横条循环。

(10) ST：对花对格直条循环。

(11) TB：工具列。

(12) CU/TU：显示排料图的利用率，可以选择 CU 或者 TU。其计算公式为：

$$\cdot\ CU = \frac{\text{排料图内样片面积}}{\text{排料图长度} \times \text{宽度}} \qquad \cdot\ TU = \frac{\text{全部样片面积}}{\text{排料图长度} \times \text{宽度}}$$

(13) CT：显示未排样片及已排样片的数量。

第五章　读图系统

在 AccuMark 系统中输入样版的方法有两种：一是利用服装 CAD 的样版设计软件在电脑中直接打版；二是将打好的基础样版实样通过读图板进行数字化，并读入电脑中。

第一节　读图工具

将样版数字化的工具为读图板，主要包括电磁感应板和采点工具(游标器)两部分。本书中以格伯读图板为例进行操作界面和各功能的讲解。

一、游标器

1. 游标器概念

游标器是读取样片周边线条，以及内部线、点的主要工具。使用时可通过图 5-1 中所示的游标器前端的十字中心点对准目标点、线，按游标器上相应的键输入相关资料。

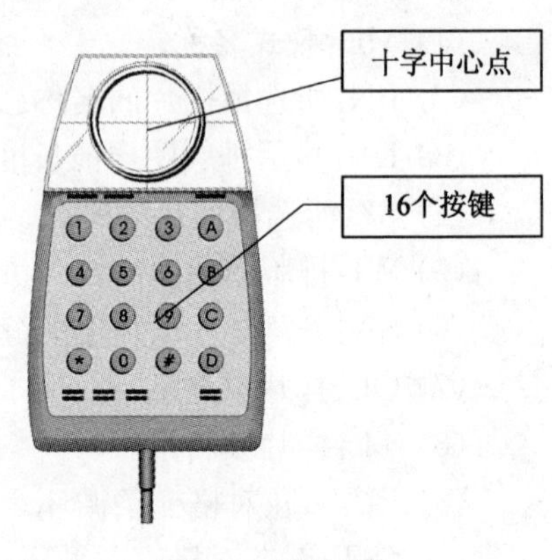

图 5-1　游标器

2. 游标器各按键的使用方法

游标器上各按键可分为字母键和数字键。各个按键的具体使用方法如表 5-1 和表 5-2 所示。

表 5-1　字母键使用方法

按键	使用方法
A 键	用来读取选择区内的资料及样片上点的坐标位置
B 键	用来读取选择区内的放缩点(0～9 999)
C 键	用来读取选择区内的剪口点(1～5)
D 键	用来读取点的属性(1～9)
# 键	用来读取网状样片的放缩位置
* 键	用来读取选择区内的间隔点

表 5-2 数字键使用方法

按键	使用方法
0～9	用来输入放缩号、剪口编号及点的属性编号等

3. 点的属性说明

(1) 周边线上点特性：见表 5-3。

表 5-3 周边线上点特性

属性符号	属性编号	说 明
S	D8	指定需要平滑
N	D9	指定不需要平滑
1	C1	第一种剪口
2	C2	第二种剪口
3	C3	第三种剪口
4	C4	第四种剪口
5	C5	第五种剪口

(2) 放缩点特性：见表 5-4。

表 5-4 放缩点特性

属性符号	属性编号	说 明
P	D6	与前一个放缩点固定距离
X	D5	与下一个放缩点固定距离
A	D4	取下一个及前一个放缩量的平均值
Z	D3	网状放缩叠合点
F	D7	旋转点

4. 点的使用方法

(1) 放缩点→按下 A、B（放缩规则号）、C(剪口编号)，再在选择单内用 A 键读入点的属性符号(见表 5-4)。

(2) 放缩点→按下 A、B（放缩规则号）、C(剪口编号)、D(点的属性符号)。

(3) 可在 PDS【点的编辑】中更改点的属性。

二、电磁感应板

电磁感应板通过电磁感应的原理来检测并捕捉游标器发射的电磁波，从而形成样版上各点的精确定位，并将该信息传送给所连接的计算机，达到样版数字化的目的。格伯电磁感应板上的操作菜单如图 5-2 所示，操作菜单各内容见表 5-5。

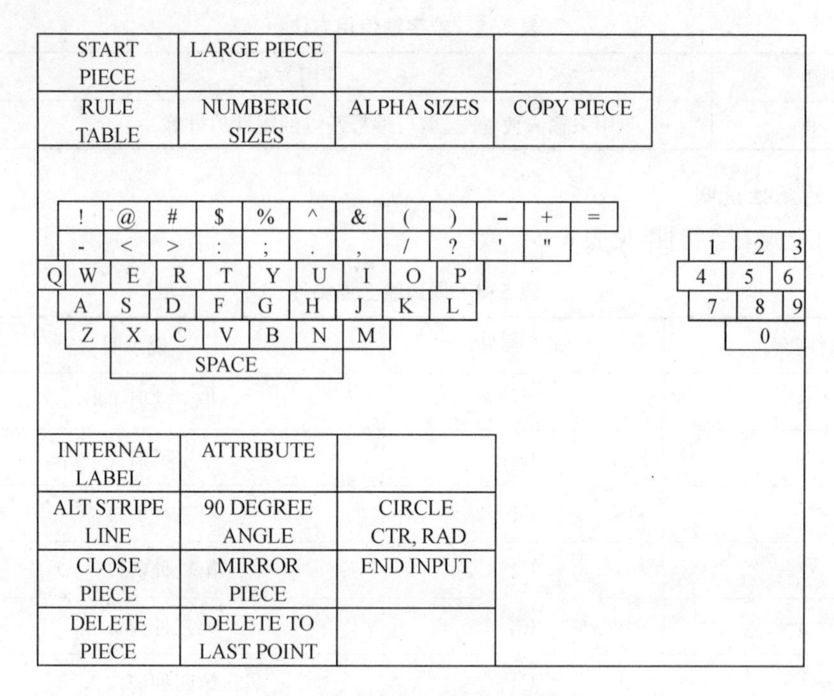

图 5-2 格伯感应板操作菜单

表 5-5 操作菜单内容

菜单内容	说明	菜单内容	说明
START PIECE	开始读图	LARGE PIECE	大片
RULE TABLE	放缩表	NUMERIC SIZES	数字尺码
ALPHA SIZES	英数字尺码	COPY PIECE	复制样片的尺码
INTERNAL LABEL	内部资料	ATTRIBUTE	点的属性
ALT STRIPE LINE	多条布纹线	90 DEGREE ANGLE	直角
CIRCLE CTR，RAD	圆形	CLOSE PIECE	单片
MIRROR PIECE	对称片	END INPUT	结束读图
DELETE PIECE	删除最后一片	DELETE TO LAST POINT	删除最后一点

第二节 读 图 方 法

一、读图基本流程

（1）按游标器上的“ * ”键，表示结束动作，告诉电脑以上动作已经完成。

（2）顺时钟读取样版图周边线上各点，但第一点不要重复读取。周边线结束时，若为对称片则读入“MIRROR PIECE”，否则为“CLOSE PIECE”，封闭样片线条。

(3) 若一次需读入多个样片，在最后一个读完后按“END INPUT”即可。

(4) 在读入感应板操作菜单内的选择资料时，都按“A”键。

注意：读图时样片放置于感应板的记号方格中，超出位置则读图器感应不到，容易产生讯号中断。

二、一般样片读图步骤

一般样片读图步骤见图5-3和图5-4。

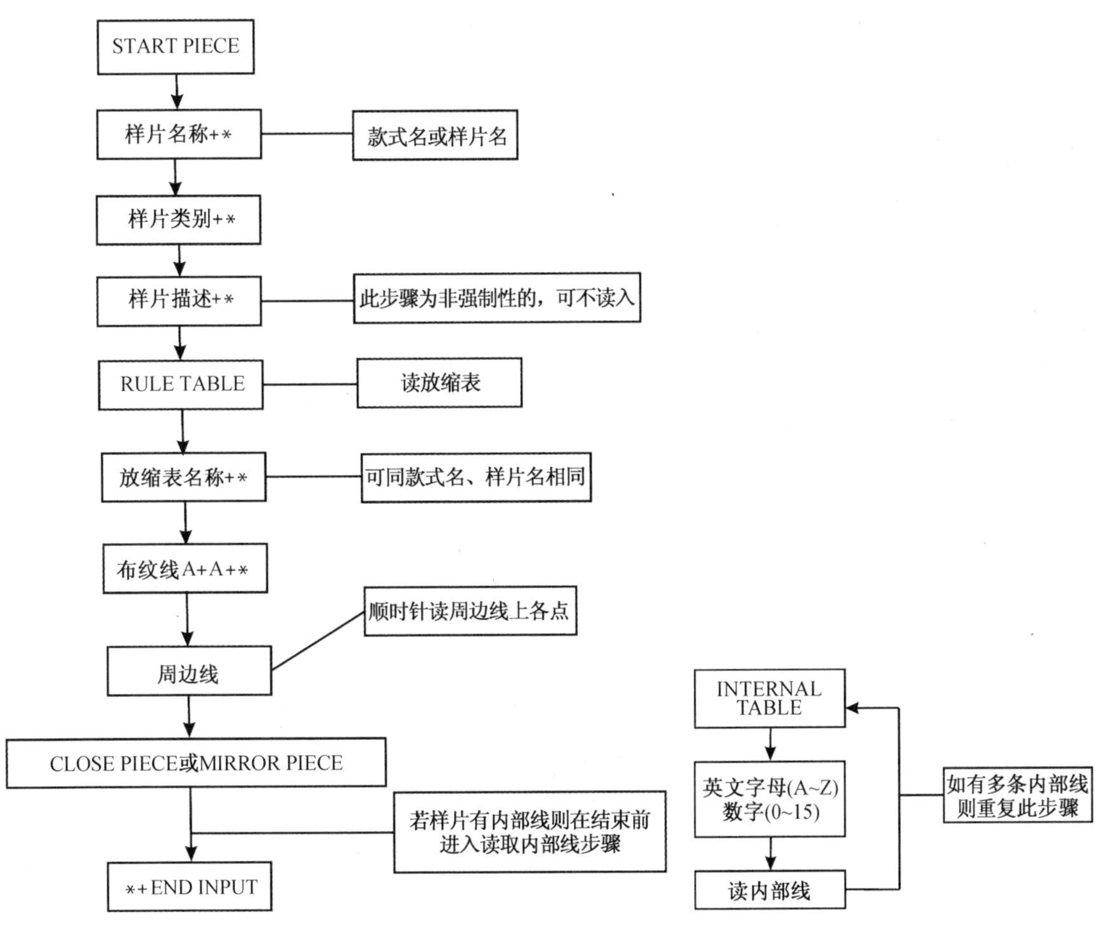

图5-3　读取样片步骤

图5-4　样片内部线读取方法

例题1： 读取图5-5中的样片，其中点 i、j 为剪口点，点 g、h 为中间点，点 a、b、c、d、e、f 为端点。具体方法如下：

① 将游标器的十字中心移动至操作菜单中的“START PIECE”，点击游标器上的“A”键。此步骤可简写为：START PIECE＋A（之后各步骤均采用简写方式）。

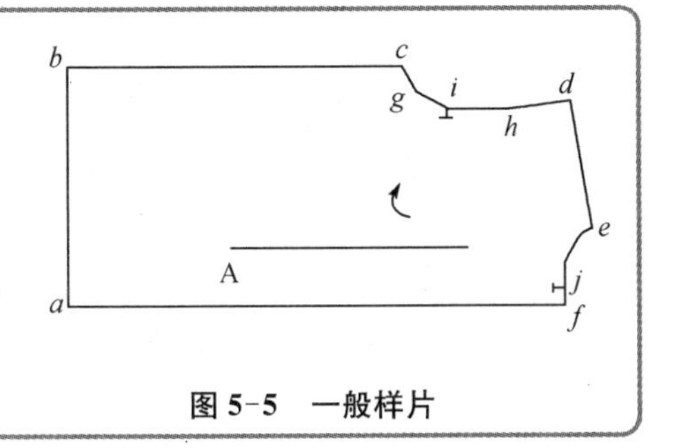

图5-5　一般样片

② 样片名称＋＊。
③ 样片类型＋＊。
④ 样片描述＋＊。
⑤ RULE TABLE＋A。
⑥ 放缩表名称＋A＋＊。
⑦ 输入布纹线,将十字中心移至布纹线的两个端点:A＋A＋＊。
⑧ 输入周边线上各点:从点 a 沿顺时针方向至点 f,读取内容为 AB1、AB2、AB6、A、AC1、A、AB3、AB8、AB7C1、AB7。
⑨ CLOSE PIECE＋A。
⑩ ＊＋ END INPUT＋A。

三、网状样片读图步骤

网状样片读图步骤见图 5-6。

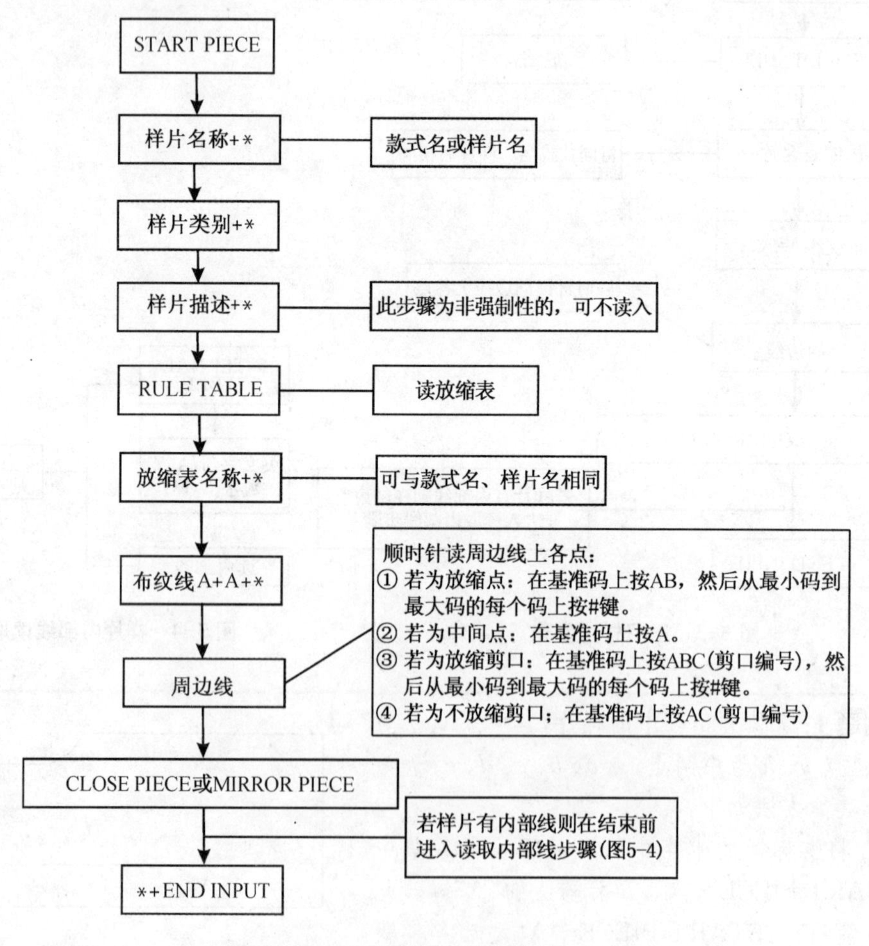

图 5-6　网状样片读取方法

例题 2：读取图 5-7 中的样片，其中点 g 为剪口点，点 a、b、c、d、e、f、g 为端点。具体方法如下：

① 将游标器的十字中心移动至操作菜单中的 START PIECE，点击游标器中的 A，此步骤可简写为 START PIECE＋A（之后各步骤均采用简写方式）。

② 样片名称＋*。

③ 样片类型＋*。

④ 样片描述＋*。

⑤ RULE TABLE＋A。

⑥ 放缩表名称＋A＋*。

⑦ 输入布纹线将十字中心移至布纹线的两个端点：A＋A＋*。

⑧ 输入周边线上各点：从点 a 沿顺时针方向至点 f，读取内容为 AB#####、AB#####、AB#####、ABC1#####、AB#####、AB#####、AB#####。

⑨ CLOSE PIECE＋A。

⑩ *＋ END INPUT＋A。

图 5-7　网状样片

四、读入大片方法

若样片为大片，由几个部分组成，则读取方法如图 5-8 所示。

例题 3：读取图 5-9 中的样片，具体方法如下：

① 将游标器的十字中心移动至操作菜单中的 START PIECE，点击游标器中的 A，此步骤可简写为"START PIECE＋A"（之后各步骤均采用简写方式）。

② 样片名称＋*。

③ 样片类型＋*。

④ 样片描述＋*。

⑤ RULE TABLE＋A。

⑥ 放缩表名称＋A＋*。

⑦ 输入布纹线将十字中心移至布纹线的两个端点：A＋A＋*。

⑧ LARGE PIECE＋A。

⑨ 输入第一部分周边线上各点：从点 a 沿顺时针方向至点 j，读取内容为 AB1、AB2、AB3AD0、AD0AB10。

⑩ CLOSE PIECE＋A。

⑪ LARGE PIECE＋A。

⑫ 在交接线上读入两定位点 A＋A。

⑬ 把第二部分移至读图板。

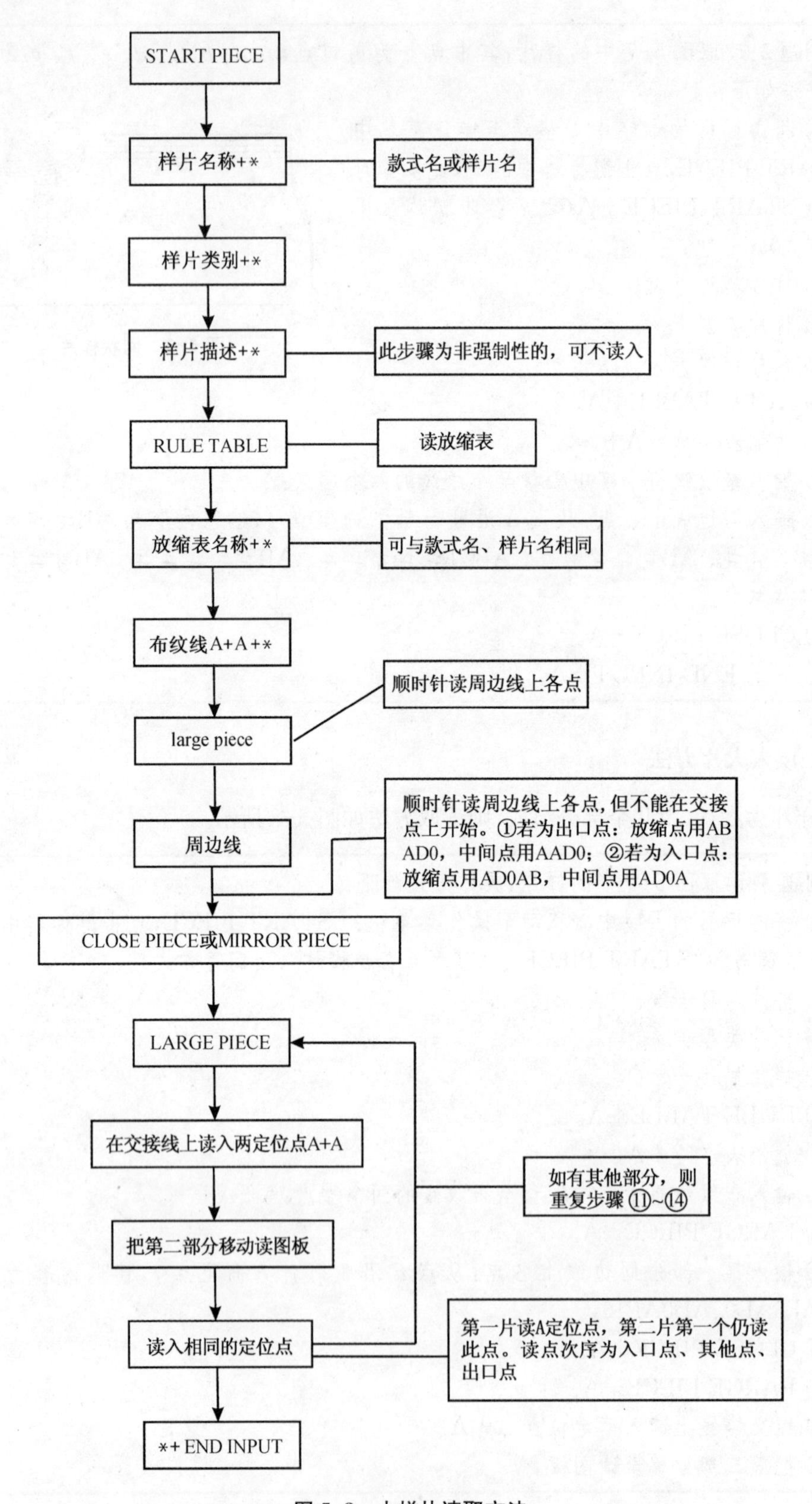
START PIECE
样片名称+*
款式名或样片名
样片类别+*
样片描述+*
此步骤为非强制性的，可不读入
RULE TABLE
读放缩表
放缩表名称+*
可与款式名、样片名相同
布纹线A+A+*
顺时针读周边线上各点
large piece
顺时针读周边线上各点，但不能在交接点上开始。①若为出口点：放缩点用ABAD0，中间点用AAD0；②若为入口点：放缩点用AD0AB，中间点用AD0A
周边线
CLOSE PIECE或MIRROR PIECE
LARGE PIECE
在交接线上读入两定位点A+A
如有其他部分，则重复步骤⑪~⑭
把第二部分移动读图板
读入相同的定位点
第一片读A定位点，第二片第一个仍读此点。读点次序为入口点、其他点、出口点
*+END INPUT

图 5-8　大样片读取方法

⑭ 输入第二部分周边线上各点：从点 c 沿顺时针方向至点 f，读取内容为 AD0AB3、AB4、AB5、AB6AD0。

⑮ CLOSE PIECE+A。

⑯ LARGE PIECE+A。

⑰ 输入第三部分周边线上各点：从点 f 沿顺时针方向至点 h，读取内容为 AD0AB6、AB7、AB8AD0。

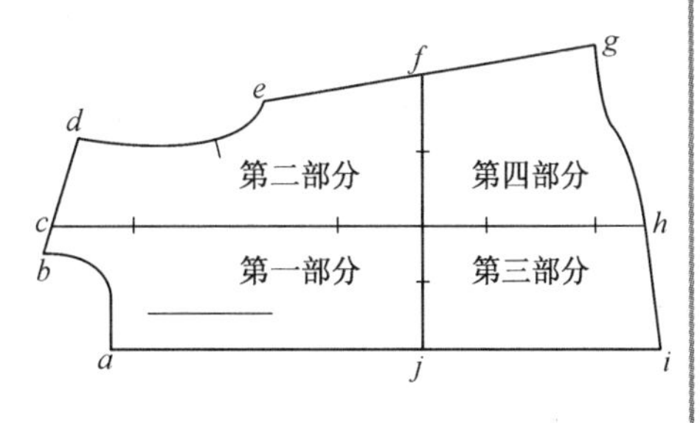

图 5-9 大样片

⑱ CLOSE PIECE+A。

⑲ LARGE PIECE+A。

⑳ 输入第四部分周边线上各点：从点 h 沿顺时针方向至点 j，读取内容为 AD0AB8、AB9、AB10AD0。

㉑ *+ END INPUT+A。

例题 4：读取图 5-10 中的样片，具体方法如下：

① 将游标器的十字中心移动至操作菜单中的 START PIECE，点击游标器中的 A，此步骤可简写为“START PIECE+A”（之后各步骤均采用简写方式）。

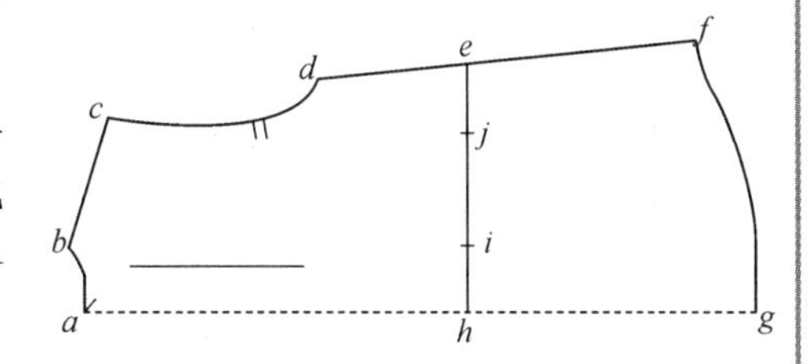

图 5-10 对称大样片

② 样片名称+*。

③ 样片类型+*。

④ 样片描述+*。

⑤ RULE TABLE+A。

⑥ 放缩表名称+A+*。

⑦ 输入布纹线将十字中心移至布纹线的两个端点：A+A+*。

⑧ LARGE PIECE+A。

⑨ 输入第一部分周边线上各点：从点 h 沿顺时针方向至点 e，读取内容为 AD0AB8、AB1、AB2、AB3、AB4、AB5AD0。

⑩ MIRROR PIECE+A。

⑪ LARGE PIECE+A。

⑫ 在交接线上读入两定位点 i、j 为 A+A。

⑬ 把第二部分移至读图板。

⑭ 输入第二部分周边线上各点：从点 e 沿顺时针方向至点 h，读取内容为 AD0AB5、AB6、AB7、AB8AD0。

⑮ MIRROR PIECE+A。

⑯ *+ END INPUT+A。

五、核对及修改读图资料

(一) 核对读图资料

1. 通过资源管理器核对样片

(1) 打开 AccuMark 资源管理器。

(2) 选择【检视】→【参数设置】→【核对读图资料选项】,如图 5-11 和图 5-12 所示。

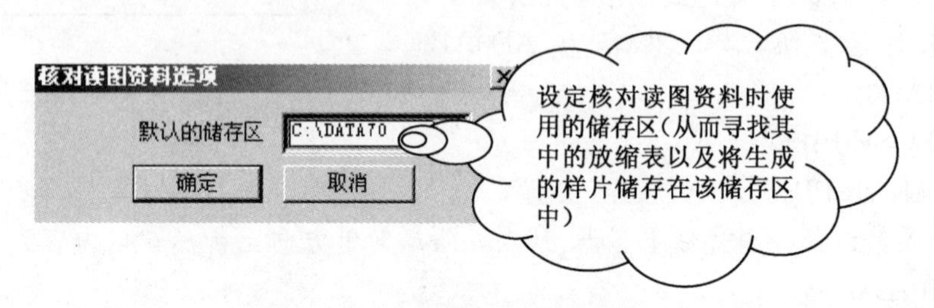

图 5-11 核对读图资料选项

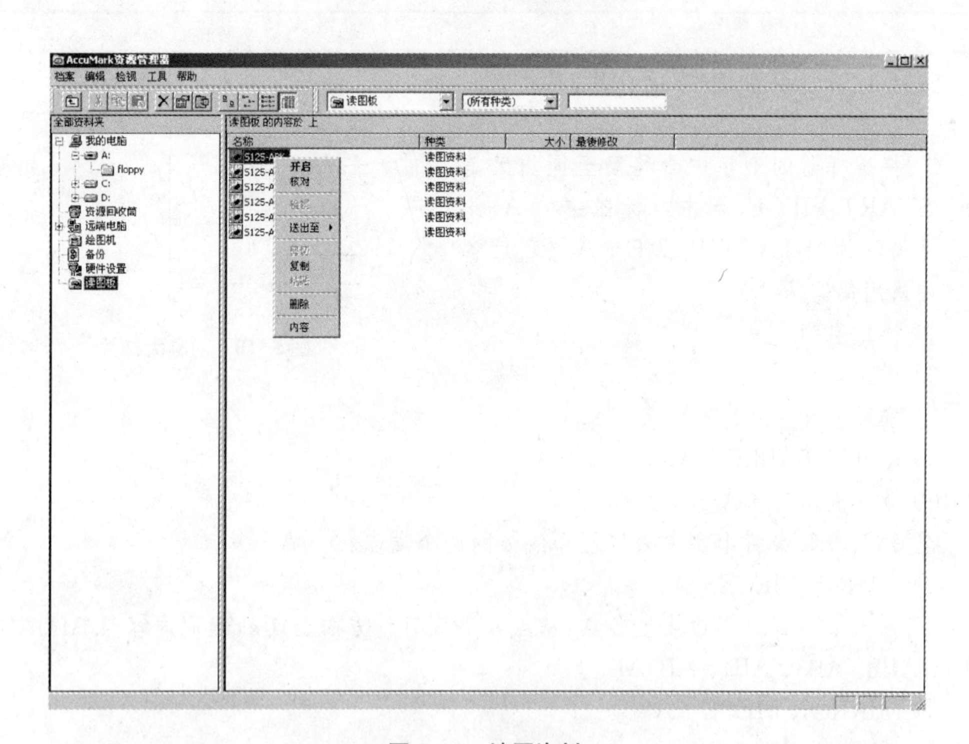

图 5-12 读图资料

(3) 选择左面的读图板,所有读图资料都会在右面显示。

(4) 选择需要核对的样片(可以同时选择多个),按鼠标右键。

(5)【开启】工具将打开样片的读图资料,可以进行编辑,还可以选择保存读图资料或者样片。

(6)【核对】工具直接核对样片,分析成功后,样片自动储存在所设定的储存区中,但是读图资料不会储存。

2. 通过 PDS 核对样片

(1)【文件】→【打开】。

(2) 文件类型选择：AccuMark 读图资料。

(3) 查找范围选择：读图板 Digitizer。

(4) 选择所需的放缩资料进行核对。

(二) 修改读图资料

在修改读图资料窗口中可以对读图过程进行修改，进而产生正确的读图样版(图5-13)。

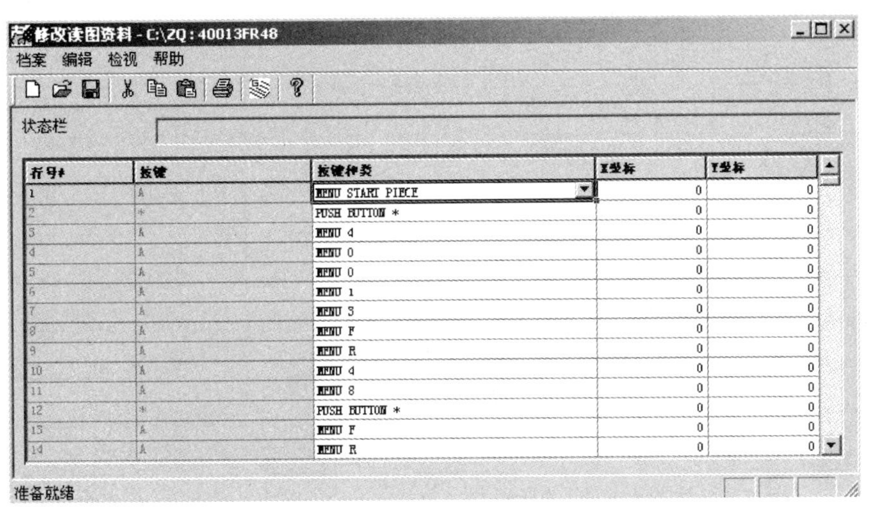

图 5-13 修改读图资料

例题 5：根据图 5-14 中的样片进行读图练习，读图过程见表 5-6。

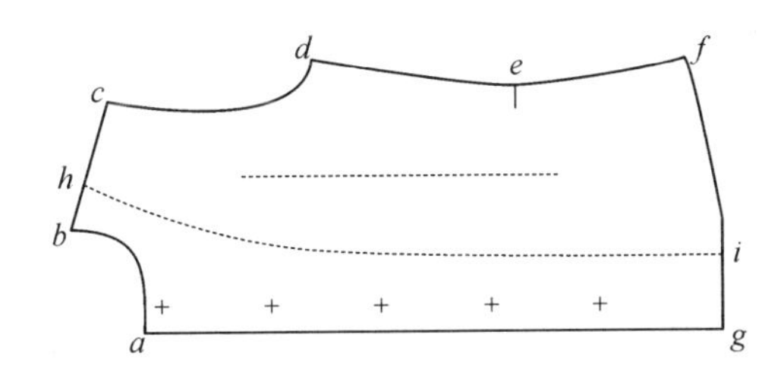

图 5-14 样片

表 5-6 读图过程

行号	所按键	按键种类	说明
1	A	MENU START PIECE	开始读图
2	*	PUSH BUTTON *	确认键
3	A	MENU F	前片
4	*	PUSH BUTTON *	确认键

续表

行号	所按键	按键种类	说明
5	A	MENU X	2片
6	A	MENU 2	
7	*	PUSH BUTTON *	确认键
8	A	MENU RULE TABLE	放缩表
9	A	MENU 1	放缩表名称为12
10	A	MENU 2	
11	*	PUSH BUTTON *	确认键
12	A	PUSH BUTTON A	布纹线
13	A	PUSH BUTTON A	
14	*	PUSH BUTTON *	确认键
15	A	PUSH BUTTON A	前中心点 a
16	B	PUSH BUTTON B	放缩点
17	1	PUSH BUTTON 1	放缩规则号
18	A	PUSH BUTTON A	前领围中间点
19	A	PUSH BUTTON A	同上
20	A	PUSH BUTTON A	同上
21	A	PUSH BUTTON A	前领侧点 b
22	B	PUSH BUTTON B	放缩点
23	2	PUSH BUTTON 2	放缩规则号
24	A	PUSH BUTTON A	侧肩点 c
25	B	PUSH BUTTON B	放缩点
26	3	PUSH BUTTON 3	放缩规则号
27	D	PUSH BUTTON D	转角点
28	9	PUSH BUTTON 9	
29	A	PUSH BUTTON A	袖隆中间点
30	A	PUSH BUTTON A	同上
31	A	PUSH BUTTON A	同上
32	A	PUSH BUTTON A	同上
33	A	PUSH BUTTON A	袖下点 d
34	B	PUSH BUTTON B	放缩点
35	4	PUSH BUTTON 4	放缩规则号

续表

行号	所按键	按键种类	说明
36	D	PUSH BUTTON D	转角点
37	9	PUSH BUTTON 9	
38	A	PUSH BUTTON A	腰线点 e
39	B	PUSH BUTTON B	放缩点
40	4	PUSH BUTTON 4	放缩规则号
41	C	PUSH BUTTON C	剪口编号
42	1	PUSH BUTTON 1	
43	A	PUSH BUTTON A	下摆点 f
44	B	PUSH BUTTON B	放缩点
45	5	PUSH BUTTON 5	放缩规则号
46	A	PUSH BUTTON A	下摆中间点
47	A	PUSH BUTTON A	下摆中间点
48	A	PUSH BUTTON A	下摆中间点
49	A	PUSH BUTTON A	前中心下摆点 g
50	B	PUSH BUTTON B	放缩点
51	6	PUSH BUTTON 6	放缩规则号
52	A	MENU CLOSE	单片闭合
53	A	MENU INTER LABEL	读内部资料
54	A	MENU I	非对称内部线
55	A	PUSH BUTTON A	前贴边 hi
56	B	PUSH BUTTON B	放缩点
57	1	PUSH BUTTON 1	放缩规则号
58	A	PUSH BUTTON A	贴边中间点
59	A	PUSH BUTTON A	同上
60	A	PUSH BUTTON A	同上
61	A	PUSH BUTTON A	剪贴点 i
62	B	PUSH BUTTON B	放缩点
63	6	PUSH BUTTON 6	放缩规则号
64	A	MENU INTER LABEL	读内部资料
65	A	MENU D	钻孔点
66	A	PUSH BUTTON A	钻孔 1
67	A	PUSH BUTTON A	钻孔 2

续表

行号	所按键	按键种类	说明
68	A	PUSH BUTTON A	钻孔 3
69	A	PUSH BUTTON A	钻孔 4
70	A	PUSH BUTTON A	钻孔 5
71	*	PUSH BUTTON *	确认键

注意：①如果需要加行或者删行，在需要更改的行上按鼠标右键，选择【插入行】或【删除行】即可；②如果需要更改【按键种类】的内容，按右面的下拉菜单可找到相应的命令，也可以直接修改。

（三）读图状况与排除

状况一：系统开关顺序若颠倒（先开电脑主机再开读图板）或读图机未连接，读图板都不发出“滴滴”的响声。

解决方法：①按读图板侧边的红色按钮；②将游标器的十字中心对准读图板右下角的第二个空格“□”，按住“Button A”键，读图板会发出一长声、一短声，然后放下游标器，回到电脑屏幕，打开，为读图板设置正确的硬件连接。

状况二：读图至一半，突然游标器不发出声音，无法继续读图。

解决方法：在 AccuMark 的 LaunchPad 中打开系统设置，删除读图资料。

第六章　服装CAD设计实例

第一节　女西装样版设计

一、女西装款式说明及基准码尺寸

1. 款式说明

此款女西装为单排三粒扣驳领，由前片、后片、领子、大袖片、小袖片等组成。其中，两片前身片各有一个腋下省和腰省，口袋为双嵌线带袋盖，袋盖长 12.5 cm，宽 4.5 cm。右门襟上有三个扣眼，扣间距为 10.5 cm。整个后身片上有两个对称的腰省。袖子开衩长 8 cm，宽 2 cm。女西装款式图如图 6-1 所示。

图 6-1　女西装款式图

2. 基准码尺寸

女西装基准码采用的尺寸见表 6-1。

表 6-1　女西装基准码尺寸　　单位：cm

部位	领围	衣长	肩宽	胸围	腰围	臀围	背长	袖长	袖口
尺寸	36	60	40.5	96	80	98	38	56	13.5

二、基础样版绘制

1. 后片

女西装后片结构图见图 6-2。

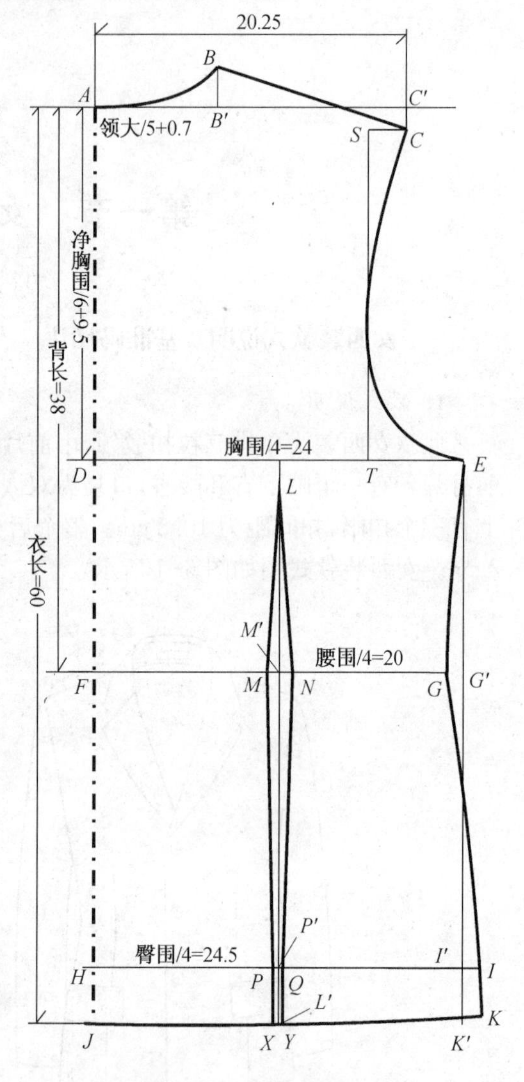

图 6-2　后片结构图

(1) 打开 PDS 样版设计系统，完成【用户环境】和【参数选项】等内容的相关设置。

(2) 创造样片：选择【创造样片】→【长方形】工具，创立一个新的长 60 cm、宽 96/4＝24 cm 的样片。

(3) 胸围线：线上运用【点】→【增加点】工具增加一个点，距离上端点 $B/6+7.5=23.5$ cm；过该点用【线段】→【创造线段】→【两点直线】工具作长度为胸围/4＝96/4＝24 cm 的水平线段，作为胸围线。

(4) 后横开领和后直开领：运用【点】→【增加点】工具在过后中线上端点的上平线上增加一点，该点距离后中线为后横开领：领大/5＋0.7 cm＝7.9 cm；再用【创造垂直线段】→【线上垂直线】工具作后直开领，长度为后横开领/3＝2.5 cm 的垂直线段。

(5) 后领弧线：使用【线段】→【创造线段】→【两点直线】工具的右键下拉菜单中的【两点拉弧】，画顺后领弧线。

(6) 背宽线：使用【点】→【增加点】工具在上平线上从 A 点开始量取肩宽/2＝20.25 cm 处增加一个中间点，并用【创造垂直线段】→【线上垂直线】工具从该点向下作长度为 1.5 cm 的垂直线段，从而确定后片肩端点 C；用【创造线段】→【平行复制】工具复制一条与后中线平行并与之距离 20.25－2.5＝17.75 cm 的线段，此线段与胸围线相交于 T 点。选择【修改线段】→【修剪线段】工具将该线段在胸围以下的部分删除，完成背宽线的绘制。

(7) 肩斜线：运用【两点直线】工具连接侧颈点 B 和肩端点 C，作为肩斜线。

(8) 后夹圈弧线：运用【创造线段】→【输入线段】工具右键菜单中的【弧线】和【两点拉弧】工具，画顺后夹圈弧线。

(9) 腰围线：使用【创造线段】→【平行复制】工具在距离上平线 38 cm 处复制一条平行于胸围线的线段 FG'，作为腰围线。

(10) 臀围线：使用【创造线段】→【平行复制】工具在距离腰围线 17 cm 处复制一条与之平行的线段，作为臀围线。

(11) 修正腰围线：使用【点】→【增加点】工具在腰围线上距离点 G'1.5 cm 处向内增加点 G；

(12) 后腰省：使用【创造垂直线】→【垂直平分线】工具在线段 FG 的中点 M' 处作垂直线段 LM'，长度为 38－(净胸围/6＋9.5＋2)＝10.5 cm；用【增加点】的右键下拉菜单中选择【画圆定点】工具在 M' 点的两侧 1.25 cm 处确定点 M 和点 N。选择【修改线段】→【修改线段长度】工具延长线段 LM 相交臀围线于点 P'，交底摆线于点 L'，并用【修剪线段】工具将线段 LM 在底摆线以外的部分删除；用【增加点】的右键下拉菜单中选择【画圆定点】工具在 P' 点的两侧 0.4 cm 处确定点 P 和点 Q，相同方法在在 L' 点的两侧 0.4 cm 处确定点 X 和点 Y。用【两点直线】工具连接 $LMPX$ 和 $LNQY$。

(13) 修正臀围线：选用【修剪线段】工具将原臀围线延长 1.3 cm，修正后的臀围线为 HI。

(14) 侧缝线：选用【输入线段】右键菜单中的【弧线】工具依次连接 E、G、I、K，保证弧线顺滑并与线段 JK 垂直。

(15) 套取样片：选用【创造样片】→【套取样片】工具将后片套取为对称片，保存套取的样片。

(16) 标记省道：选择【增加多个点】→【加钻孔点】工具分别在点 L、M、N、P、Q 处加钻孔点；选择【剪口】→【增加剪口】工具分别在点 X 和 Y 处加剪口。

(17) 布纹方向调整：选择【样片】→【修改样片】→【旋转样片】工具，将样片旋转 90°，然后选择【修改样片】→【调对水平】工具，将样片中的布纹方向调整到水平位置。

(18) 增加缝份量：选择【样片】→【缝份】→【设定/增加缝份线】工具为后片增加缝份量，除去底摆缝份量为 4 cm 外，其他部位缝份量均为 1 cm。

(19) 文字标注：使用【样片】→【样片注解】工具在样片内标注上样片名称、样片类别、样片尺码、样片个数等信息。

绘制完成的女西装后片样版见图 6-3。

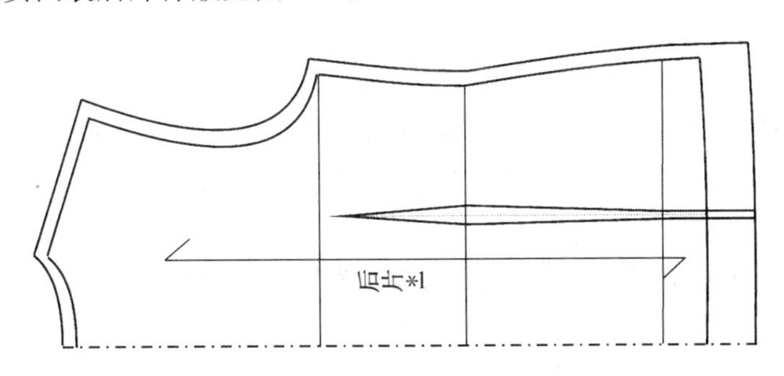

图 6-3　后片样版

2. 前片

女西装前片结构图见图 6-4。

(1) 创造样片：选择【创造样片】→【长方形】工具，创立一个新的长 60 cm、宽 24(96/4) cm 的样片。

(2) 胸围线、腰围线、臀围线和底摆线的绘制方法与后片相同。

(3) 夹圈深线：使用【创造线段】→【平行复制】工具，在距离原胸围线 2.6 cm 处复制一

条平行于胸围线的线段 ED,作为夹圈深线。

(4) 胸宽线:选择【点】→【增加点】工具在胸围线上距离 E 点 7.45 cm 处增加一个点 E_1;使用【创造垂直线】→【线外垂直线】工具过点 E_1 作垂直线段与上平线交于点 B'。

(5) 前肩端点:选择【增加点】工具在胸宽线上从点 B' 向下 4.5 cm 处增加点 C',并用【创造垂直线】→【线上垂直线】工具过点 C' 作水平线段;使用【垂直平分线】工具过 E_1D 中点作垂线与上平线相交于点 B,用【修改线段】→【修剪线段】工具将多余线段删除;选择【两点直线】工具的右键下拉菜单中【画圆定点】工具以点 B 为圆心,以(后肩线长 -1)为半径画圆,与点 C' 作水平线段相交于点 C。

(6) 前夹圈弧线:运用【创造线段】→【输入线段】工具右键菜单中的【弧线】和【两点拉弧】工具,画顺后夹圈弧线。

(7) BP 点:用【创造线段】→【平行复制】工具分别作胸围平行线距离上平线 25 cm,胸宽平行线距离前中心 9 cm,两线段交于点 V_1,完成 BP 点。

(8) 前腰省:用【两点直线】右键下拉菜单中的【垂直】工具作长度为 3.5 cm 的线段 V_1L_1,用【两点直线】右键下拉菜单中的【水平】工具作长度为 2.4 cm 的线段 L_1L,确定腰省尖点;用【线外垂直线】作垂直于腰线的垂线 LL',用后片腰省绘制的方法完成前片腰省的绘制。

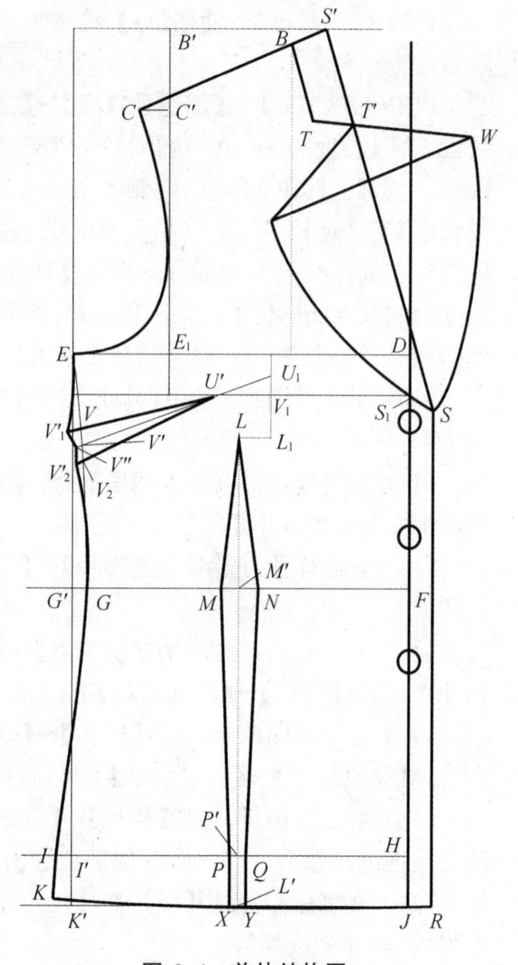

图 6-4 前片结构图

(9) 修正腰围线:使用【点】→【增加点】工具在腰围线上距离点 G' 向内 1.5 cm 处增加点 G;

(10) 修正臀围线:选用【修剪线段】工具将原臀围线延长 1.3 cm,修正后的臀围线为 HI。

(11) 侧缝线:选用【输入线段】右键菜单中的【弧线】工具依次连接 E、G、I、K,保证弧线顺滑并与线段 JK 垂直。

(12) 门襟:用【创造线段】→【平行复制】工具作与前中心距离 2 cm 的平行线 SR。用【线外垂直线】工具过点 S 作水平线,并与前中心线交于点 S_1,用【增加多个点】→【以距离加钻孔点】工具从 S_1 开始增加三个钻孔点,间隔为 10.5 cm,标记出纽扣位置。

(13) 驳领:选择【修改线段】→【修改线段长度】工具将前肩斜线 CB 往上延长至 S' 点,$BS'=2$ cm;连接点 S' 与点 S,SS' 作为驳折线。用【增加点】工具在 SS' 上距离 S' 点增加点 T';用【平行复制】工具作与 SS' 距离 2 cm 的平行线,用【增加点】工具在平行线上距离 B 点 3 cm 增加点 T,则 BT 平行于 $S'T'$;连接 TT' 并用【修改线段长度】工具延长点 T' 至 W,使得 W 到 SS' 的垂线距离为 3.75 cm。用【两点拉弧】工具画顺 SW。

(14) 绘制腋下省：用【增加点】工具从腋下点 E 往下 6.6 cm 处增加点 V'，用【两点直线】工具连接 $V'U_1$，并与原胸围线交于点 U'；使用【增加点】工具从 V' 沿侧缝线±2.6 cm 处增加点 V 和 V_2；使用【两点直线】工具连接 $V\,U'$ 和 V_2U'，完成腋下省的绘制。

(15) 套取样片：选用【创造样片】→【套取样片】工具套取出后片的周边线和内部线，保存套取出的前片（要将绘制的腋下省以内部线的形式保留在前片中）。

(16) 生成腋下省：使用【线段】→【替换线段】工具将内部线绘制的腋下省转换为周边线；使用【合并线段】工具将两条省边合并为一条；选择【折叠尖褶】工具将腋下省关闭，侧缝线形状变为 $EV_1'V''V_2'$。

(17) 标记省道：选择【增加多个点】→【加钻孔点】工具分别在前片的点 L、M、N、P、Q 处加钻孔点；选择【剪口】→【增加剪口】工具分别在点 X、Y 处加剪口。

(18) 布纹方向调整：选择【样片】→【修改样片】→【旋转样片】工具，将前片旋转 90°，然后选择【修改样片】→【调对水平】工具，将样片中的布纹方向调整到水平位置。

(19) 增加缝份量：选择【样片】→【缝份】→【设定/增加缝份线】工具为后片增加缝份量，除去底摆缝份量为 4 cm 外，其他部位缝份量均为 1 cm。

(20) 文字标注：使用【样片】→【样片注解】工具在样片内标注上样片名称、样片类别、样片尺码、样片个数等信息。

绘制完成的女西装前片样版见图 6-5。

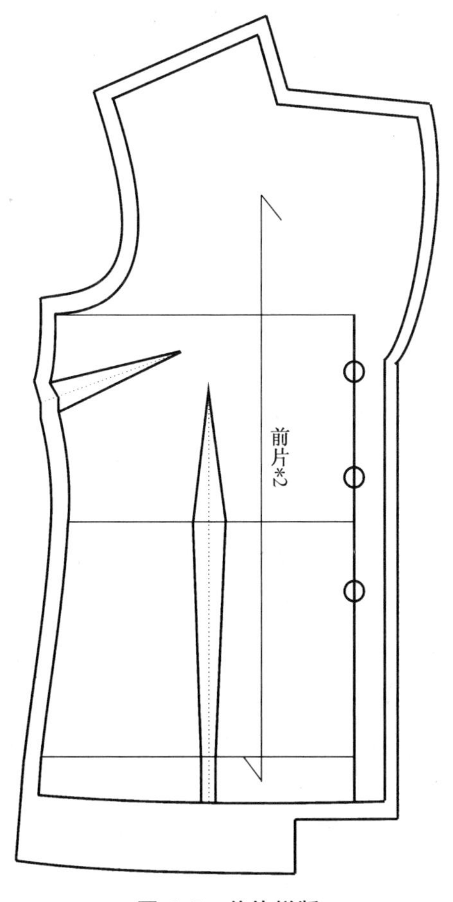

图 6-5　前片样版

3. 领子

女西装领子结构图见图 6-6。

(1) 领座：在前片基础上，选择【修改线段】→【修改线段长度】工具向上延长 BT 至点 A，AB= 后领弧长；用【创造线段】→【创建旋转线段】工具将线段 AB 以 B 点为圆心旋转至 C 点，C 点距离 A 点 3 cm；

(2) 领宽：使用【线上垂直线】工具过 C 点做线段 CB 的垂直线至 D 点，CD=6.4 cm，在 CD 上用【增加点】工具距离 C 点 2.4 cm 处确定点 F，连接 FS' 为翻折线。

(3) 领子弧线：用【输入线段】工具绘制 WE=3.5 cm，并画顺 CBT 和 DE 线段。

(4) 布纹方向调整：选择【样片】→【修改样片】→【旋转样片】工具，将前片旋转 90°，然后选择【修改样片】→【调对水平】工具，将样片中的布纹方向调整到水平位置。

(5) 增加缝份量：选择【样片】→【缝份】→【设定/增加缝份线】工具为领片增加缝份量，缝份量均为 1 cm。

(6) 文字标注：使用【样片】→【样片注解】工具在样片内标注上样片名称、样片类别、样片尺码、样片个数等信息。

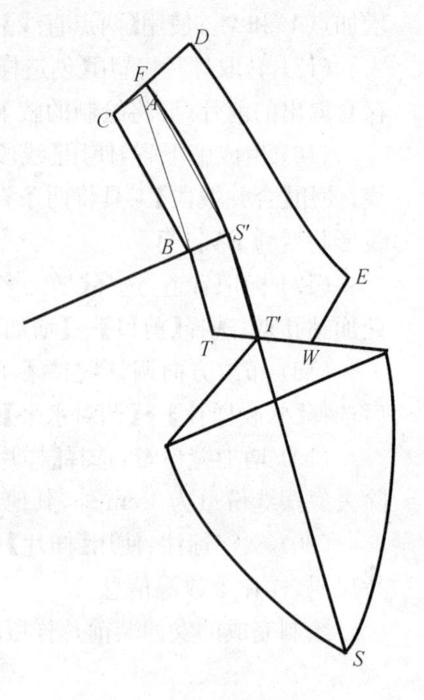

图 6-6 领子结构图

绘制完成的女西装领子样版见图 6-7。

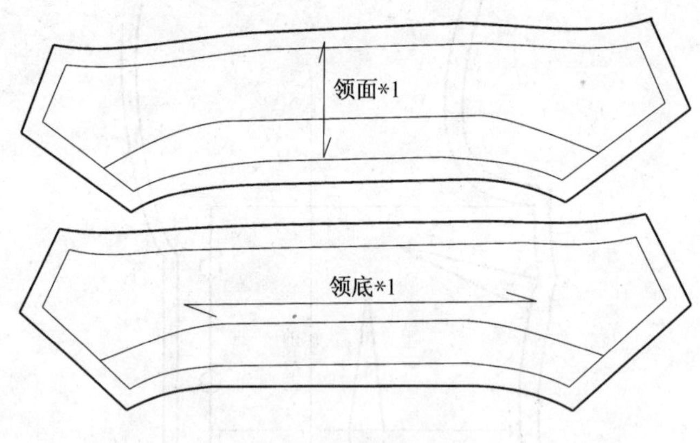

图 6-7 领子样版

4. 袖子

女西装袖子结构图见图 6-8。

(1) 袖中线：用【两点直线】工具画一条垂直线段 AD，长度为 56 cm，作为袖中线。

(2) 袖肥线：从袖顶点 A 用【增加点】工具向下量取一点 O，长度为袖山高 AO=夹圈弧长/4+4.7 cm，过该点用【线上垂直线】工具作垂直线，作为袖肥线。

(3) 袖口基础线：用【平行复制】工具在袖中线的下端点 D 做袖肥线的平行线，作为袖口线。

(4) 袖肘线：用【平行复制】工具在 $AD/2-2.5$ 处做袖肥线的平行线，作为袖肘线。

(5) 袖山弧线：从袖顶点 A 用【增加点】右击菜单中的【画圆定点】工具分别以“后夹圈弧长”和“前夹圈弧长－1”为半径，在袖肥线上找出袖肥端点 B、C，从而确定袖肥。袖中线将袖肥分为后袖肥和前袖肥。用【增加多个点】→【线上加点】工具将 AB 和 AC 线平均分成四份；用【线上垂直线】工具绘制出辅助线段，长度分别为 1.3 cm、1.8 cm、1.9 cm 和 2.6 cm；最后用【输入线段】工具连接各点绘制完成袖山弧线。

(6) 前袖缝线：用【增加多个点】→【线上加点】将前袖肥线两等分，等分点为 E_1；用【线外垂直线】工具过 E_1 作袖口基础线的垂线，交袖肘线于点 U，交袖口基础线于 I'。用【增加点】右键菜单中的【画圆定点】工具在袖肥线上以点 E_1 为圆心，以 3 cm 为半径确定点 F' 和 E'；在袖肘线上以点 U 为圆心，以 3.7 cm 和 2.3 cm为半径，确定点 H 和 G。用【线上垂直线】工具过点 I' 向上 1 cm 的点 J' 作 3 cm 的垂直线，确定点 I 和 J。用【修改线段长度】工具延长点 E' 与袖山弧线相交，交点为 E，并延长点 F' 长度为 FF'；用【两点直线】工具过点 E 作水平线交 FF' 于 F 点；用【两点拉弧】工具画顺 EGI 和 FHJ，完成前袖缝的绘制。

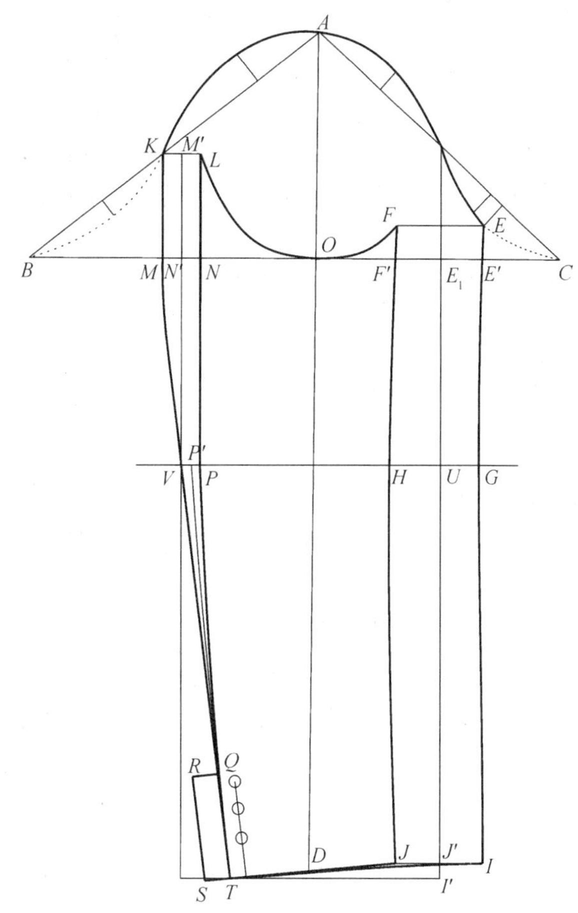

图 6-8　袖子结构图

(7) 袖口：用【线上垂直线】工具过点 J' 作垂直线，线段长度为 13.5 cm，完成袖口绘制。

(8) 后袖缝线：用【增加多个点】→【线上加点】将后袖肥线两等分，等分点为 N'；用【线外垂直线】工具过 N' 作袖肘线垂线，交点为 V。用【增加点】右键菜单中的【画圆定点】工具，在袖肥线上以点 N' 为圆心，以 1.2 cm 为半径确定点 M 和 N；在袖肘线上用【增加点】工具，用【增加多个点】工具确定线段 VP 的中点 P'，连接 $P'T$；用【增加点】工具在距离 T 点 8 cm 处确定点 Q，用【两点直线】工具绘制出袖衩，长 8 cm，宽 2 cm。用【线上垂直线】的方法过 M 点向上作垂线与袖山弧线交于点 K，过 N 点向上作垂线 LN；用【两点直线】工具过点 E 作水平线交 LN 于 L 点；用【两点拉弧】工具画顺 $KMVQ$ 和 $LNPQ$，完成后袖缝的绘制。

(9) 小袖山弧线：用【对称线段】工具将部分后袖山弧线 KB 以线段 VN' 为对称线产生新的弧线 LO，将部分前袖山弧线 EC 以线段 E_1U 为对称线产生新的弧线 FO，完成小袖山弧线绘制。

(10) 用【套取样片】套取出大小袖片，并保存绘制好的袖片。

(11) 布纹方向调整:选择【样片】→【修改样片】→【旋转样片】工具,将前片旋转 90°,然后选择【修改样片】→【调对水平】工具,将样片中的布纹方向调整到水平位置。

(12) 增加缝份量:选择【样片】→【缝份】→【设定/增加缝份线】工具为后片增加缝份量,除袖口缝份量为 2.5 cm 外,其他部位缝份量均为 1 cm。

(13) 文字标注:使用【样片】→【样片注解】工具在样片内标注上样片名称、样片类别、样片尺码、样片个数等信息。

绘制完成的女西装袖子样版见图 6-9。

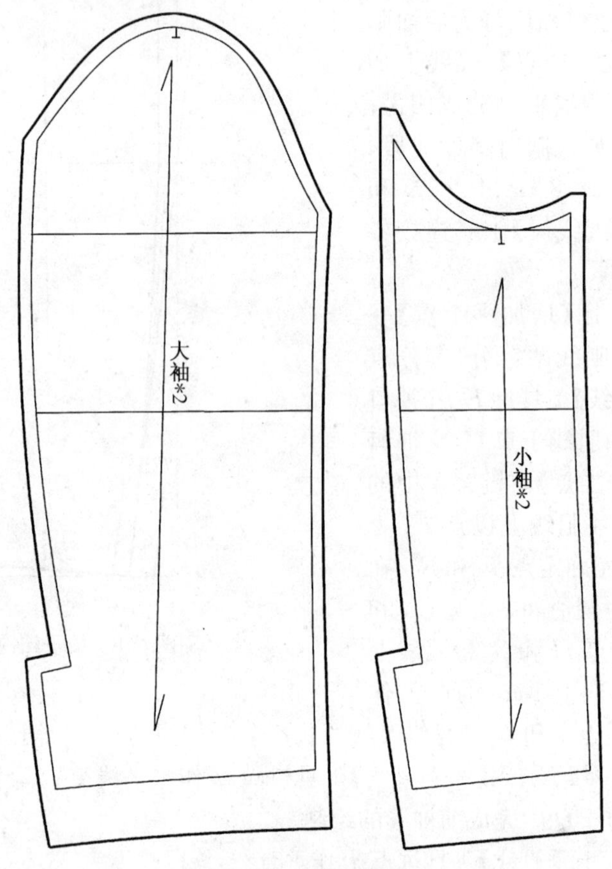

图 6-9　袖子样版

第二节　男夹克样版设计

一、男夹克款式说明及基准码尺寸

1. 款式说明

此款男夹克主要由前片、后片、领子、下围和袖子构成。其中,前片由前育克、前搭门、前中片、前侧片、过面片、胸袋和斜插袋组成;后片由后育克、后中片和后侧片组成;袖子则分成大、小袖及袖克夫三部分。闭合方式为左片压右片,所以左前片上锁有 6 个圆头扣眼;左右

各有一胸袋和斜插袋；下围宽度是 5 cm，左右各侧缝有一个搭扣布；领子采用一片领的工艺；袖子的分割线与后片育克的分割线在夹圈处对合，袖口上收两个褶，袖衩长 10 cm，袖头宽 5 cm。各条接缝均采用双明线工艺。图 6-10 为男夹克款式示意图。

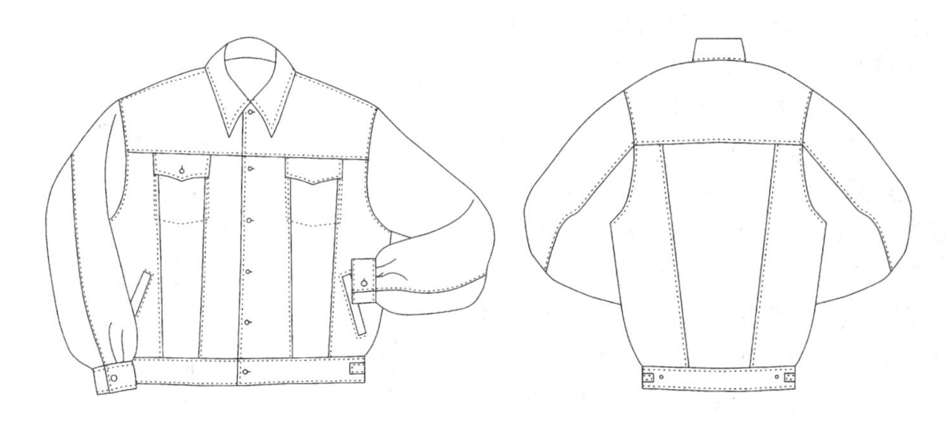

图 6-10　男夹克款式示意图

2. 基准码尺寸

表 6-2 为男夹克基准码尺寸。

表 6-2　男夹克基准码尺寸　　单位：cm

部位	领围	衣长	肩宽	胸围	下摆	袖长	袖口	袖肥
尺寸	47	60	50	120	100	56	28	25

二、基础样版绘制

1. 后片

男夹克后片结构图见图 6-11。

(1) 打开 PDS 样片菜单，选择【创造样片】工具，创立一个新的长 60 cm、宽 30(120/4) cm 的样片。

(2) 后肩宽：选择【增加点】工具沿上平线距离点 A，即肩宽/2＝25 cm 处增加点 C_1。

(3) 后横开领：用【增加点】工具在上平线上增加点 B_1，确定后横开领＝领围/5－0.7＝8.7 cm。

(4) 后直开领：选择【线上垂直线】工具过 B_1 作后直开领，尺寸为 2.5 cm。

(5) 后领弧线：选择【输入线段】→【两点弧线】工具画顺后领弧线 AB。

(6) 后肩线：选择【线上垂直线】过点 C_1 向下作垂线 C_1C，长度 2 cm。用【两点直线】连接肩线 BC。

(7) 夹圈深线：用【两点直线】工具从肩端点 C 向后中心作水平线 CC_2＝1.5 cm。选择【两点直线】工具过点 C_2 作垂直线 C_2E_2，长度 24 cm，确定夹圈深线。

(8) 后胸围线：使用【平行复制】工具过 E_2 作线段 AC_1 的平行线 E_1E。

(9) 后夹圈弧线：用【输入线段】工具画圆顺后夹圈曲线 CE_1。

(10) 侧缝线：用【增加点】工具过点 G_1 沿水平线距离该点 3 cm 处增加点 G，连接 E_1G

绘制出侧缝线。

（11）下围：用【增加点】工具过点 G_1 沿水平线距离该点 5 cm 处增加点 F_3，用【线上垂直线】工具分别绘制出垂直线 F_3F_2 和 FF_1，长度为 5 cm。用【两点直线】工具连接 F_2F_1，长度为 25 cm。

（12）作分割线：选择【平行复制】作上水平线的平行线，距离为 14 cm，用【修剪线段】工具将多余线段删除，其与夹圈弧线交点为 D_1，完成后育克绘制。用【增加点】工具在分割线 D_1D 上取 16 cm 确定点 D_2，在下摆线上自点 F 量取 10 cm 确定点 H，用【两点直线】工具连接 D_2H，与胸围线交于点 H_1，完成后中片绘制。用【增加点】工具自点 H 沿下摆线量取 2 cm 确定点 K，连接 H_1K，完成后侧片的绘制。

（13）套取样片：选用【创造样片】→【套取样片】工具分别套取出后育克、后中片、后侧片和下摆，其中后育克、后中片和下摆为对称片。

（14）布纹方向调整：选择【样片】→【修改样片】→【旋转样片】工具，将样片旋转 90°，然后选择【修改样片】→【调对水平】工具，将样片中的布纹方向调整到水平位置。

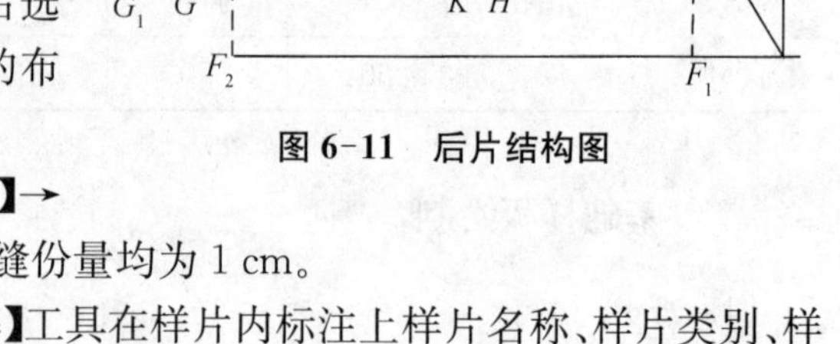

图 6-11　后片结构图

（15）增加缝份量：选择【样片】→【缝份】→【设定/增加缝份线】工具为后片增加缝份量，缝份量均为 1 cm。

（16）文字标注：使用【样片】→【样片注解】工具在样片内标注上样片名称、样片类别、样片尺码、样片个数等信息。

绘制完成的男夹克后片样版见图 6-12。

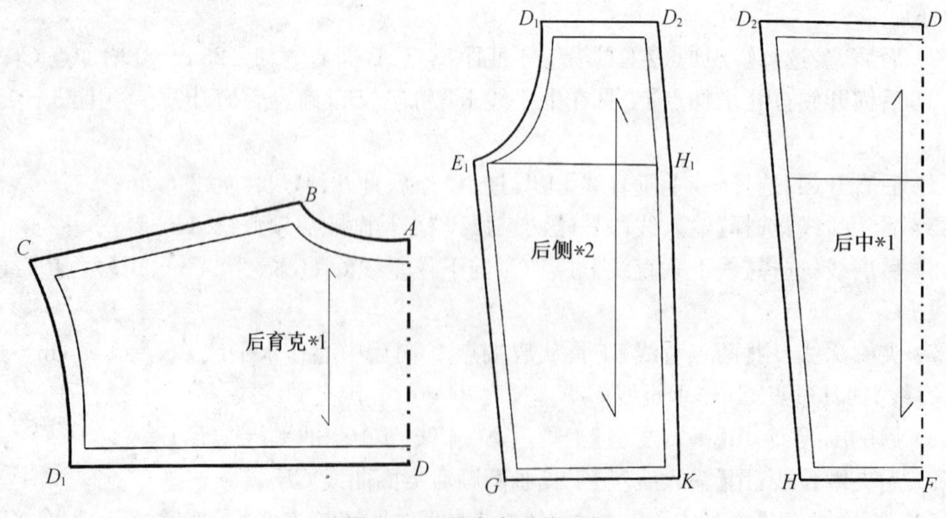

图 6-12　男夹克后片样版

2. 前片

男夹克前片结构图见图 6-13。

(1) 打开 PDS 样片菜单，选择【两点直线】右键菜单中的【创建新样片草图】工具，作垂直线段为前中基础线 B_1B_4。

(2) 前肩宽：选择【线上垂直线】工具沿点 B_1 作线段 B_1C_1 = 肩宽/2 = 25 cm，完成前肩宽。

(3) 前横开领：用【增加点】工具在水平线 B_1C_1 上增加一点 B，确定前横开领＝后横开领。

(4) 前直开领：用【增加点】工具在前中基础线上取前直开领＝前横开领＋0.6 cm，增加点 B_2。

(5) 前领弧线：选择【线上垂直线】工具过点 B 作垂线 BB_3＝前直开领，连接 B_2B_3，用【两点拉弧】工具画圆顺前领弧线。

(6) 前肩线：选择【线上垂直线】过点 C_1 作上平线的垂直线 C_1C，长度为 5 cm，连接 BC，完成前肩线。

(7) 胸围线：选择【两点距离】工具测量后片点 A 和点 E 的距离为 L，并使用【线上垂直线】工具在前片的前中线上距离点 B_1L 长度处作水平线段 EE_1＝胸围/4＝30 cm，完成胸围线。

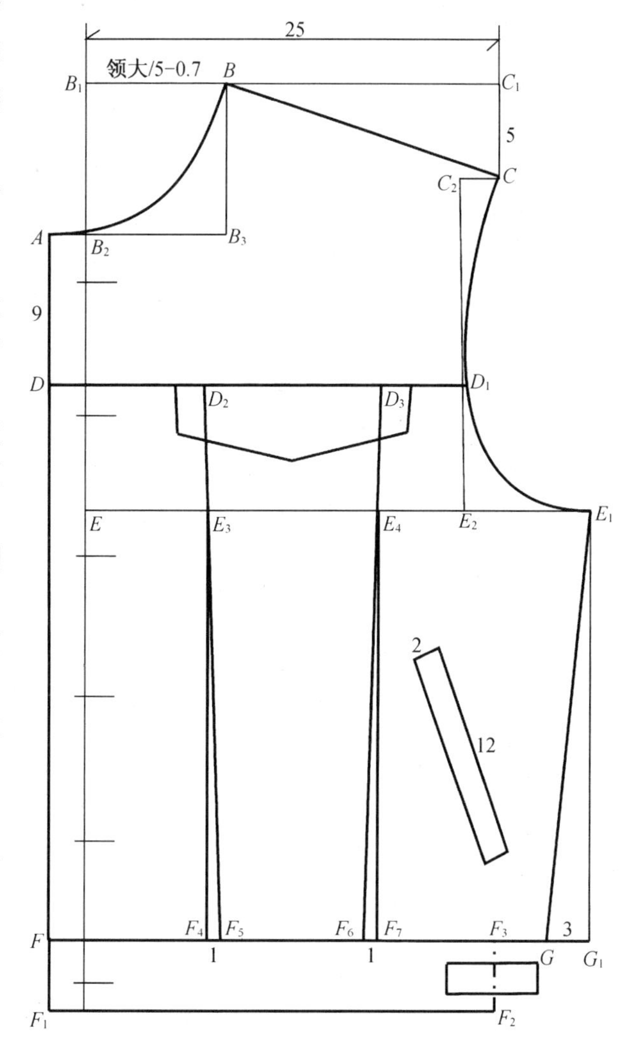

图 6-13　男夹克前片结构图

(8) 胸宽线：用【两点直线】过肩端点 C_2 作一条 2.5 cm 的水平线；选择【线外垂直线】过点 C_2 作胸围线的垂线 C_2E_2，完成胸宽线。

(9) 前夹圈弧线：用【输入线段】工具画顺前夹圈弧线。

(10) 搭门：夹克的搭门量是 2 cm，用【平行复制】作前止口线平行于前中片基础线，距离为 2 cm。选择【两点弧线】画顺前领弧线至止口线。

(11) 侧缝线：用【增加点】工具，距前止口线下端 5 cm 确定点 F；选择【线上垂直线】工具过腋下点 E_1 的垂直线 E_1G_1，连接 FG_1；选择【增加点】从点 G_1 向前中 3 cm 处增加点 F_3，连接 E_1F_3 即绘制完成侧缝线。

(12) 下围：用【创造直线】工具绘出下围。下围长 25＋2＝27 cm，宽 5 cm。以前下围为中线，左右各取 2.5 cm，在下围的正中画搭扣布位置。

(13) 作分割线：用【线上垂直线】工具在前止口线 A 点向下 9 cm 处作水平线 DD_1 交夹

圈弧线于 D_1 点，即完成前育克绘制。用【增加点】工具在分割线 DD_1 上距离 D 点 8.5 cm+1 cm=9.5 cm 处增加点 D_2，距离 D 点 9.5 cm+袋盖长 10 cm=19.5 cm 处增加点 D_3。选择【垂直平分线】作两分割点 D_2D_3 的垂直平分线交于下摆线，并用【增加点】→【画圆定点】工具以该交点为圆心，以 3.5 cm 为半径画圆在下围线上分别确定交点 F_5 和 F_6。用【增加点】分别在 F_5 和 F_6 向外 1 cm 处确定点 F_4 和 F_7，连接 D_2F_5 和 D_3F_6，以及 E_3F_4 和 E_4F_7，完成前中片、前搭门和前侧片的绘制。

（14）绘制袋盖和斜插袋：从袋盖端点作分割线的平行线，袋盖宽 4 cm，在垂直平分线上取袋尖大小 5 cm，胸袋两边长度 11 cm，胸袋尖长 12 cm。作斜插袋的长 12 cm，宽 2 cm。在前侧片合适位置绘制出斜插袋，袋长 12 cm，袋宽 2 cm。

（15）套取样片：选用【创造样片】→【套取样片】工具分别套取出前育克、前搭门、前中片、前侧片、下摆、袋盖和搭扣布，其中下摆为对称片。

（16）布纹方向调整：选择【样片】→【修改样片】→【旋转样片】工具，将样片旋转 90°，然后选择【修改样片】→【调对水平】工具，将样片中的布纹方向调整到水平位置。

（17）增加缝份量：选择【样片】→【缝份】→【设定/增加缝份线】工具为后片增加缝份量，缝份量均为 1 cm。

（18）文字标注：使用【样片】→【样片注解】工具在样片内标注上样片名称、样片类别、样片尺码、样片个数等信息。

绘制完成的男夹克前片样版见图 6-14。

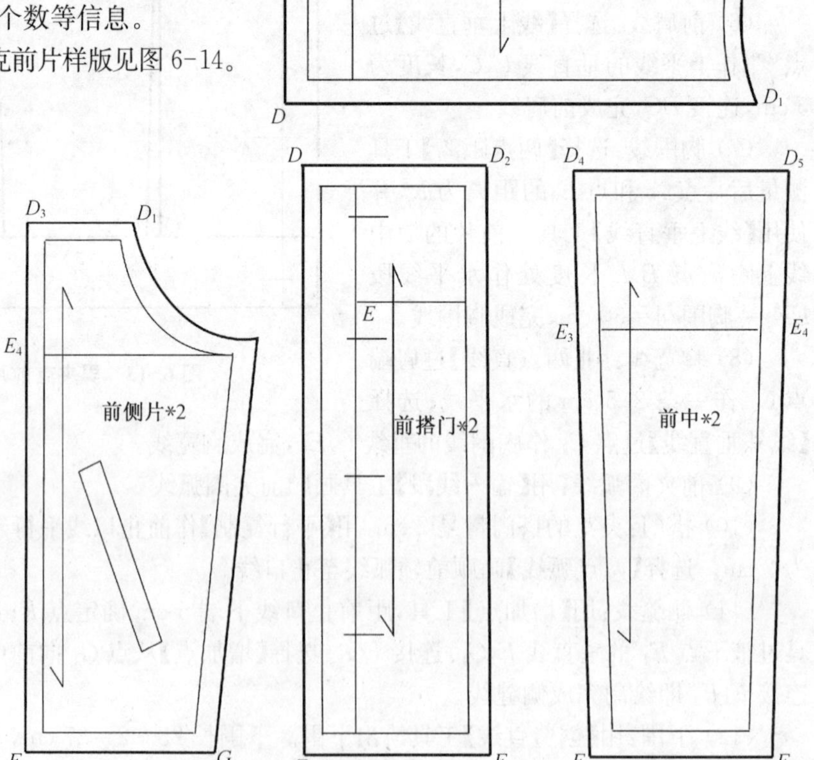

图 6-14　男夹克前片样版

3. 领子

男夹克领子结构图见图 6-15。

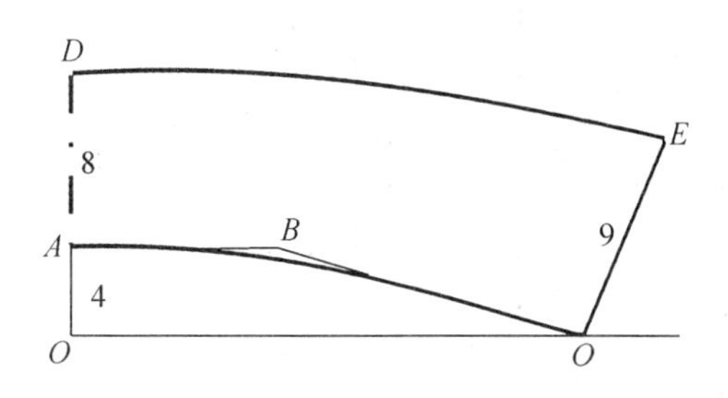

图 6-15 领子结构图

(1) 基础线:使用【两点直线】右键菜单中的【创建新样片草图】工具,作垂直线段 OD,长度为 12 cm;用【线上垂直线】工具过 O 点作垂线 OC,完成基础线绘制。

(2) 领下口弧线:用【增加点】在垂直线 OD 上取 4 cm,确定点 A;选择【线上垂直线】作领中线 AD 的垂直线 AB,长度为后领弧长;再用【增加点】→【画圆定点】工具,以点 B 为圆心,(领围/2－后领弧长)为半径画圆,与基础线 OC 交于点 C;选择【两点拉弧】工具画顺领子下口弧线。

(3) 领上口弧线:选择【两点直线】从领子下口线端点 C,按领尖形状画 9 cm 的线段;选择【两点拉弧】工具连接 D、E,画顺领上口弧线。

(4) 套取样片:选用【创造样片】→【套取样片】工具将领子套取为对称片。

(5) 布纹方向调整:选择【样片】→【修改样片】→【旋转样片】工具,将样片旋转 90°,然后选择【修改样片】→【调对水平】工具,将样片中的布纹方向调整到水平位置。

(6) 增加缝份量:选择【样片】→【缝份】→【设定/增加缝份线】工具为后片增加缝份量,缝份量均为 1 cm。

(7) 文字标注:使用【样片】→【样片注解】工具在样片内标注上样片名称、样片类别、样片尺码、样片个数等信息。

绘制完成的男夹克领子样版见图 6-16。

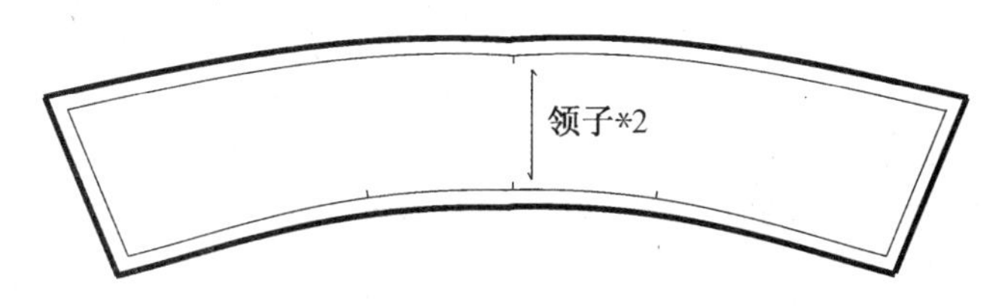

图 6-16 男夹克领子样版

4. 袖子

男夹克袖片结构图见图 6-17。

(1) 袖肥基础线:选择【两点直线】右键菜单中的【创建新样片草图】工具,作水平线段 BC,即袖肥线,长度为 25×2=50 cm。选择【创造垂直线】→【垂直平分线】作袖肥线的中垂线,袖山高 10 cm,除去袖头宽 5 cm 后袖长 51 cm。选择【创造线段】→【输入线段】→【两点弧线】画顺袖山弧线。

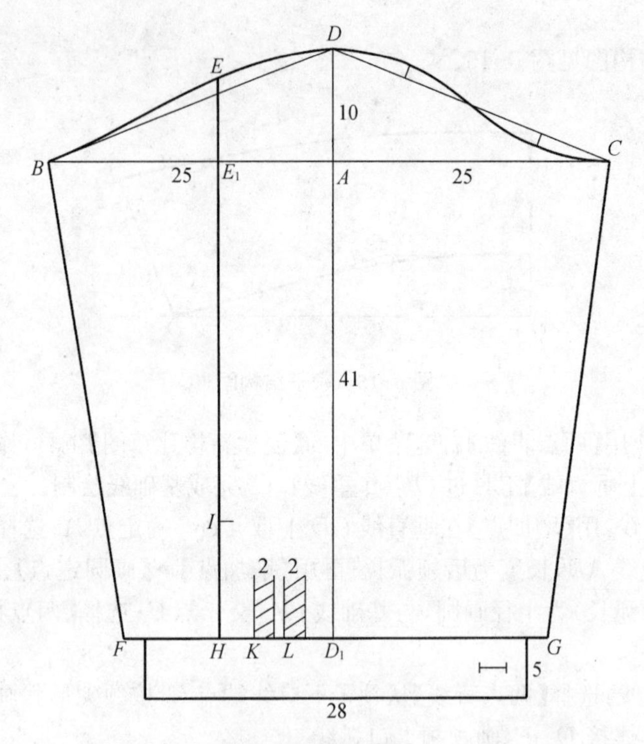

图 6-17　袖子结构图

(2) 袖中线:选择【垂直平分线】工具作袖肥 BC 的垂直线段 DD_1,长度为 41 cm(袖长－袖头宽－袖山高),交点为 A;用【修改线段长度】工具将袖山高修改为 10 cm,完成袖中线绘制。

(3) 袖山弧线:连接 BD 和 DC,使用【输入线段】工具完成袖山弧线的绘制。

(4) 袖口线和侧缝:使用【线上垂直线】工具过点 D_1 作垂线 FG,长度为袖头围度＋2 个褶量＝28＋2×2＝32 cm。选择【两点直线】工具连接 BF 和 CG ,完成侧缝绘制。

(5) 分割线:用【增加点】工具在袖山弧线上取一点,使袖子分割线与后片育克的分割线在夹圈处对合,选择【线外垂直线】作袖口 FG 的垂线 EH ,用【增加点】从点 H 沿分割线向上量取 10 cm 为袖衩长。

(6) 画褶:距分割线 3 cm 确定第一个褶,每个褶 2 cm,两褶间距 1 cm。

(7) 袖头:选择【两点直线】画出袖头,袖头长 28 cm,宽 5 cm。分别距袖头边 2 cm 画出扣眼位置。

(8) 套取样片:选用【创造样片】→【套取样片】工具分别套取出前侧袖片、后侧袖片和袖头。

(9) 布纹方向调整:选择【样片】→【修改样片】→【旋转样片】工具,将样片旋转 90°,然后选择【修改样片】→【调对水平】工具,将样片的布纹方向调整到水平位置。

(10) 增加缝份量:选择【样片】→【缝份】→【设定/增加缝份线】工具为后片增加缝份量,缝份量均为 1.3 cm。

(11) 文字标注:使用【样片】→【样片注解】工具在样片内标注上样片名称、样片类别、样片尺码、样片个数等信息。

绘制完成的男夹克袖片样版见图 6-18。

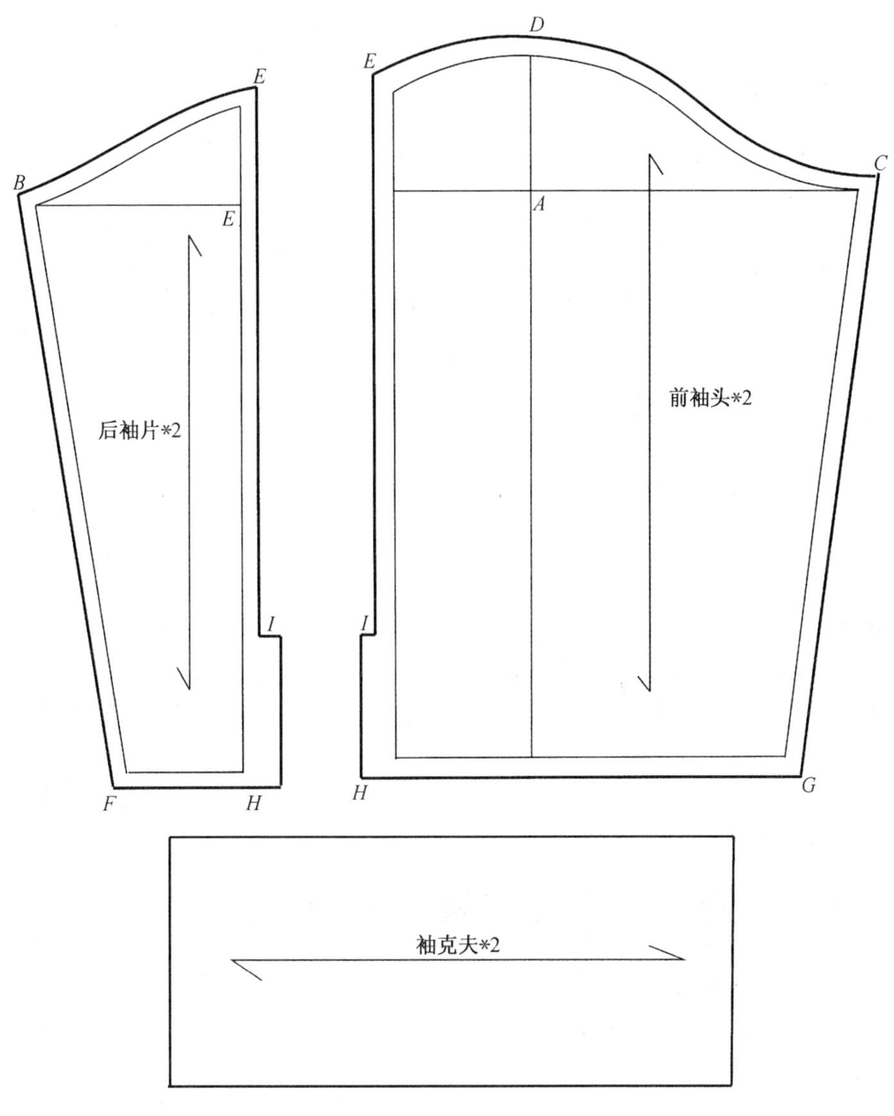

图 6-18 男夹克袖片样版

第三节 女衬衫放码及排料

一、基础样版

在 GERBER 服装 CAD 软件的 PDS 样版设计系统中进行女衬衫样版绘制，设计结果见图 6-19。

E
D
C
后片
B
F
A
C_2
B_2
领片
D_2
A_2
C_1
C_3
B_3
袖克夫
A_3
D_1
E′
D′
D_3
C′
前片
B′
袖片
B_1
E_1
F′
A′
A_1

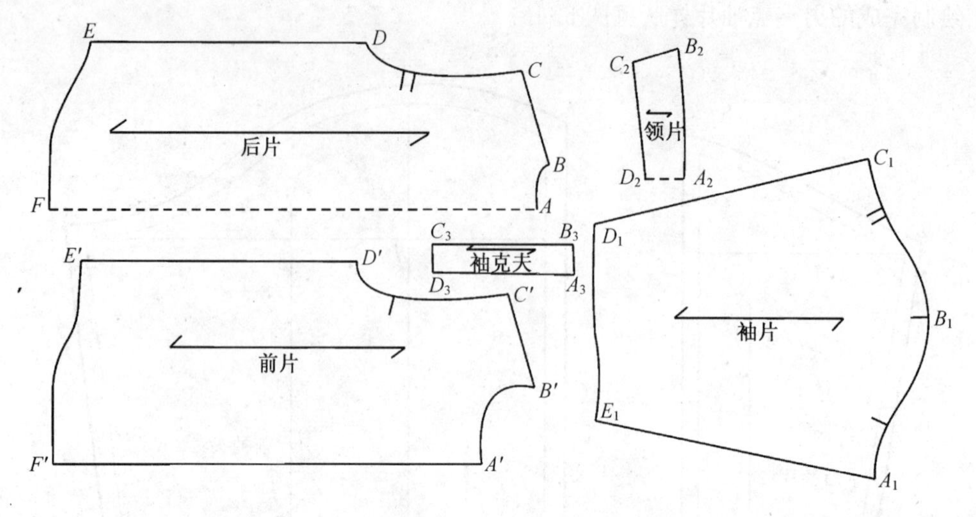

图 6-19 女衬衫样版

二、放码

1. 制定放缩表

在 AccuMark 资源管理器女衬衫样版所在的储存区内，点击鼠标右键，在下拉菜单中选择【新建】→【放缩表】，在弹出的放缩表对话框内设置系列号型，点击【保存】，并为新建的放缩表命名为“女衬衫”，完成操作（图 6-20）。

建立放缩表后，若在储存区内没有出现放缩表类型的文件，则选择【检视】→【刷新】即可。

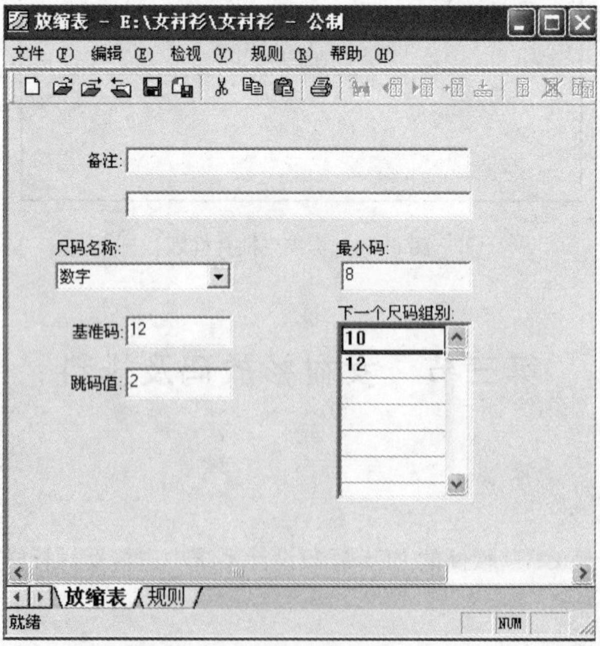

放缩表 - E:\女衬衫\女衬衫 - 公制
文件 (F) 编辑 (E) 检视 (V) 规则 (R) 帮助 (H)
备注:
尺码名称:
数字
最小码:
8
下一个尺码組别:
10
12
基准码: 12
跳码值: 2
放缩表 规则
就绪
NUM

图 6-20 放缩表

2. 指定放缩表

(1) 在 PDS 样版设计系统的【放缩】菜单中选择【指定放缩表】工具。

(2) 在工作区中选中女衬衫的五个样版，右键【确定】，在弹出的指定放缩表对话框中选择放缩表的存放路径(图 6-21)。

(3) 点击【确定】，完成操作。

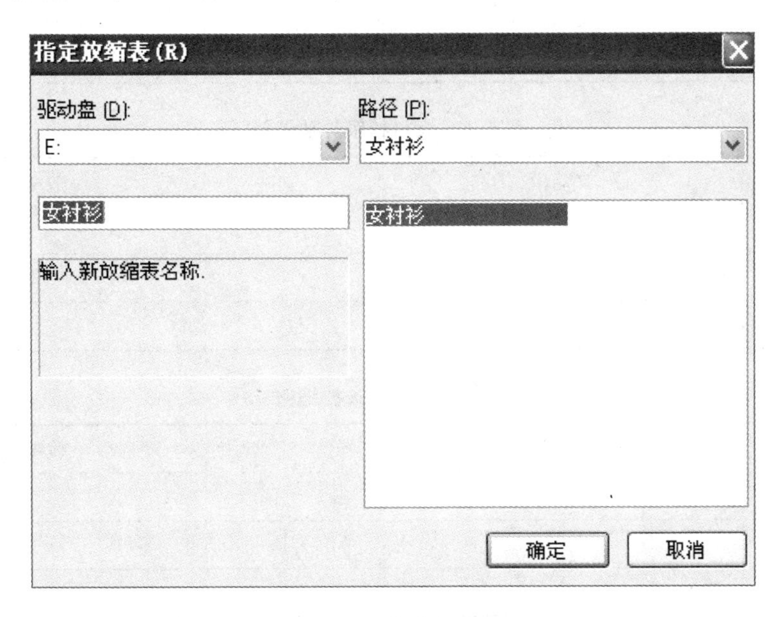

图 6-21　指定放缩表

3. 输入放缩值

(1) 计算出女衬衫各样版放码点的放缩值，见表 6-3～表 6-6。

表 6-3　女衬衫后片放缩值　　单位：cm

放码点	放缩值		放码点	放缩值	
	X	Y		X	Y
A	0	0	D	0	1.25
B	0.5	0.25	E	0	1.25
C	0.5	0.75	F	0	0

表 6-4　女衬衫前片放缩值　　单位：cm

放码点	放缩值		放码点	放缩值	
	X	Y		X	Y
A′	0	0	D′	0	1.25
B′	0.5	0.25	E′	0	1.25
C′	0.5	0.75	F′	0	0

表 6-5　女衬衫袖片放缩值　　单位：cm

放码点	放缩值		放码点	放缩值	
	X	Y		X	Y
A_1	0.5	−0.5	D_1	0	0.25
B_1	0.5	0	E_1	0	−0.25
C_1	0.5	0.5			

表 6-6　女衬衫领片放缩值　　单位：cm

放码点	放缩值		放码点	放缩值	
	X	Y		X	Y
A_2	0	0	C_2	0	0.5
B_2	0	0.5	D_2	0	0

表 6-7　袖克夫放缩值　　单位：cm

放码点	放缩值		放码点	放缩值	
	X	Y		X	Y
A_3	0.5	0	C_3	0	0
B_3	0.5	0	D_3	0	0

(2) 以女衬衫后片样版为例，输入后片样版上各放码点的放缩值，具体方法为：

① 选择【放缩】→【创造/修改放缩】→【创造 X/Y 放缩值】工具。

② 在后片样版上选择点 A，弹出选择创造放缩点对话框(图 6-22)，并在“X 差距”输入 X 放缩值“0”，在“Y 差距”输入 Y 放缩值“0”；点击【更新】、【确定】，完成放码点 A 的放缩值输入。

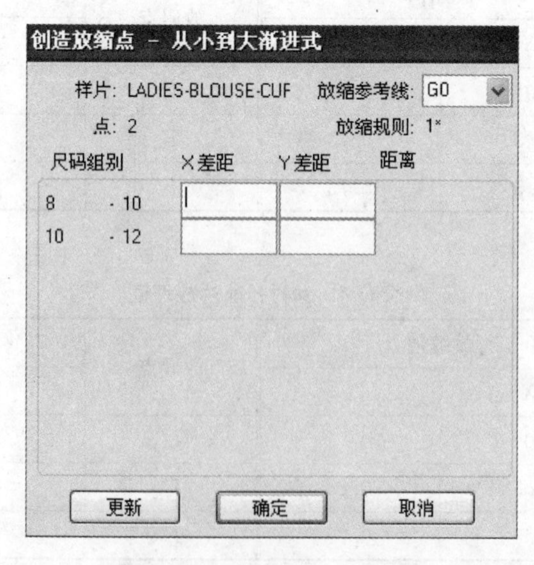

图 6-22　创造放缩点对话框

③ 重复步骤②，完成放码点 B、C、D 三点的放缩值输入。

④ 选择【放缩】→【编辑放缩】→【复制放缩资料】工具。

⑤ 在后片样版上选择放码点 A 作为参考点，然后选择点 F 作为目标点；右键【确定】，将放码点 A 的放缩值复制给点 F，完成放码点 F 的放缩值输入。

⑥ 重复步骤④、⑤，将放码点 D 的放缩值复制给点 E，完成放码点 E 的放缩值输入。

(3) 使用步骤(2)的方法完成女衬衫前片、袖片等样版各放码点的放缩值输入。女衬衫放码后的系列样版见图 6-23～图 6-27。

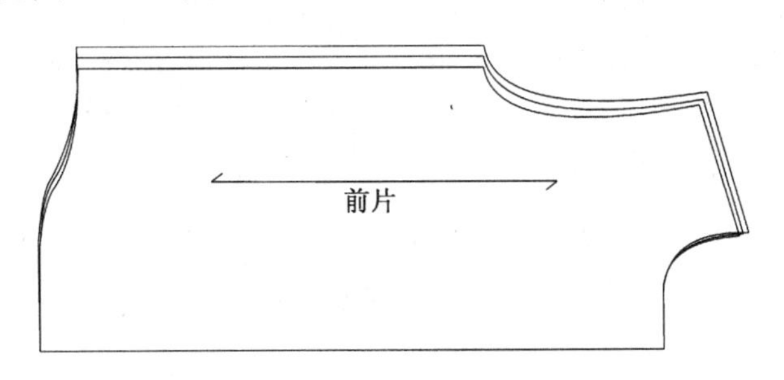

图 6-23　前片系列样版

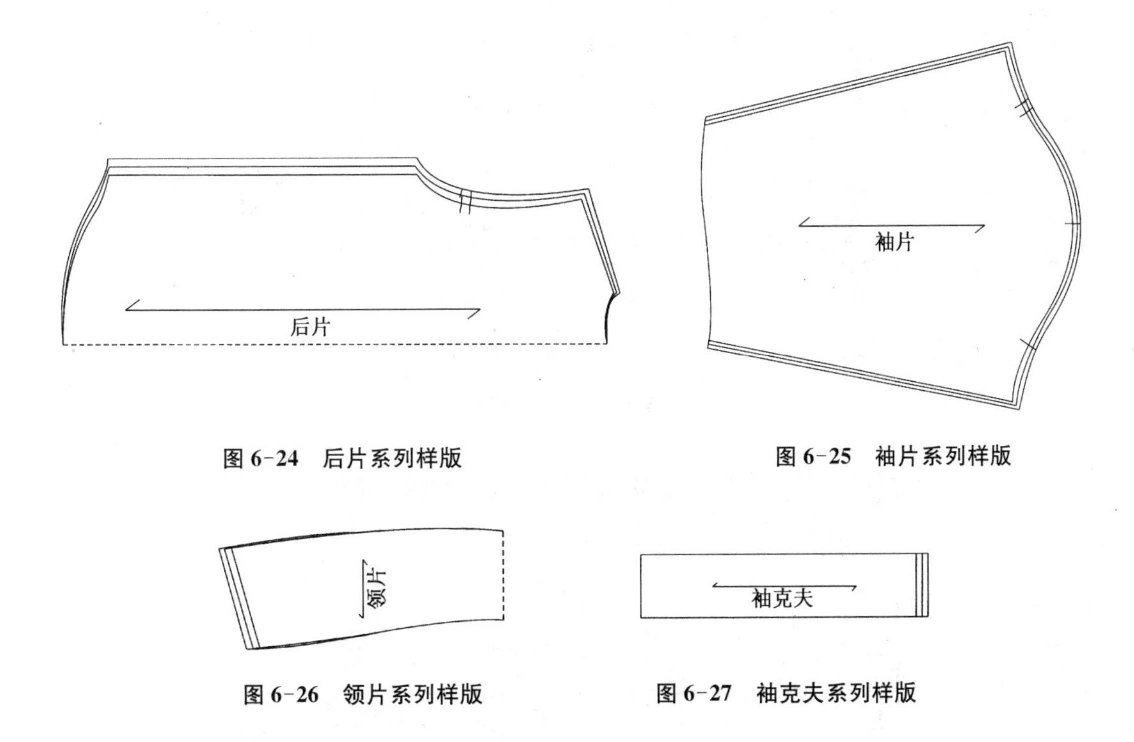

图 6-24　后片系列样版

图 6-25　袖片系列样版

图 6-26　领片系列样版

图 6-27　袖克夫系列样版

三、排料

1. 排料前准备

建立女衬衫款式档案、注解档案、排版放置限制档案等资料，设定结果见图 6-28～图 6-30。

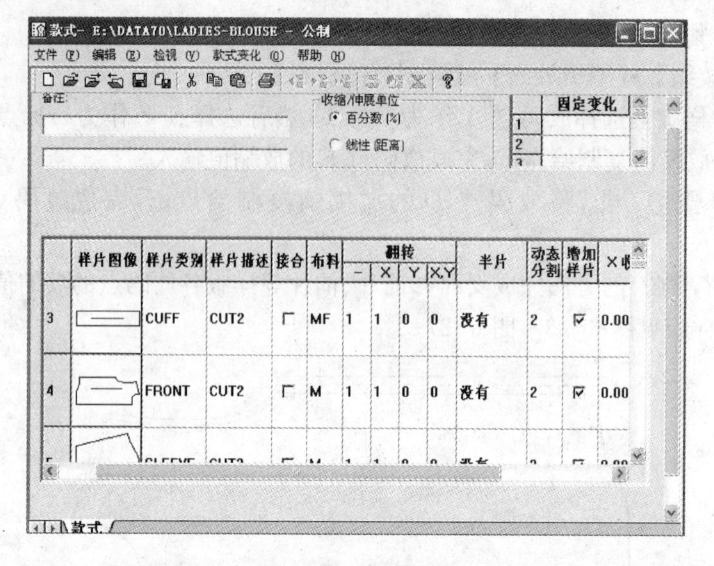

图 6-28 款式档案

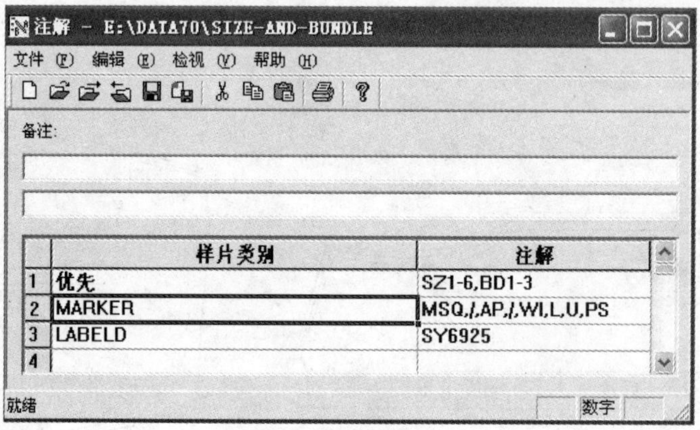

注解 - E:\DATA70\SIZE-AND-BUNDLE

文件(F) 编辑(E) 检视(V) 帮助(H)

备注:

	样片类别	注解
1	优先	SZ1-6,BD1-3
2	MARKER	MSQ,/,AP,/,WI,L,U,PS
3	LABELD	SY6925
4		

就绪 数字

图 6-29 注解档案

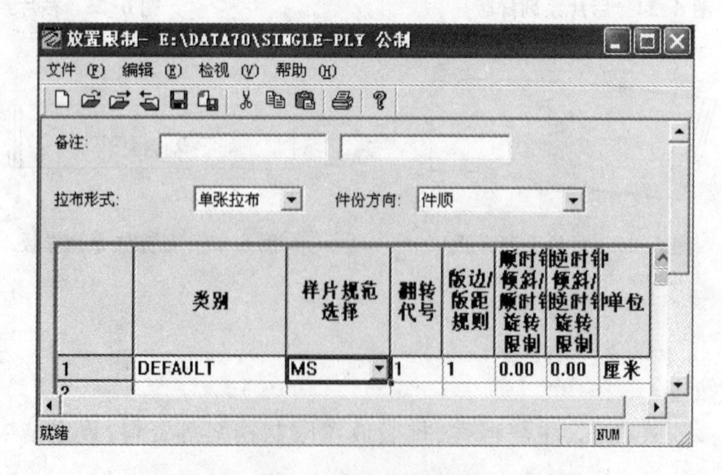

图 6-30 排版放置限制档案

2. 产生排料图

建立排版规范档案，见图 6-31。在排版规范对话框内点击【执行】工具，当显示"执行成功"时，表示产生排料图。

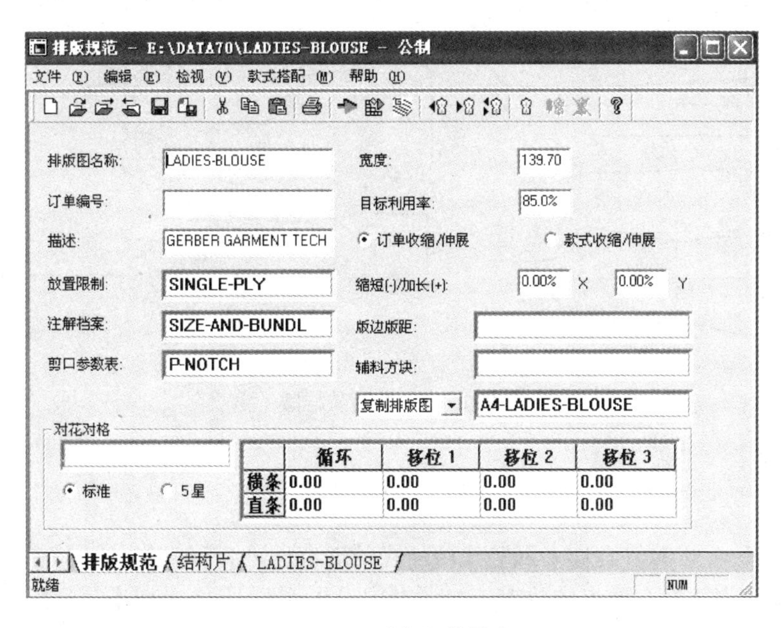

图 6-31　排版规范档案

3. 排料

在 AccuMark 资源管理器女衬衫所在的储存区内打开产生的排料图文件，便可运用工具盒内的【定向滑片】、【组合排列】、【间隔样片】、【翻转】、【填充样片】等工具，在排料区内对各样版进行排料设计。设计结果见图 6-32。

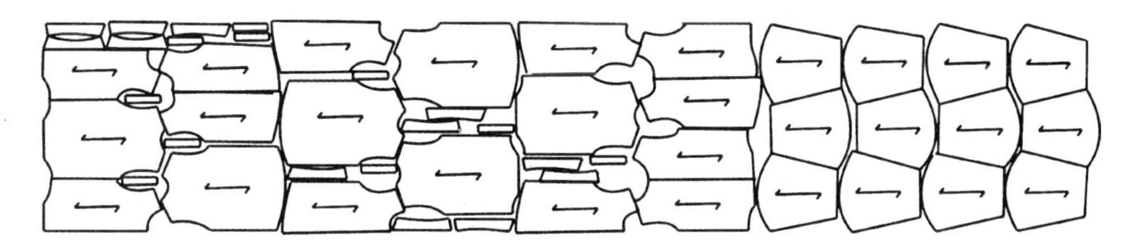

图 6-32　女衬衫排料设计结果

第四节　女西装放码及排料

一、基础样版

在 GERBER 服装 CAD 软件的 PDS 样版设计系统中进行青果领四开身女西装的样版绘制，设计结果见图 6-33。

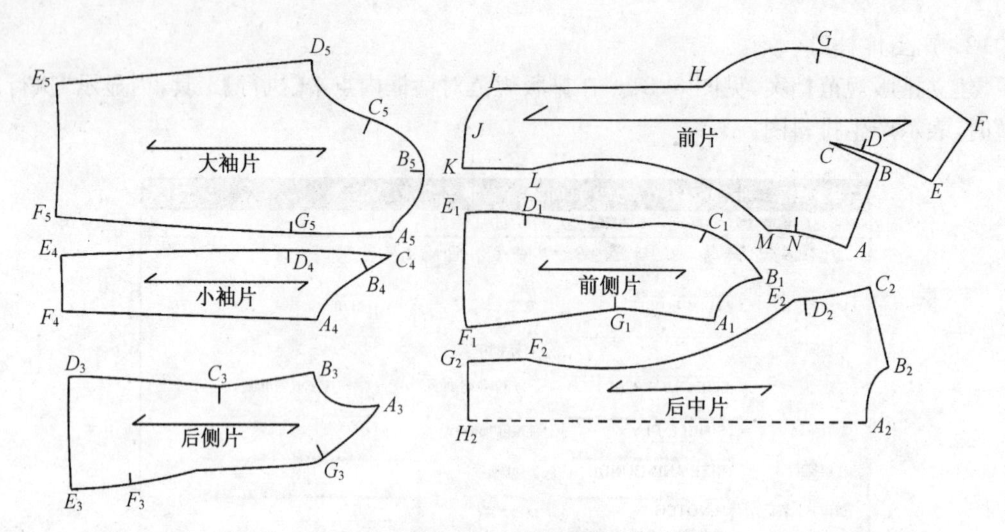

图 6-33　女西装样版

二、放码

1. 制定放缩表

在 AccuMark 资源管理器女西装样版所在的储存区内，点击鼠标右键，在下拉菜单中选择【新建】→【放缩表】，在弹出的放缩表对话框内设置系列号型，点击【保存】，并为新建的放缩表命名为"女西装"，完成操作(图 6-34)。

建立放缩表后，若储存区内没有出现放缩表类型的文件，则选择【检视】→【刷新】即可。

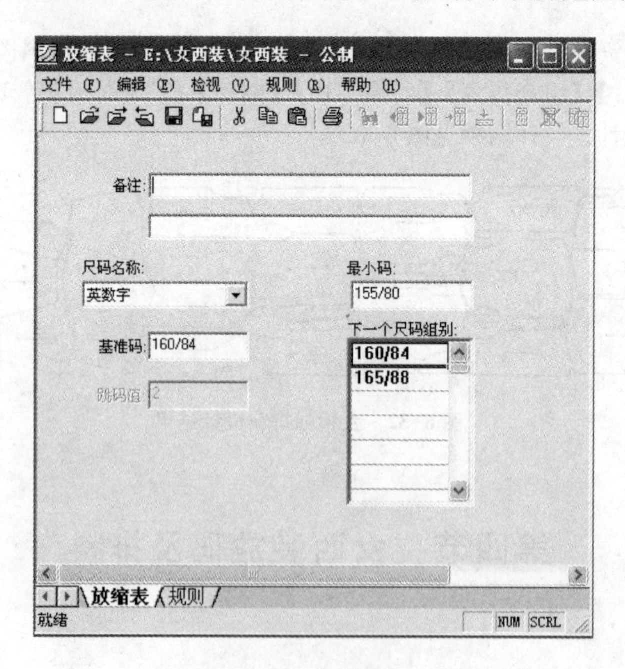

图 6-34　放缩表

2. 指定放缩表

(1) 在 PDS 样版设计系统的【放缩】菜单中选择【指定放缩表】工具。

（2）在工作区中选中女西装的六个样版，右键【确定】，在弹出的指定放缩表对话框中选择放缩表的存放路径（图 6-35）。

（3）点击【确定】，完成操作。

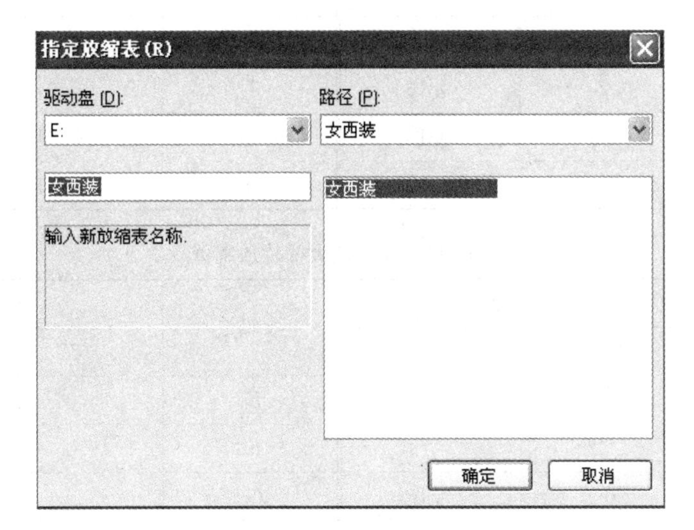

图 6-35　指定放缩表

3. 输入放缩值

（1）计算出女西装样版上各放码点的放缩值，见表 6-8～表 6-12。

表 6-8　女西装前片放缩值　　单位：cm

放码点	放缩值		放码点	放缩值	
	X	Y		X	Y
A	0	−0.32	G	0	0
B	0.24	−0.16	H	0	0
C	0.24	−0.16	I	−0.63	0
D	0.24	−0.16	J	−0.63	0
E	0.24	−0.16	K	−0.63	−0.32
F	0.24	−0.16	L	−0.63	−0.32

表 6-9　女西装前侧片放缩值　　单位：cm

放码点	放缩值		放码点	放缩值	
	X	Y		X	Y
A_1	0	−0.32	E_1	−0.32	0
B_1	0	0	F_1	−0.32	−0.32
C_1	0	0	G_1	−0.32	−0.32
D_1	−0.32	0	—	—	—

表 6-10　女西装后中片放缩值　　单位：cm

放码点	放缩值		放码点	放缩值	
	X	Y		X	Y
A_2	0	0	E_2	−0.32	0.32
B_2	0.24	0.16	F_2	−0.64	0.32
C_2	0	0.16	G_2	−0.64	0.32
D_2	−0.32	0.32	H_2	−0.64	0

表 6-11　女西装大袖片放缩值　　单位：cm

放码点	放缩值		放码点	放缩值	
	X	Y		X	Y
A_5	0	−0.16	E_5	0	0.32
B_5	0.32	0	F_5	0	0
C_5	0	0.16	G_5	0	0.08
D_5	0	0.32	—	—	—

表 6-12　小袖片放缩值　　单位：cm

放码点	放缩值		放码点	放缩值	
	X	Y		X	Y
A_4	0	−0.32	D_4	0	0
B_4	0	−0.16	E_4	0	−0.32
C_4	0	−0.06	F_4	0	−0.32

(2) 以女西装后中片样版为例，输入后中片样版上各放码点的放缩值。具体方法如下：

① 选择【放缩】→【创造/修改放缩】→【创造 X/Y 放缩值】工具。

② 在后中片样版上选择点 A_4，弹出选择创造放缩点对话框（图 6-36），并在"X 差距"输入 X 放缩值"0"，在"Y 差距"输入 Y 放缩值"−0.32"；点击【更新】、【确定】，完成放码点 A_4 的放缩值输入。

③ 重复步骤②，完成放码点 B_4、C_4、D_4 三点的放缩值输入。

④ 选择【放缩】→【编辑放缩】→【复制放缩资料】工具。

⑤ 在后片样版上选择放码点 A_4 作为参考点，然后选择点 E_4、F_4 作为目标点；右键【确定】，将放码点 A_4 的放缩值复制给点 E_4、F_4，完成放码点

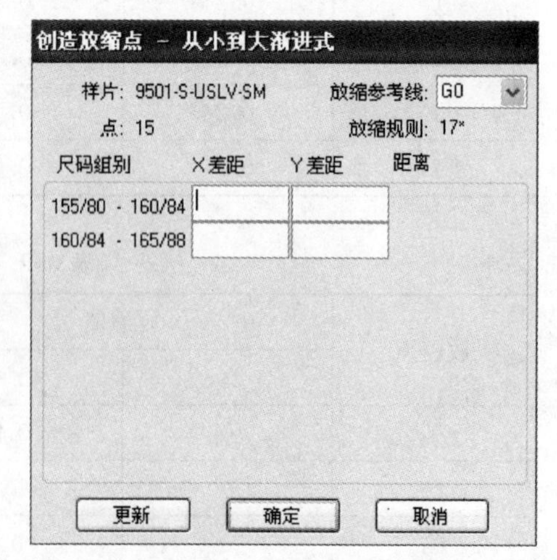

图 6-36　创造放缩点对话框

E_4、F_4 的放缩值输入。

⑥ 选择【放缩】→【创造/修改放缩】→【交接/调校 X 值】工具。

⑦ 在后中片样版上从后中心线上选中点 H_2，使其与底边相交，完成放码点 H_2 的放缩值输入。

(3) 使用步骤(2)的方法完成女西装前片、前侧片等样版上各放码点的放缩值输入。

女西装放码后的系列样版见图 6-37～图 6-42。

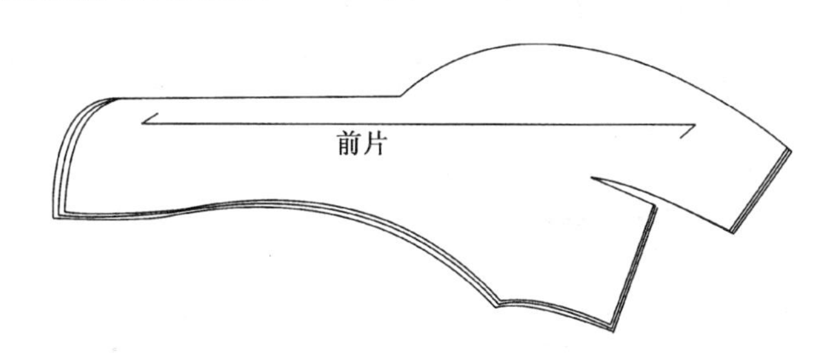

图 6-37　前搭门系列样版

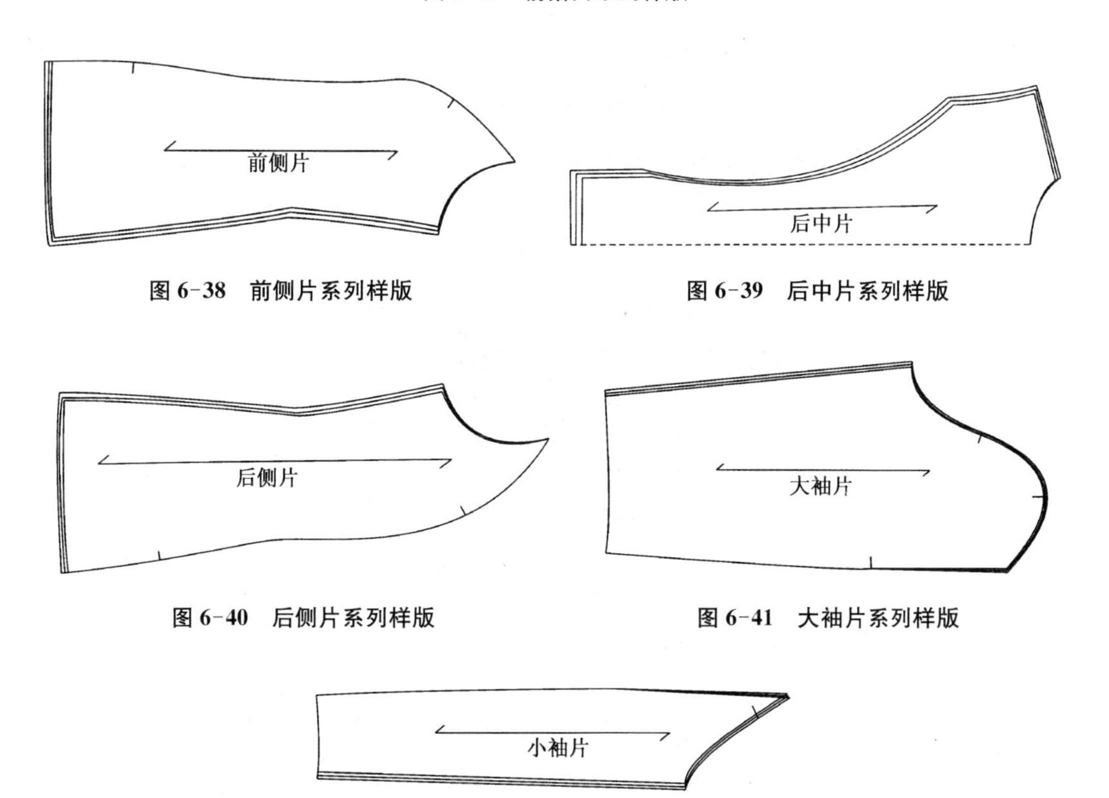

图 6-38　前侧片系列样版

图 6-39　后中片系列样版

图 6-40　后侧片系列样版

图 6-41　大袖片系列样版

图 6-42　小袖片系列样版

三、排料

1. 排料前准备

建立女西装款式档案、注解档案、排版放置限制档案等资料，设定结果见图 6-43～图 6-45。

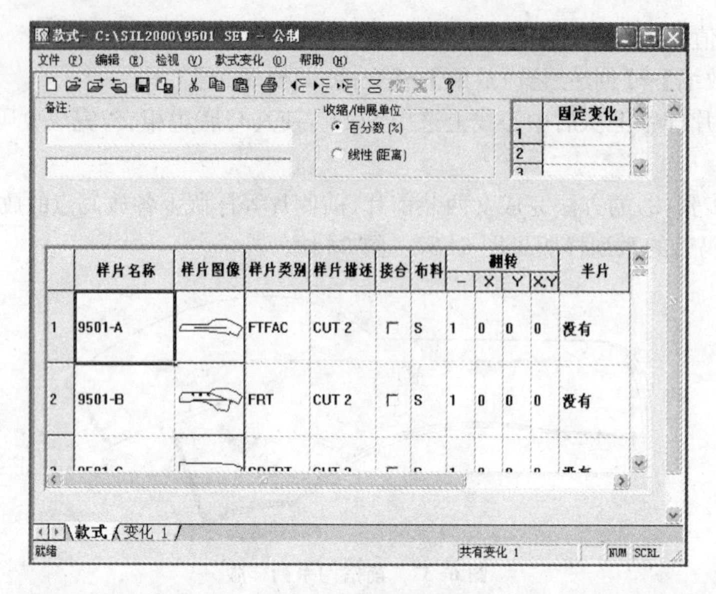

图 6-43 款式档案

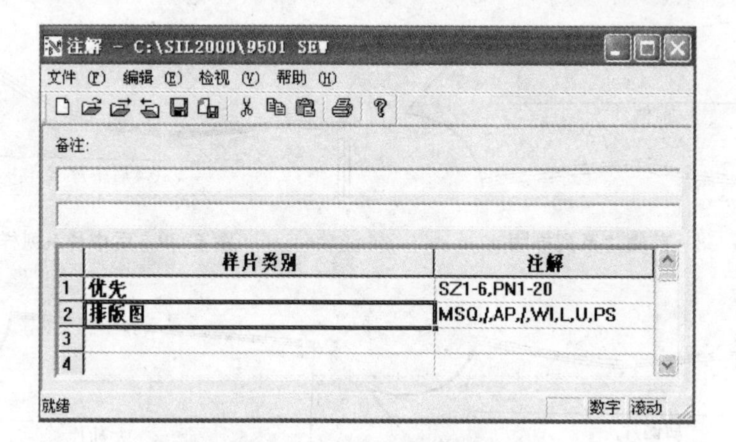

图 6-44 注解档案

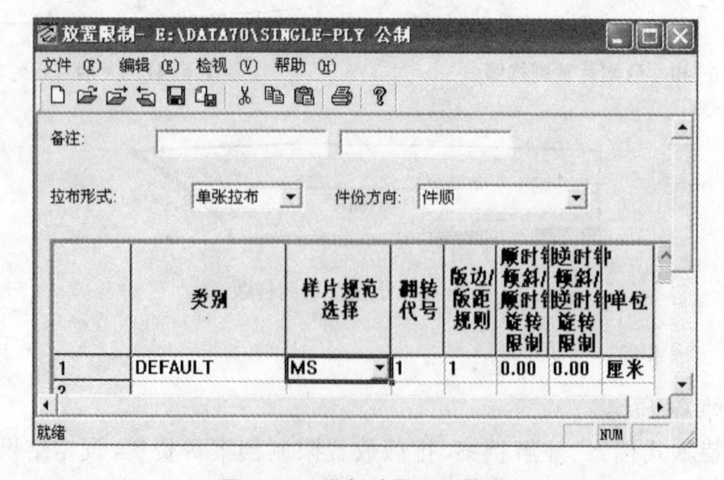

图 6-45 排版放置限制档案

2. 产生排料图

建立排版规范档案，见图 6-46。在排版规范对话框内点击【执行】工具，当显示“执行成功”时，表示产生排料图。

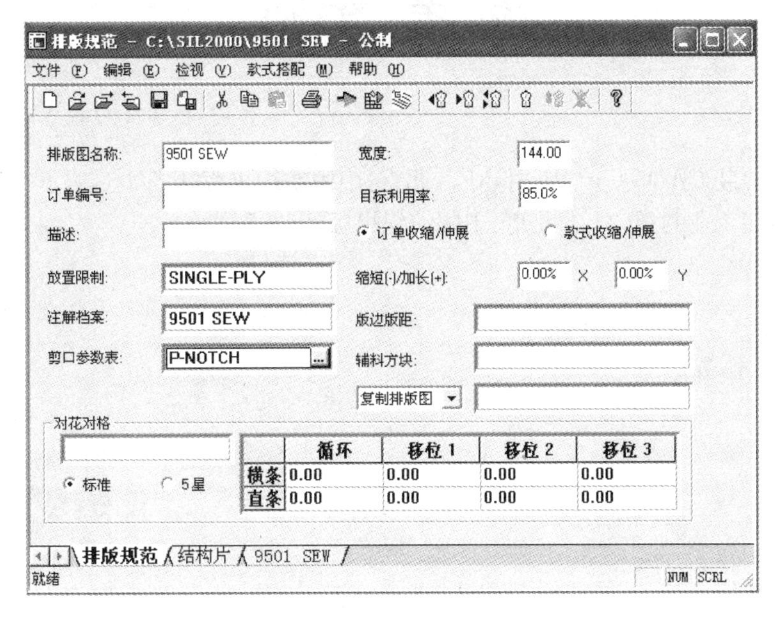

图 6-46　排版规范档案

3. 排料

在 AccuMark 资源管理器对应储存区内点击产生的排料图文件，便可运用工具盒内的相应工具，在排料区内对各样版进行排料设计。设计结果见图 6-47。

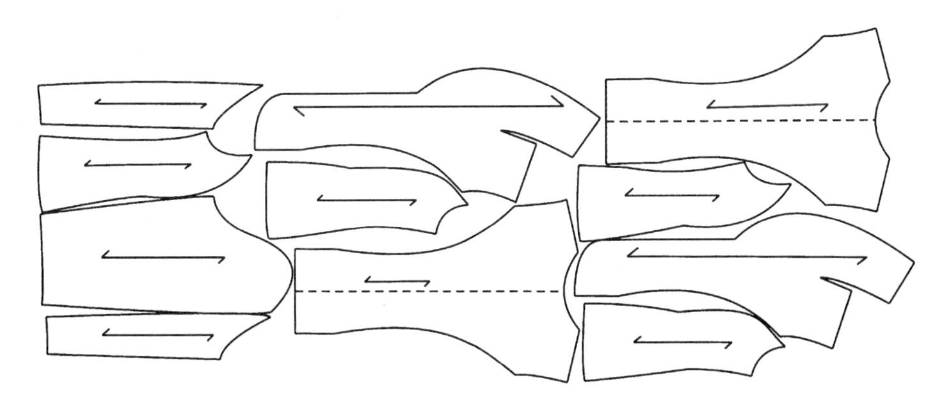

图 6-47　女西装排料设计结果

参考资料

[1] 张鸿志. 服装 CAD 原理与应用[M]. 北京:中国纺织出版社,2005.
[2] 潘波. 服装工业制板[M]. 北京:中国纺织出版社,2000.